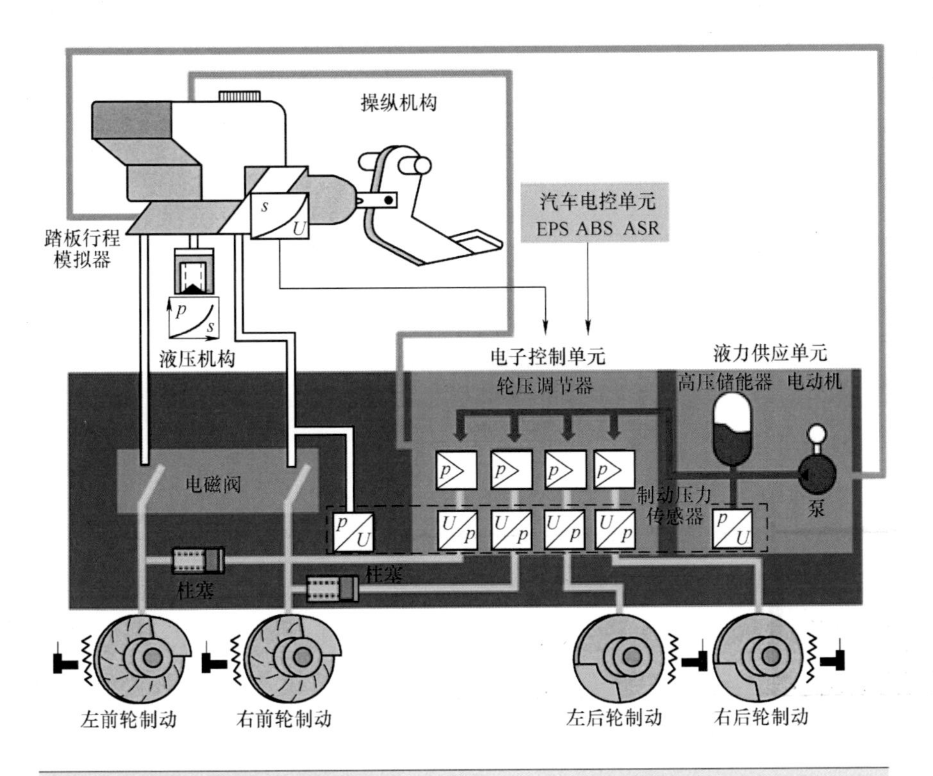

图 2.22　SBC 系统结构原理图

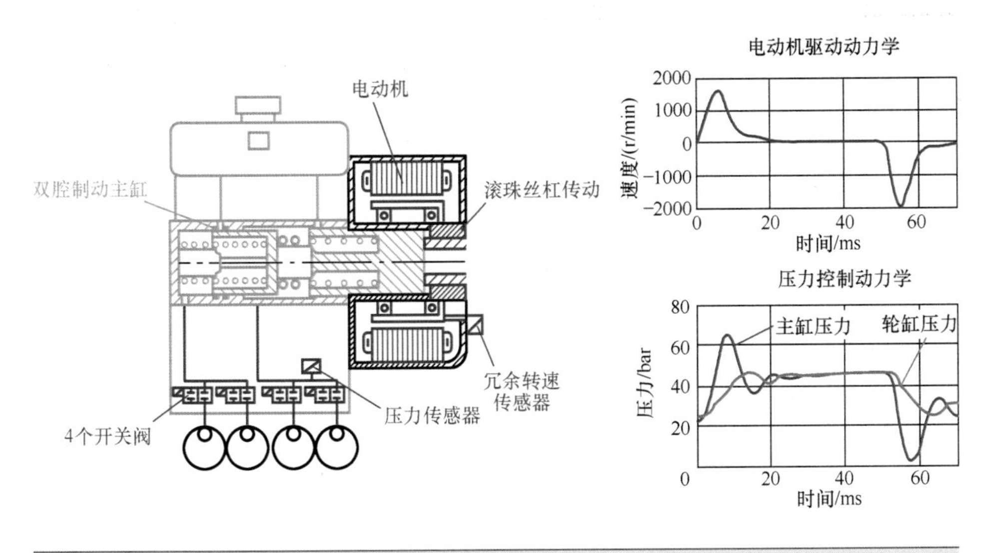

图 2.24　IBS 结构原理图及动态曲线

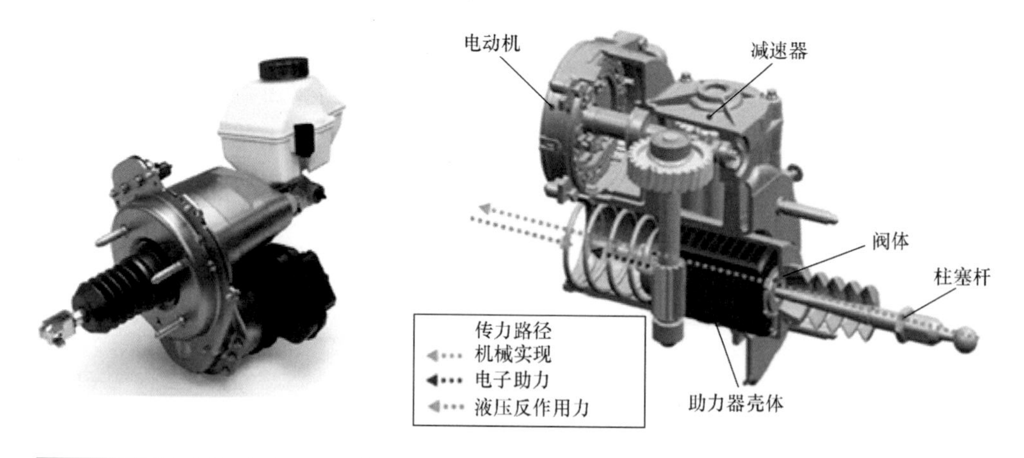

图 2.25　博世 iBooster 结构原理图

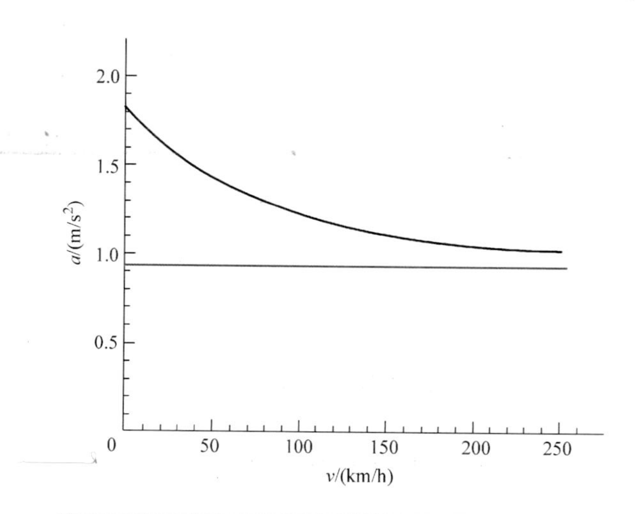

图 4.1　制动力控制示意图

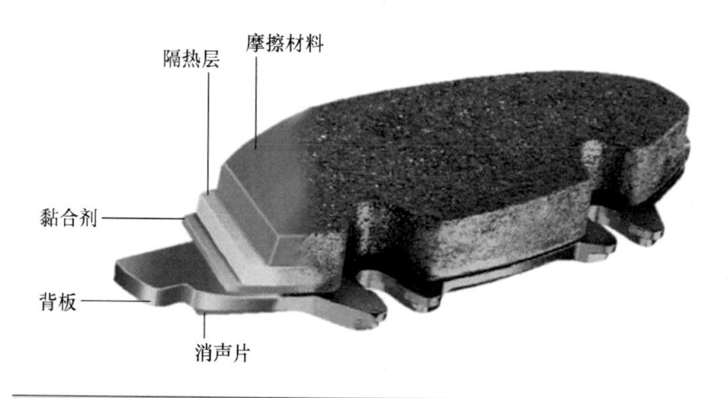

图 6.2　制动摩擦片剖面结构

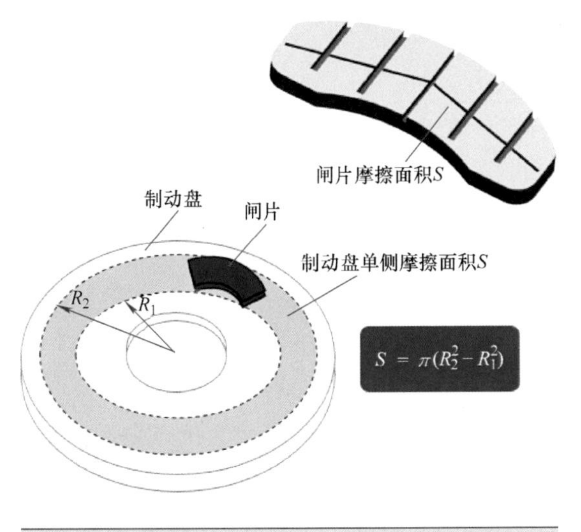

图 6.3　摩擦面积示意图

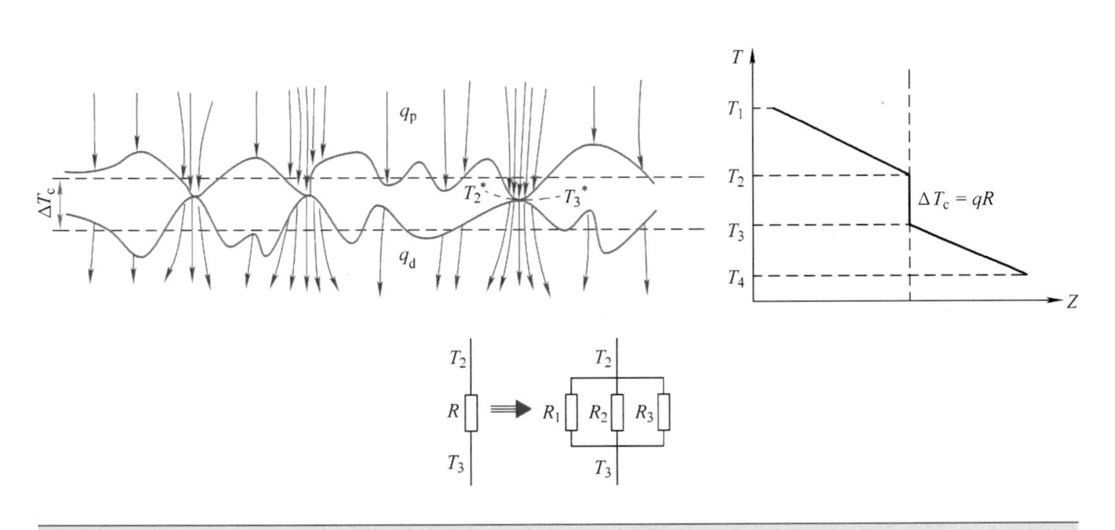

图 6.4　热阻分布及等效热阻网络模型

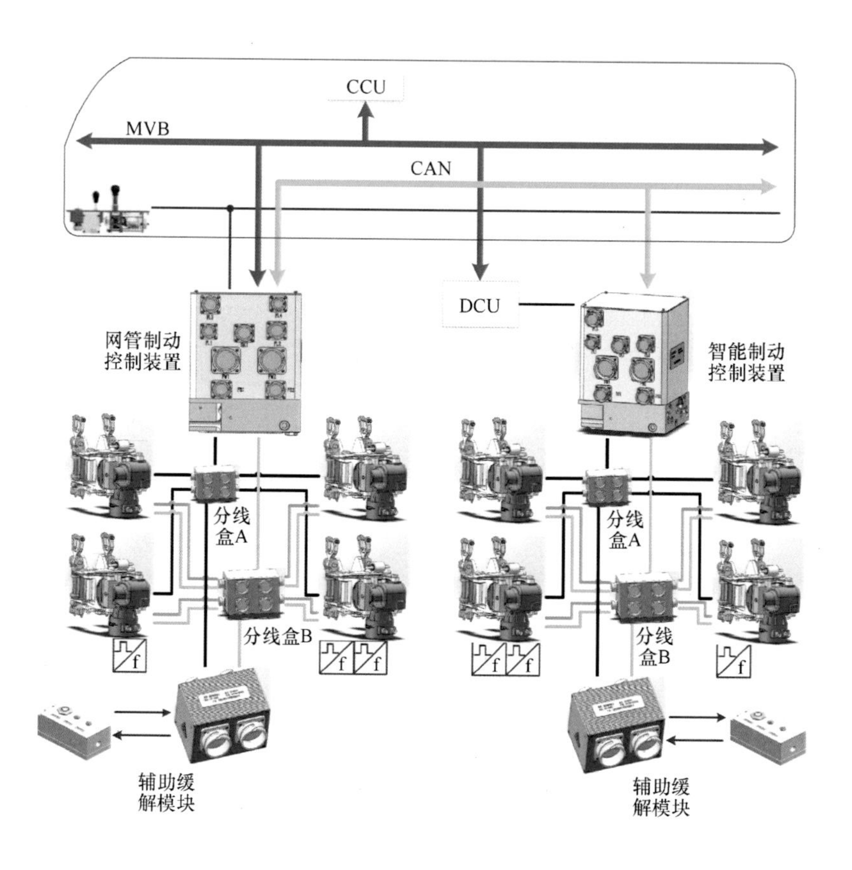

图 9.3　电机械制动系统拓扑示意图

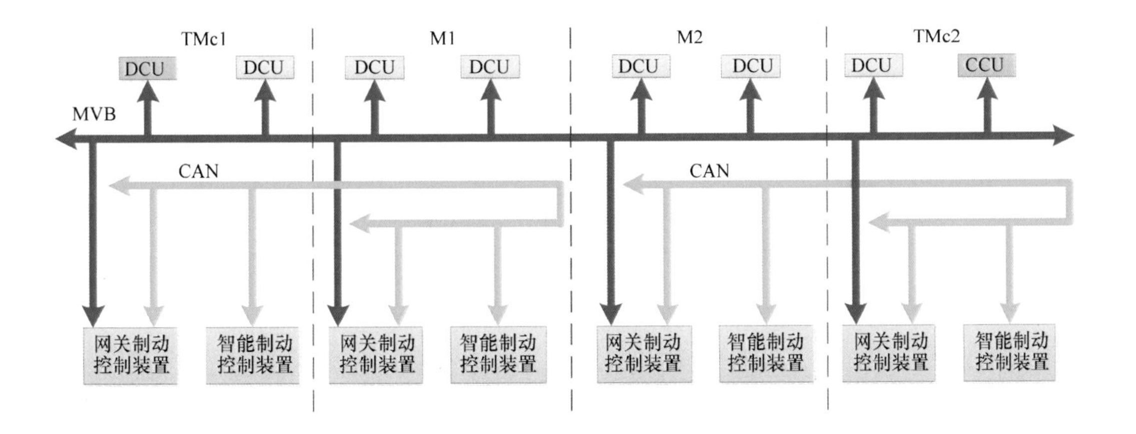

图 9.4　制动系统网络架构

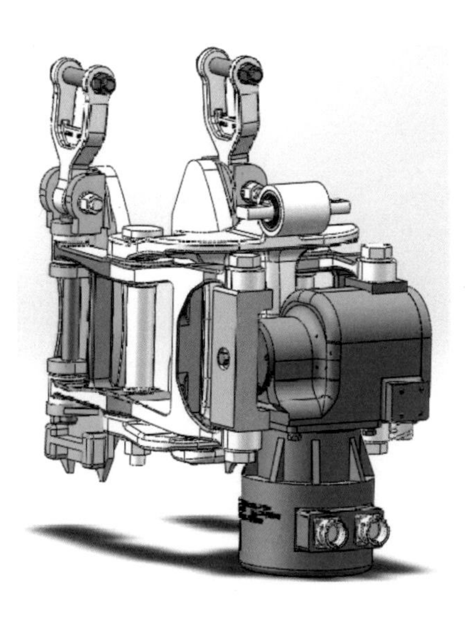

图 9.6　电机械夹钳三维设计

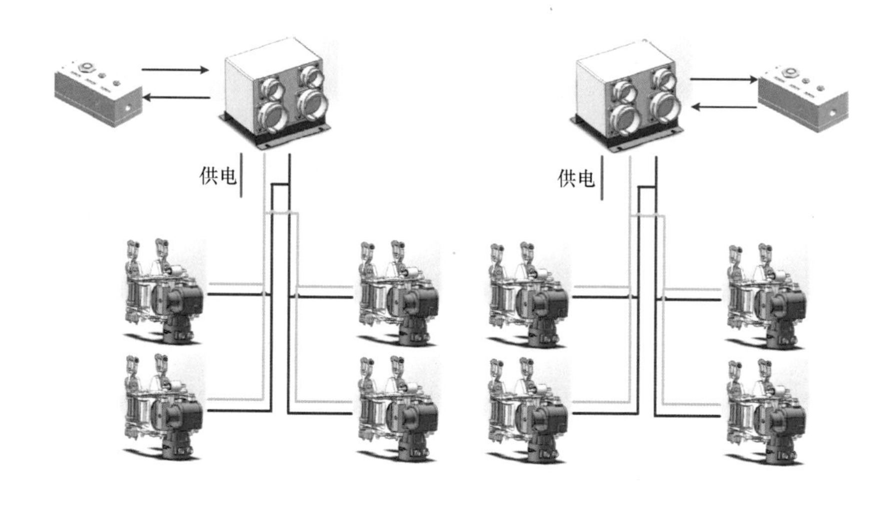

图 9.7　辅助缓解模块连接关系

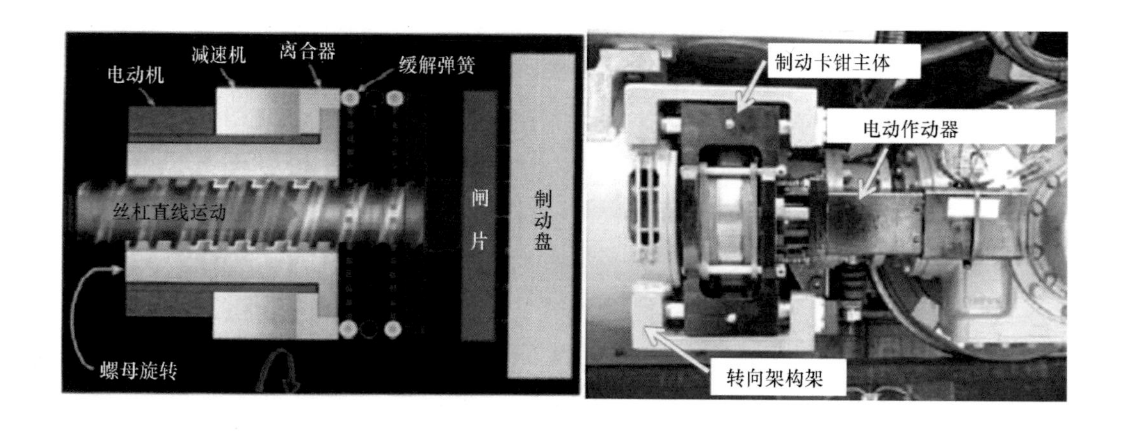

图 9.11　电机械制动结构

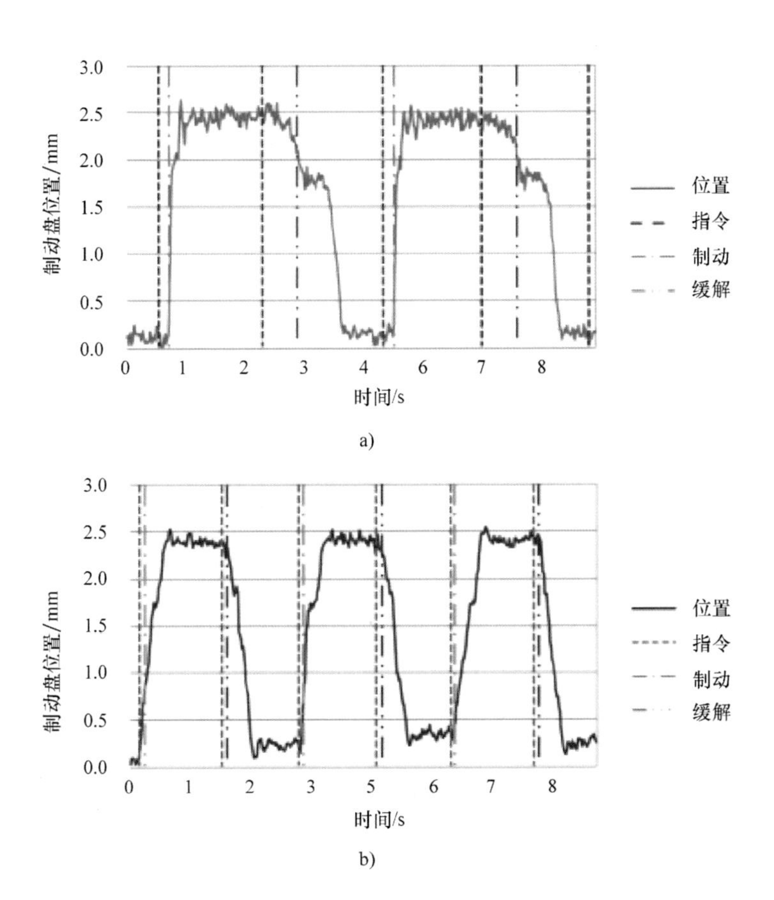

图 9.14　电机械与空气制动测试结果对比

a) 活塞运动距离　b) 电机械活塞运动距离

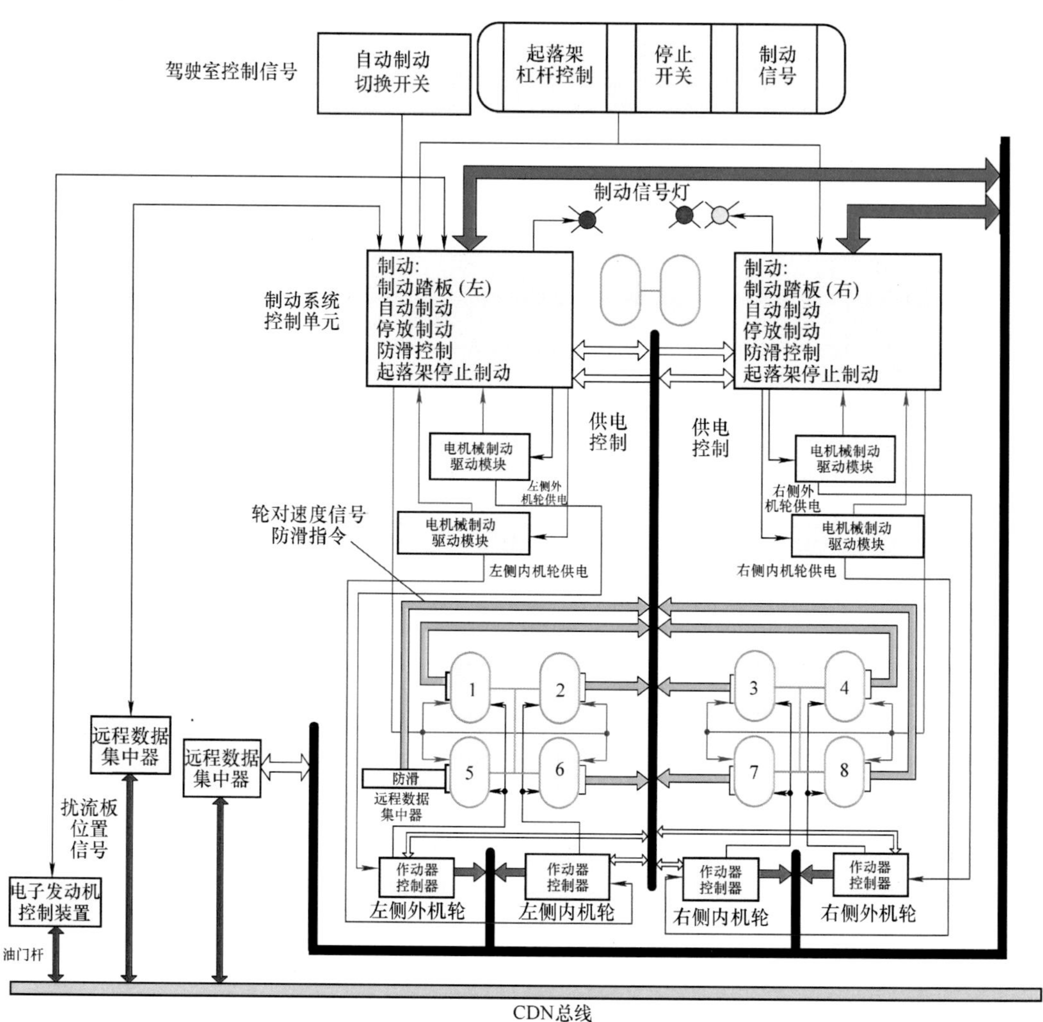

图 11.1　波音 787 全电防滑制动系统结构

电机械制动（EMB）技术：交通运输工具新型制动系统

主　编　王　军
副主编　齐洪峰　田　春　陈茂林

机械工业出版社

电机械制动技术是一种由电子控制和电驱动的机电一体化的新型摩擦制动技术。本书介绍了电机械制动技术的相关基础理论和工程应用方法。书中首先系统分析总结了轨道交通、汽车和飞机等交通运输工具制动技术的发展历程，然后从系统层面介绍了电机械制动（EMB）系统设计方法，再对电机械制动的制动控制系统、执行机构、摩擦副及其检测方法、防滑控制和可靠性进行了阐述，并以轨道交通、汽车和飞机为例，介绍了电机械制动（EMB）在交通运输工具上的应用实例，最后对电机械制动（EMB）技术的特点进行了分析和总结。

本书涵盖了各种交通运输工具电机械制动技术，内容全面广泛，可作为高等院校交通运输工程、机械工程等学科的机电专业实践运用的研究生教材或参考书，也可供有关科研人员和工程技术人员参考使用。

图书在版编目（CIP）数据

电机械制动（EMB）技术：交通运输工具新型制动系统／王军主编．—北京：机械工业出版社，2021.1（2021.8重印）

ISBN 978-7-111-66725-4

Ⅰ．①电…　Ⅱ．①王…　Ⅲ．①电子机械－机械制动器
Ⅳ．①TH134

中国版本图书馆 CIP 数据核字（2020）第 189566 号

机械工业出版社（北京市百万庄大街 22 号　邮政编码 100037）
策划编辑：连景岩　责任编辑：连景岩　刘　煊
责任校对：樊钟英　封面设计：鞠　杨
责任印制：单爱军
北京虎彩文化传播有限公司印刷
2021 年 8 月第 1 版第 3 次印刷
184mm × 260mm · 11 印张 · 4 插页 · 278 千字
2 201—3 200 册
标准书号：ISBN 978-7-111-66725-4
定价：78.00 元

电话服务　网络服务
客服电话：010-88361066　机 工 官 网：www.cmpbook.com
010-88379833　机 工 官 博：weibo.com/cmp1952
010-68326294　金 书 网：www.golden-book.com
　机工教育服务网：www.cmpedu.com

编委会

前言

交通是兴国之要，强国之基。我国已明确提出建设“交通强国”的宏伟目标，“前瞻性”“引领性”和“颠覆性”这些关键词是实现“交通强国”宏伟目标的核心要求、核心路径和核心目标。当前交通运输装备正经历着一场智能化的变革，而电气化是智能化的基础和前提。轨道交通、汽车和飞机等交通运输工具制动技术发展历程基本一致，都经历了从手制动到以液压或气动为动力源的发展历程，现在仍然无法彻底摆脱对压缩空气或液压油等制动介质的依赖。随着制动系统的发展，制动指令和信号的传递已经不再需要压缩空气作为介质，但从制动指令到制动力的施加仍然需要经过电空（液）转换环节和压缩空气（油）的作用环节，即需要首先将电信号转换为预控压力信号，作用于摩擦副。电机械制动（Electromechanical Brake, EMB）用电动机直接驱动摩擦片，将交通运输工具动能转化为热能，产生制动作用，简化了传统空气或液压制动系统先进行电空（液）转换再实施制动的作用环节，真正实现了制动系统的全电气化。

EMB 技术最早是在航空领域提出的，被称为飞机的“全电制动”，1982 年美国首次在 A-10 攻击机上研制并成功测试了一台电制动样机。1998 年，一架安装电制动的 F-16C 飞机试飞成功。同期，电机械制动技术在客机上进行研发试验，1996 年底电机械制动系统得到空中客车工业公司的批准，目前已被 A340-500/600 干线飞机所选用。全电制动系统也已成功运用于波音公司最新的 B787 客机。随着 EMB 技术在飞机上的应用日益成熟及汽车制动性能要求的不断提高，电机械制动技术在汽车领域也得到了较为广泛的研究。一些国际著名的汽车零部件厂商开始对电子机械制动该技术进行研究，均已经研发出各自的电子机械制动器样机，从 1999 年开始在各届车展上展出。2005 年，世界上第一款采用 EMB 技术的量产车——SL500 敞篷跑车被推出。在轨道交通领域，EMB 技术研究相对滞后，日本鹿儿岛 1000 型低地板有轨电车曾经探索和试装过采用此技术原理的制动器。综上所述，无论是飞机、汽车还是轨道交通，采用电能驱动代替气压或液压驱动的 EMB 技术是未来制动系统的解决方案。EMB 技术必将成为我国发展高端交通装备的核心内容和建设“交通强国”的关键突破点。作者们编写本书，旨在让更多的科技人员能够在全面而深入地了解 EMB 技术的基础上，共同攻克 EMB 技术的发展难题，开创 EMB 技术研究的新局面。

本书由中国中车集团有限公司和同济大学共同组成的编写组完成。在编写的过程中，作者们根据多年从事制动教学和电机械制动研究开发的体会和经验，对内容的取舍和编排做了认真的考虑和优化，从 EMB 技术在轨道交通、汽车和飞机等交通运输工具中的应用共性出发，凸显 EMB 这一新型技术的特点。本书首先介绍了制动的相关概念、意义和制动力的产生方式，为读者构建起制动理论的总体框架，紧接着介绍了制动技术在交通运输工具上的发展历程，总结出 EMB 技术的必然发展趋势。在此基础上，先从系统层面介绍了 EMB 技术，接着对控制系统、执行机构、摩擦副及其检测方法、防滑控制和可靠性等子系统进行了分类介绍，最后对 EMB 技术在轨道交通、汽车和飞机上的实例进行了介绍并总结了 EMB 技术的特点。

本书在撰写过程中，作者们参考了一些国内外的资料，限于篇幅，在参考文献目录中只列出其中的一部分，在此谨向原作者表示衷心感谢。

本书在编写过程中，田寅、唐海川、梁瑜、宫保贵、李克雷、周高伟参与了部分章节的编写，马天和、雷驰、袁泽旺、周嘉俊、翁晶晶和陈超六位博士协助收集资料和制作图表，付出了辛勤劳动。

限于水平和时间仓促，书中的缺漏和不当之处在所难免，敬请读者批评指正。

编　者

2020 年 9 月于北京

目　录

第1章　概　论

1.1　制动在交通运输工具中的意义

交通运输是人和物借助交通工具的载运，产生有目的的空间位移。交通运输是经济发展的基本需要和先决条件，现代社会的生存基础和文明标志，社会经济的基础设施和重要纽带，有重要的经济、社会、政治和国防意义。交通运输工具是指完成旅客和货物运输的铁路机车、客货车辆、汽车、轮船和飞机等。由于这些运输工具是完成旅客和货物位移的工具，故又称交通运输移动设备。

制动，俗称“刹车”，是使运行中的铁路机车、车辆及其他运输工具或机械等停止或减低速度的动作。为了施行制动而在交通运输工具上装设由一整套零部件组成的装置，称为制动装置，主要由供能装置、控制装置、执行装置和一些辅件组成。

交通运输工具是完成旅客和货物位移的移动设备。对于在地面上行驶的交通运输工具而言，其显著特点是横向和纵向两个运动自由度之间存在紧张关系，并且运动的空间强烈受限。按照控制理论的思想，包含了加速、制动和转向的交通运输工具的运行控制，发生在一个闭环回路中，如图 1.1 所示。在这个回路中，交通运输工具是受控者，驾驶员是控制者，而交通环境则是信息源和干扰源。驾驶员的任务是使交通运输工具的实际状况与理论状况达成一致。制动就是作为交通运输工具的一种驾驶任务而存在的。

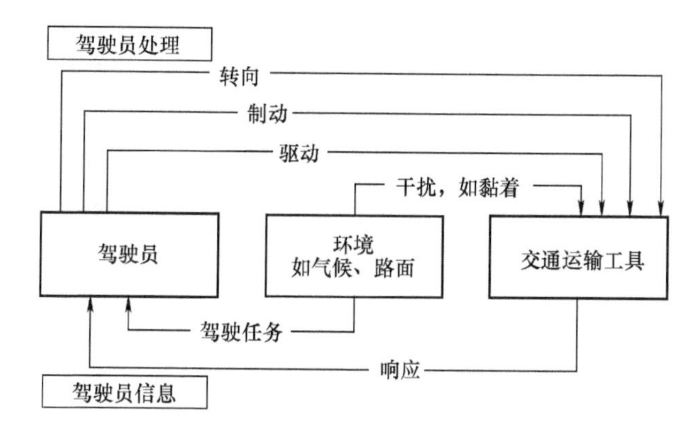

图 1.1　人 - 车 - 环境闭环系统

1.2 交通运输工具常用制动方式

制动方式是指制动时交通运输工具动能的转移方式或制动力获取的方式。从能量的观点来看，制动的实质就是将交通运输工具的动能转化为别的能量或转移走；从作用力的观点来看，制动就是让制动装置产生与交通运输工具运行方向相反的外力（制动力），使交通运输工具产生较大的减速度，尽快减速或停车。采取什么方法将动能转化或转移，通过什么方法产生制动力，是制动的基本问题。

在人 - 车 - 环境闭环系统中，制动子系统主要用于以下目的：

1）驻车制动，即防止停止的交通运输工具发生运动。交通运输工具相对于路面必须保持使其静止的圆周力，以保证在坡道上不溜滑或在平坦路面上不移动。驻车制动是汽车领域的专业术语，轨道交通领域与之对应的是停车制动，一般采用机械摩擦制动方式，与减速制动装置共同执行机构。

2）惯性制动，即阻止交通运输工具在下坡过程中产生的不希望发生的加速运动。在下坡过程中，重力的分力相当于一种驱动力，迫使交通运输工具产生加速运动。为抵消这种加速力，维持恒速运动，交通运输工具需要施加惯性制动。惯性制动的过程实质上是将下坡过程中的惯性势能转化成其他形式的能量并转移走。常见的制动思路有两种，一种是顺着交通运输工具上的能量传递路径，将驱动装置逆变成能量耗散装置，如发动机制动和电制动。发动机制动是通过发动机产生反拖力矩并经过变速器放大来进行制动。电制动是电动汽车和轨道车辆常用的惯性制动方式，它是在下坡过程中把驱动电机逆变成发电机，将交通运输工具的惯性势能转化成电能，从而产生制动作用。惯性制动的另外一种思路是在交通运输工具上增加额外的能量转换转置，如缓速器。重型汽车货车对惯性制动力的需求更大，发动机提供的反拖力矩有限，甚至根本没有发动机制动，这个时候专门用于惯性制动的缓速器就变得很有必要。常见的缓速器有液力缓速器和电力缓速器，它们本质是将惯性势能转换成油液的摩擦热能或者电能。少部分交通运输工具也采用飞轮作为惯性制动装置，通过将下坡过程中的惯性势能转换成飞轮的动能，在需要的时候再将飞轮的动能释放出来。在没有专门的惯性制动装置的交通运输工具（如铁路货车）上，减速制动装置同时兼作惯性制动装置，如摩擦制动装置。

3）减速制动，即使交通运输工具减速，必要时使交通运输工具处于停车状态。减速制动以及停车制动所需的减速度较大，要实现干扰环境下对交通运输工具的有效制动，制动系统必须具备充足的制动能力。除了提高单一制动方式的制动能力以外，多种制动方式的复合制动也在交通运输工具有所体现。目前各类交通运输工具上应用最为广泛也最为可靠的减速制动方式是摩擦制动。摩擦制动将交通运输工具的动能转化成摩擦热能，按照制动源力传递介质的不同又有液压摩擦制动、空气摩擦制动和电机械摩擦制动之分。液压摩擦制动在乘用车、低地板有轨电车以及飞机上广泛应用，空气摩擦制动主要应用在轨道交通车辆和商用车，电机械摩擦制动作为一种全新的制动方式主要见于航空领域和部分高端汽车。风阻制动、涡流制动和磁轨制动作为减速制动的补充，在某些车辆上配合摩擦制动共同为轨道车辆提供减速制动力。同样，发动机反推制动和翼板风阻制动配合机轮摩擦制动，共同为飞机提供减速制动力。

以铁路列车为例，从作用力与列车的关系来看，驱动或制动都需要对列车作用以外力。从能量的观点看，驱动是机车将燃料所具有的能量或电厂所发出的电能转变成列车的动能；制动就是设法将此动能从列车上转移出去，使列车减速或停止。采取什么制动方式使列车的动能转移出去，采取什么制动方式获取这种外力——制动力，是制动的基本问题。因此，制动方式的研究是制动研究的基础。

1.2.1 列车动能转移方式

列车动能的转移方式可以分为两类：第一类是把动能转变为热能，然后消散于大气，简称“热逸散”；另一类把动能转变成可用能。

（一）热逸散

目前，属于热逸散的制动方式有下列几种。

1. 摩擦制动

摩擦制动把列车动能转变为摩擦热能。它可分为固体摩擦与液体摩擦两种。

（1）固体摩擦制动

1）闸瓦制动（踏面制动），是目前铁路使用最广泛的一种制动方式。用铸铁或合成材料制成的闸瓦压紧滚动着的车轮，使轮瓦间发生摩擦，列车动能主要变成热能，并转移入车轮与闸瓦，最终逸散于大气。

2）盘形制动。用制动夹钳使闸片（一般用合成材料制成）夹紧装固在车轴或车轮辐板上的制动圆盘（一般为铸铁盘），使闸片与制动圆盘间产生摩擦，把动能转变为热能，转移入制动圆盘与闸片，最终逸散于大气。

3）轨道电磁制动，也叫磁轨制动。制动时将电磁铁放下，与钢轨吸住，靠钢轨与电磁铁之间的摩擦转移能量。

（2）液体摩擦制动（液力制动）

液力传动的机车可采用液力制动。目前，已有在车辆上采用液力制动的试验方案。通过液体间和液体与固体（工作液体与耦合器）之间的摩擦，变列车动能为工作液体的热量，并使发热的工作液体进行循环冷却，经由散热器逸散于大气。

2. 动力制动

动力制动是列车动能通过电机、电器变为热能，最终逸散于大气。

1）电阻制动。制动时，变牵引电机为发电机，将所发电能加于电阻器中，使它发热，靠风扇给电阻器强迫通风而将热量逸散于大气中。电力机车、电传动的内燃机车和电动车辆等，凡用牵引电机驱动的动力车都可实现电阻制动。

2）加馈电阻制动。加馈电阻制动又称“补足电阻制动”，是机车的一种电气制动方式。电阻制动时，牵引电机处于发电机运行工况，制动电流随牵引电机的转速下降而下降，制动力则随制动电流下降而下降。加馈电阻制动在电阻制动回路中串入制动电源，低速时提升制动电源电压，维持制动电流不变，可使制动力保持不变。制动电源一般利用机车上的牵引变流器提供。加馈电阻制动在电阻制动或再生制动进入低速时投入，理论上可使机车制停，实际上因牵引电机整流片不允许静止不动，长时间流过额定电流，制停时还需辅以空气制动。

3）旋转涡流制动。牵引电机轴上装有金属涡流盘，制动时，涡流盘在电磁铁形成的磁场中旋转，盘表面感应出涡流，使涡流盘发热。涡流盘带有散热筋并起鼓风机叶轮作用，可加速盘的散热。

4）轨道涡流（线性涡流）制动。制动时，悬挂在转向架上的电磁铁放下到离轨面上方几毫米处，利用它和钢轨的相对运动使钢轨表面感应出涡流，从面产生阻力并使钢轨发热。变列车动能为热能，通过钢轨与电磁铁逸散于大气。

（二）列车动能转变成可用能

1. 再生制动

再生制动是使列车动能转变成电能回收。电力机车或电动车辆可实现再生制动，可将电能反馈至电网。

2. 飞轮储能制动

飞轮储能制动是制动时，把列车动能转移入飞轮储存。起动加速时使该能量放出，可以节约能源。飞轮储能制动的设想由来已久，但目前尚属试验阶段。因为它不但需要在车辆上装设旋转质量相当大的飞轮，而且还需要一整套传动装置。飞轮储能对于长途运行车辆意义不大。它对于起动停车频繁的城轨车辆可以有三方面的效果，一是可以节约能源和使变电所负荷均匀：二是能减轻隧道内的热负荷；三是当万一发生停电故障时，靠飞轮储存的能量可低速行驶到下一站，以疏散旅客。

在以上讨论中，“列车动能转移”中的“转”，是指把动能转换成第二种能量；“移”是如何处理这第二种能量的意思。每种制动装置的“转”和“移”的能力并不总是相互匹配的，例如，在闸瓦制动中，“移”的能力小于“转”的能力；在电阻制动中，可以使“移”的能力大于“转”的能力。

1.2.2 制动力形成方式

铁路机车车辆制动，就制动力的形成方式分类，可分为黏着制动与非黏黏着制动。

（一）黏着制动

以闸瓦制动为例，车轮、闸瓦、钢轨这三者之间有三种可供分析的状态：第一种是难以实现的理想的纯滚动状态；第二种是应极力避免的“滑行”状态；第三种是实际运用中的“黏着”状态。

1）靠滚动着的车轮与钢轨接触点在接触瞬间的静摩擦阻力（不发生相对滑动）作为制动力，车轮沿钢轨边滚动边减速停止。在此过程中，车轮与钢轨之间是静摩擦；车轮与闸瓦之间是动摩擦。这是一种难以实现的理想状态。倘若能达到这种状态，那么可能实现的制动力的最大值约是轮轨间静摩擦阻力的极限值。

2）第二种情况恰恰与第一种的相反。即轮瓦间为静摩擦；轮轨间为动摩擦。那么，原来第一种状态中车轮滚动减速改变为滑行（车轮 - 在车辆未停住前即被闸瓦抱死，在钢轨上滑行）减速。这是必须杜绝的事故状态。此时，轮轨间的动摩擦阻力就成为滑行时的制动力。

3）实际上，车轮在钢轨上滚动时，轮轨接触处既非静止，亦非滑动，在铁路术语中用“黏着”来称呼这种状态。

依靠黏着滚动的车轮与钢轨黏着点之间的黏着力来实现机车车辆的制动，称为黏着制动。

黏着制动时，可能实现的最大制动力不会超过黏着力。

黏着制动是目前主要的一种制动方式。根据轮轨间的静摩擦系数 μ、黏着系效 φ、动摩擦系数 ϕ，这三者中的关系 $\mu > \varphi > \phi$。在上述三种情况中：可能实现的制动力的最大值以第一种状态时为最大，但实际上是达不到的；第二种最小，这不但会延长制动距离，而且会擦伤车轮；第三种介于这二者之间，它随气候与速度等条件的不同可以有相当大的变化。所以，采用黏着制动，必须对那些可资利用的黏着条件加以研究，以获取可能的最大制动力。

闸瓦制动、盘形制动、液力制动、电阻制动、旋转涡流制动、再生制动以及飞轮储能制动，从制动力形成的方式来看，都属于黏着制动。它们的制动力大小都要受黏着力的限制。

（二）非黏着制动

磁轨制动、轨道涡流制动和风阻制动属于非黏着制动（或称非黏制动）。制动时，钢轨给出的制动力并不通过轮轨黏着点作用于车辆，其中磁轨制动是通过电磁铁上的磨耗板与钢轨之间的滑动摩擦产生制动力，轨道涡流制动是利用电磁铁和钢轨的相对运动使钢轨感应出涡流，产生电磁吸力作为制动力，风阻制动是通过展开车体上的风翼板产生气动阻力以作为制动力，它们产生的制动力大小不受轮轨间黏着力的限制，是超出黏着力以外获取制动力的一种制动方式。所以，也叫作黏着外制动。

非黏制动目前主要用于黏着制动力不够的高速载运工具，作为一种辅助的制动方式。

参考文献

[1] 布勒伊尔，比尔．制动技术手册 [M]．刘希恭，译．北京：机械工业出版社，2011.

第2章 交通运输工具制动技术的发展

交通运输工具的制动方式中，机械摩擦制动仍然是广泛使用的最为安全的制动方式。本章着重讲述在轨道交通车辆、汽车和飞机等领域摩擦制动的发展历程。

2.1 轨道交通车辆制动技术的发展

在蒸汽机发明以后，蒸汽机和汽车的制动一直采用人力制动。1869年，美国工程师乔治·韦斯汀豪斯制造了人类第一台直通式空气制动机，实现了由人力制动到机械制动的革命。3年后乔治·韦斯汀豪斯又发明了三通阀，研制出了自动空气制动机，克服了直通式空气制动机在列车分离时，列车将失去制动作用的致命弱点。随着对制动控制响应速度的要求越来越高，以电信号传播制动指令的电空制动机出现，现在这种制动机广泛应用于地铁、高铁。

2.1.1 人力制动机

早期的列车制动机仅为手制动机。司机绞动制动钢缆，使木质的闸瓦靠近车轮踏面，用摩擦力使得车轮或车轴的转动减慢至停止。当然，这种原始的制动方式既费力又不安全，时常发生车辆失控的事故。后来随着车辆编组数增加，手制动机变为每车或几车配备一名制动员，制动员按照列车司机的笛声指令通过控制手轮转动来施加制动力。铁路发展初期，机车车辆上都只有手制动机。由于手制动机存在制动力弱，不便司机操作等原因，很快就被非人力的制动机所替代。现在非人力的制动机已经成为了列车上主要的制动机。

但是，目前部分货车上仍有手制动机。我国铁路货车目前主要装用垂直链式手制动机，除此之外，还有折叠链式、摇臂链式手制动机等。垂直链式手制动机是我国铁路沿用多年的手制动机，其特点为结构简单，但是制动力比较小，制动缓解作用不灵活，在货车上安装时，手轮往往高于平车地板面或敞车端墙，装卸车时易被损坏。折叠链式手制动机是在垂直链式手制动机的基础上，为适应平车活动端墙放平的需要，将手制动杆设计成折叠式，只有制动杆直立时才能进行制动缓解操作；在端墙放平之前，制动杆必须折叠放置，但端墙放平后手制动机无法使用。这种手制动机的特点是制动、缓解操作困难。摇臂链式手制动机主要在保温车上安装，其操作效率低，制动力小。

2.1.2 空气制动

随着工业革命的发展，轨道车辆制动系统也迎来了机械时代。此时，列车制动机的特点为使用压缩空气作为制动源动力。1869 年，在美国宾夕法尼亚铁路上，首次出现压缩空气来操纵实物列车制动机——直通式空气制动机。从此，列车制动开始摆脱托人力制动，转入机械制动的初始阶段。机械制动为发展长大列车的安全运行提供了可能性。

1. 真空制动机

真空制动机以负压空气作为介质，以大气压力作为制动源动力，通过改变真空度来施加制动力。真空制动机系统在机车上设有真空泵、制动阀和真空制动缸，在车辆上则仅有真空制动缸。全列车制动部件全部用制动管连通。司机操纵制动阀，改变制动管中的真空度，真空制动缸中便产生压力差，从而起阶段的制动或缓解作用。这种制动机是英国铁路在 1844 年首先应用的。它的优点是构造简单，但制动力不大，而且海拔越高制动力越小。制动作用由列车头部车辆向后传播，空气波速度不高，故空走时间较长，列车的纵向冲击较大。英国铁路企业自 1964 年起逐步改用自动空气制动机。使用真空制动机的国家日益减少。

真空制动机的原理如图 2.1 所示。机车上装有真空泵（抽气机）1、真空制动阀 2，真空制动主管 3 贯通全列车（又称真空列车管），每车都装有 1 ~ 2 个真空制动缸 4，它的左侧装有支管（与主管相连通），缸内有制动缸活塞 5，其左侧装有球形止回阀 6。

当制动阀手柄置 2 于缓解位时，真空泵与列车管 3 连通。真空泵将列车管和制动缸内的空气抽走，并保持高度真空，车辆上制动缸上方的空气可经过活塞上的止回阀 6，流向制动主管最终达到活塞 5 上、下方真空度相等，活塞 5 依靠自重下降到缓解位。此时，滚圈位于止回阀室小孔的上方，当制动管由于泄漏或其他原因而缓慢降低真空度时，由于止回阀 6 的铜球与阀座硬性接触，有一定泄漏量，不产生制动，从而具有一定的稳定性。

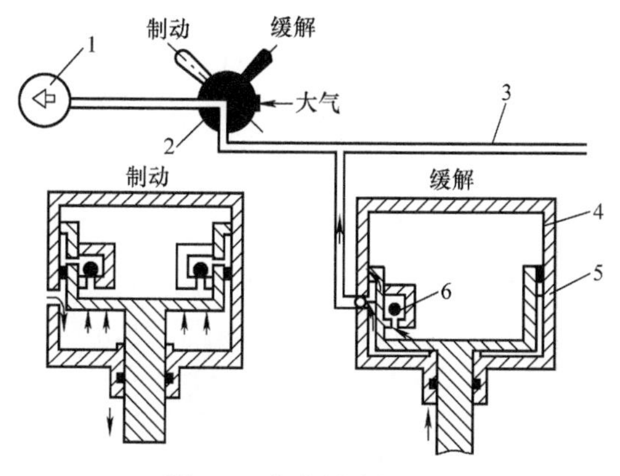

图 2.1　真空制动机原理

1—真空泵　2—真空制动阀　3—真空制动主管　4—真空制动缸　5—活塞　6—止回阀

当制动阀手柄置于制动位时，列车管与大气相通，大气进入列车管和制动缸活塞下方。由于大气压力将止回阀关闭，大气不能进入活塞上方，活塞上下形成压力差，推动活塞向上移动，滚圈首先遮盖止回阀室小孔，然后滚动到小孔下方，保证大气不经止回阀泄漏到上方。往上移动，带动杠杆推动闸瓦产生制动作用。

真空制动机在许多国家曾经是主要制动机，如巴基斯坦、孟加拉国、斯里兰卡、泰国、赞比亚等国。但是，真空室制动机的使用受大气压强、真空泵的抽气能力和管路泄漏等因素限制，只能够用在编组小于 40 辆，长度不超过 600m 的列车。

2. 空气制动机

空气制动机是以压缩空气作为源动力，改变制动缸内气压施加制动力。其制动力大、操纵控制灵敏便利，现广泛应用于货物列车。

（1）直通式

1869 年，美国乔治・威斯汀豪斯发明了直通式空气制动机。直通式空气制动机是总风缸直接给制动缸供气的一类制动机，其基本特点是：列车管直接通向制动缸（直通），列车管充气（增压）时制动缸也充气（增压），发生制动；列车管排气（减压）时制动缸也排气（减压），发生缓解。制动过程为：先用空气压缩机产生压力空气并储存在总风缸中，司机操纵制动阀位置，实现总风与制动缸的连通（制动充风）或制动缸和与大气的连通（缓解排风）。总风缸只存在于机车上，车辆上只存在制动缸，各车制动机由列车管连接。由于压缩空气由前向后逐车输送，列车前后车辆制动机动作时间差较大。它的优点是构造简单，并且既有阶段制动，又有阶段缓解，操纵非常灵活方便。缺点是当列车发生分离事故、制动软管被拉断时，将彻底丧失制动能力，而且列车前后部发生制动作用的时间差太大，纵向冲击较大。

图 2.2 所示为直通式空气制动机。空气压缩机 1 产生压缩空气，储存到总风缸 2 中。当司机操纵制动阀使其置于制动位 I 时，总风缸的压力空气（简称“总风”）与全列车的制动管连通（简称“列车管”）5 并进入其中。总风进入每辆车的制动主管、端部的制动软管和软管连接器，以及由每根主管中部接出的制动支管。进入列车管的总风直接充入各车的制动缸（简称“闸缸”）6，克服弹簧 7 的背压并推出活塞杆 8，使得制动杠杆动作及闸瓦 10 贴靠压紧车轮，产生制动作用。

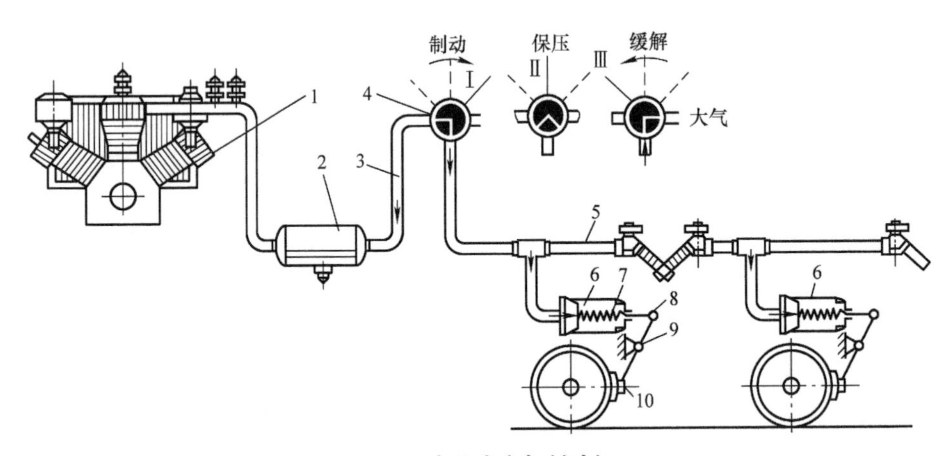

图 2.2　直通式空气制动机

1—空气压缩机　2—总风缸　3—总风缸管　4—制动阀　5—列车管　6—制动缸　7—缓解弹簧
8—活塞杆　9—制动缸杆及其支点　10—闸瓦及瓦托

当制动阀置于保压位Ⅱ时，总风缸、列车管和大气三者之间的通路均被隔断，制动缸中原有的压力空气被封在缸中，空气压强保持不变。如果在制动过程中，交替改变制动阀位置，在制动 I 和保压Ⅱ之间切换，可实现制动缸的呈阶段式充气，这种作用称为“阶段制动”，如图 2.3 左半部所示。

当制动阀置于缓解位Ⅲ时，制动缸空气与大气连通，制动缸内的压缩空气排向大气，实现制动缸的缓解。如在制动缸降压过程中将制动阀手柄反复地置于缓解位和保压位。可使制动缸压强呈阶段式下降，这种作用称为“阶段制动”，如图 2.3 右半部所示。

（2）自动式

在直通式空气制动机问世以后，由于当时美国铁路的列车广泛使用简单的链子钩和销接连接，因而列车分离是经常发生的。为使列车中的所有车辆在意外分离时，都能够自动制动，威斯汀豪斯于 1872 年又发明了自动空气制动机。自动空气制动机比直通制动机优越得多，也安全得多。在列车意外分离的情况下，保证所有车辆的制动机都能够自动制动，而且制动作用更快，更一致。自动式与直通式相比，在组成上每辆车多了一个三通阀和一个副风缸。三通阀的“三通”是指通列车管，通制动缸和通副风缸。按照参与主活塞平衡压力的多少，自动空气制动机可分为二压力机构和三压力机构两种。按照列车管压强和主活塞动作是否直接控制制动缸的制动与缓解，又分为直接作用式和间接作用式。

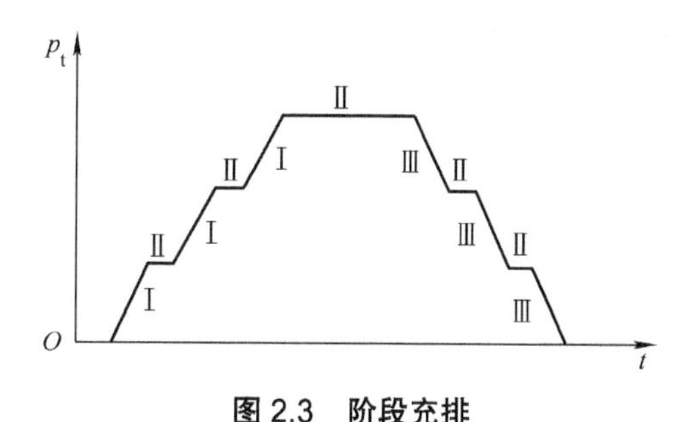

图 2.3　阶段充排

Ⅰ—制动位　Ⅱ—保压位　Ⅲ—缓解位

二压力机构直接作用式制动机的基本组成和基本原理参见图 2.4。二压力机构的含义是指其主活塞的动作只取决于活塞两侧压力是否平衡。

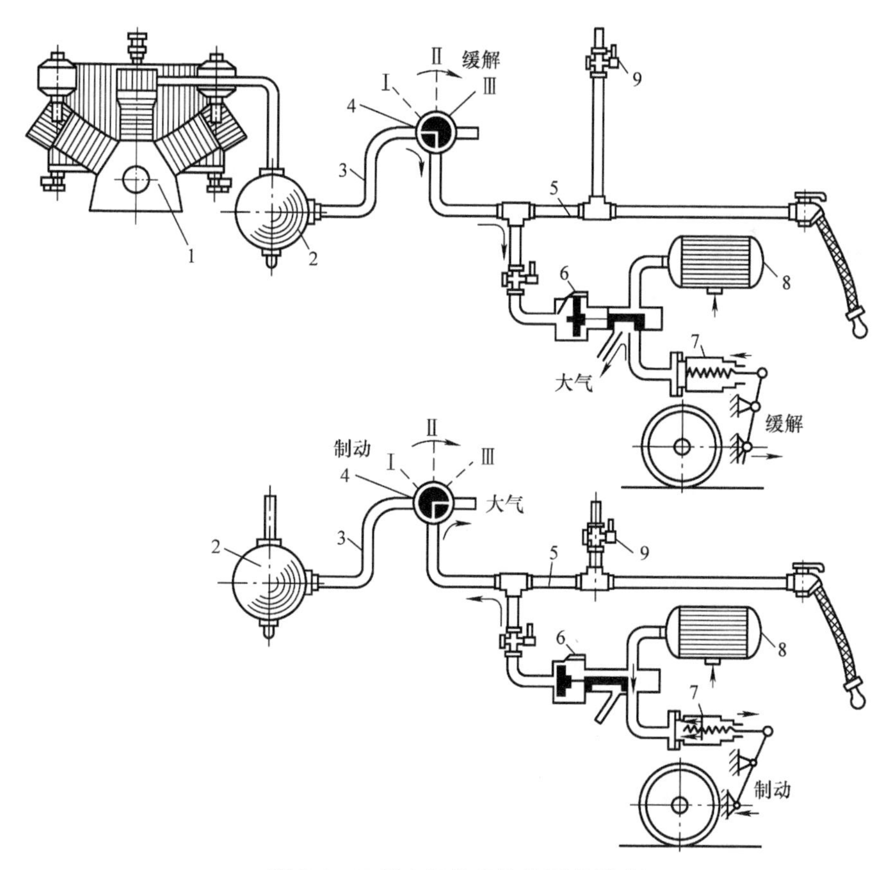

图 2.4　二压力机构直接作用式制动机

1—空气压缩机　2—总风缸　3—总风缸管　4—制动阀　5—列车管　6—三通阀　7—制动缸　8—副风缸　9—紧急制动阀

当制动阀手柄置于缓解位Ⅲ时，总风缸的压力空气经过制动阀进入列车管（充风增压），并进入三通阀6，将三通阀内的活塞（通常称为“主活塞”）推至右极端（缓解位），并经三通阀“活塞套”上部的“充气沟”进入副风缸8。此时，制动缸7则经三通阀（缓解槽和排气孔）通大气。如果制动缸原来在制动状态，则可得到缓解。

当制动阀手柄置于制动位Ⅰ时，列车管经制动阀通大气（排风减压），副风缸8的风压将三通阀6的主活塞推向左极端（制动位），从而打开了三通阀上通往制动缸的孔路，使副风缸的空气可通往制动缸，产生制动作用。

当制动阀手柄置于保压位Ⅱ时，列车管不通总风缸不通大气，列车管空气压强保持不变。此时，副风缸仍继续向制动缸供气，副风缸空气压强仍在下降。当副风缸空气压强降至比列车管空气压强略低时，列车管风压会将三通阀主活塞向右反推至中间位置（中立位或保压位），刚好使三通阀通制动缸的孔被关闭（遮断）；副风缸停止给制动缸供气，副风缸空气压强不再下降，处于保压状态；制动缸空气压强不再上升，也处于保压状态。如在制动缸升压过程中将手柄反复置于制动位和保压位，则制动缸空气压强亦可分阶段上升，即实现阶段制动。

但是，如果在制动缸降压过程中将制动阀手柄由缓解位移至保压位，则列车管和副风缸虽能停止充风增压（保压），三通阀主活塞却仍停留在右极端（缓解位），制动缸的气压仍继续加大，直至完全缓解。这种二压力自动空气制动机可以通过制动阀手柄反复在缓解位和保压位之间移动，实现列车管和副气缸的气压呈阶段式上升。二压力空气制动机的副风缸既参与主活塞的平衡，又在制动时向制动缸供气，由于列车管是副风缸唯一气源，故二压力机构的空气制动机不能实现阶段缓解。如果能使副风缸的气源多元化，即制动后列车管充气（增压）时还有别的气源也帮助向副风缸充气，则阶段缓解也可以实现。

三压力机构的自动空气制动机主活塞的动作取决于三种压力的平衡与否，除了列车管一侧与主活塞另一侧工作风缸的压力以外，还有制动缸的空气压力也同样决定了主活塞的平衡。由于其副风缸只承担制动时向制动缸供气，而不必承担主活塞的平衡（主活塞平衡由工作风缸承担），故具有阶段缓解的性能。三压力机构直接作用式制动机如图2.5所示。

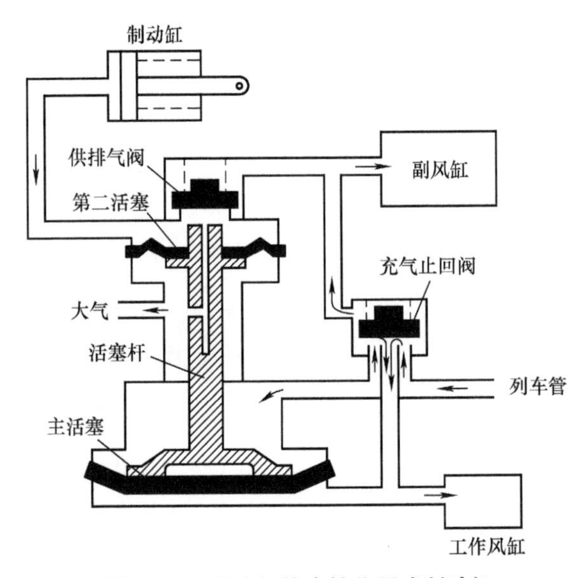

图2.5　三压力机构直接作用式制动机

当在无气状态下，主活塞及活塞杆会因自重下落，切断供排气阀和充气止回阀，使得制动缸经过活塞杆中心孔和径向孔直接通大气。制动时，列车管减压，工作风缸的压力推动主活塞杆上移，使得活塞杆上端接触供排气阀，并将活塞杆上的排气口关闭。随着活塞杆继续上移，顶开供排气阀，打开副风缸和制动缸的供气通路，使得制动机处于制动状态。此时，制动风缸的压力也向下作用于第二活塞，当列车管停止减压后，第二活塞上下的受力保持平衡后，供排气阀在其上方的弹簧作用下关闭供气阀口，使得制动缸压力不再上升，处于制动保压的状态。缓解时，列车管加压，向下作用于主活塞的力变大，主活塞下移，打开了活塞杆上端排气口，制动缸压力空气经过活塞中心孔和径向孔排向大气。当列车管停止加压，向下作用于第二活塞的力便会减小，直到抵消列车管增压的影响后，主活塞上移，回到保压位，关闭排气阀口，使得制动缸停止向大气排气，制动机处于缓解保压阶段。重复控制列车管的减压与增压，可以实现阶段制动与阶段缓解。

总的来说，自动式空气制动机的基本特点与直通式截然相反，它是列车管减压制动，增压缓解。它的优点是，当列车发生分离事故、制动软管被拉断时，列车管的压力空气排空，列车直接施加制动。由于存在副风缸给制动缸供气，各车的制动缓解一致性比较好，适用于编组较长的列车。因此，这种制动机广泛应用于世界各地。

3. 电空制动机

1886—1887 年，美国车辆制造协会在勃林顿铁路进行了一系列制动试验。列车由 50 辆空车或重车的货车混编组成，长约 550m。试验表明，自动空气制动机和真空制动机制动性能都比较好，但是在紧急制动时，列车出现了很大的冲动。这种冲动的根源，是在车辆连接系统中存在间隙和游间的结果，实验证明这种压缩或伸长的冲击速度为 60 ~ 120m/s。这个数值是很有意义的，在列车制动过程中，如果制动波速能够大于这个冲击速度，那么列车的纵向冲击就能够得到控制。在采用三通阀以前，紧急制动波速只有 84m/s，在采用三通阀以后，紧急制动波速能够达到 150 ~ 170m/s。但是随着铁道车辆的载重量和速度不断提高，空气波速也渐渐跟不上制动的需求。电空制动机实际上是与空气制动机同时出现的，但是由于空气制动机的发展及其结构简化，各国并未大规模研究和使用电空制动机。

铁道牵引动力的电气化始于电力机车。早在 1879 年德国西门子公司就试制了第一台电力机车。采用电力牵引的车辆牵引功率大、效率高、环境污染小，现已成为主流的客货列车。电气技术的发展更是推动了电空制动机的完善，在一些旅客列车上出现了电气指令式和 ATC 的制动控制装置。

（1）电气指令气压控制型

直到 20 世纪 30 年代，在欧美地区和日本出现了电气指令气压控制型制动系统，这是制动系统的一次变革。电空制动机为电控空气制动机的简称，它是以压缩空气为动力，利用电磁阀控制各节车辆上空气制动机的制动和缓解作用的制动系统。它的特点是制动作用的操纵用电控制各车辆上电磁阀，但制动作用的源动力还是压缩空气。在制动机的电控因故失灵时，它仍可以实行空气压强控制（气控），临时变成空气制动机。

20 世纪 50 年代，国外轨道交通车辆在大规模使用电空制动机的同时，还应用电气指令式制动控制系统，协调动力制动和空气制动，使得制动控制技术达到一个新的水平。最近几十年，由于电力电子变流技术和计算机技术的发展，使得电气指令式制动控制系统不断改进和发展，大功率的电力电子元件的出现使得电气再生制动成为可能，计算机技术的应用使得制动控制、防滑控制等系统更加精密。

直通式空气制动机采用列车管中的空气波传递制动指令，电空制动机直接用电信号传递制动指令，控制各车位于列车管上的电磁阀，实现列车管的压力控制。在制动机电控系统因故失灵时，它仍然可以实行气控（压力空气控制），临时变成空气制动机。如图 2.6 所示，在制动时各车的制动电磁阀 6 打开，将列车管 1 中的压力空气排空，实现制动。在缓解时各车的缓解电磁阀 8 的通路也同时打开，使各车的加速缓解风缸 5 同时向列车管 1 充气（加速缓解风缸 5 的气是在列车管 1 经过三通阀 2 向副风缸 3 充风时经过止回阀 9 充至定压的，由于止回阀的作用，制动时加速缓解风缸的气没有使用）。在列车施行阶段缓解，缓解电磁阀 8 关闭，列车管的压力保持不变，保压电磁阀 7 和三通阀的气路被切断，此时的三通阀活塞停留在充气缓解位，制动缸经三通阀与排气孔相通，制动缸的空气压强保持不变，可以实现阶段缓解。

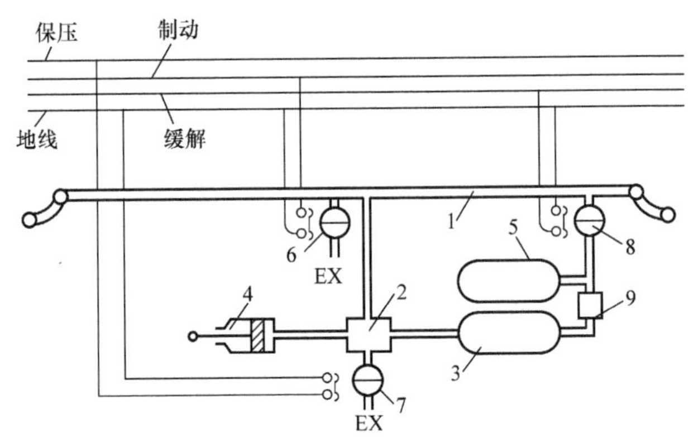

图 2.6　电空制动机

1—列车管　2—三通阀　3—副风缸　4—制动缸　5—加速缓解风缸　6—制动电磁阀
7—保压电磁阀　8—缓解电磁阀　9—止回阀　EX—大气

（2）微机直通电空型

微机直通电空型制动机是指使用微机处理制动指令，计算分配制动力的制动机。与上一代的电气指令气压控制制动相比，多了微机这个控制器。微机直通电空型制动机的出现，使得列车制动达到了前所未有的高水平，为高速列车的运行，城轨列车的精确停车提供了可能性。当前大多数国家的动车组、城轨列车基本使用了微机控制直通电空型制动系统，它与传统制动系统的区别是通过电信号传输制动指令，反应时间短；在制动指令处理时微机通过收集相关指令，信息容量大、处理快、制动力精确；在自诊断与故障保护方面，微机实施全系统的自诊断，同时显示相关故障数据。铁道车辆中，铁路货车由于其运营成本低，还需编组解编等复杂工作，一直沿用 120 型等空气制动机，但现今铁路货车也提出微机电控 ECP 的概念。这些制动系统均采用微机直通电空型制动系统。

现今的城市轨道交通车辆，大多采用 Knorr 公司推出的一种基于架控的制动系统 EP2002，其原理如图 2.7 所示。EP2002 阀相当于常规制动控制系统中制动电子控制单元 EBCU 和制动控制单元 BCU 的集成部件。根据功能的不同，EP2002 阀可以分为智能阀、RIO 阀（远程输入 / 输出阀）和网关阀 3 种，每节车设有 2 个 EP2002 阀，每个 EP2002 阀都安装在其控制的转向架附近的车体底架上，所有的 EP2002 阀上都提供了多个压力测试接口，可以方便地测量制动风缸压力、制动缸压力、载荷压力、停放制动缸压力等。

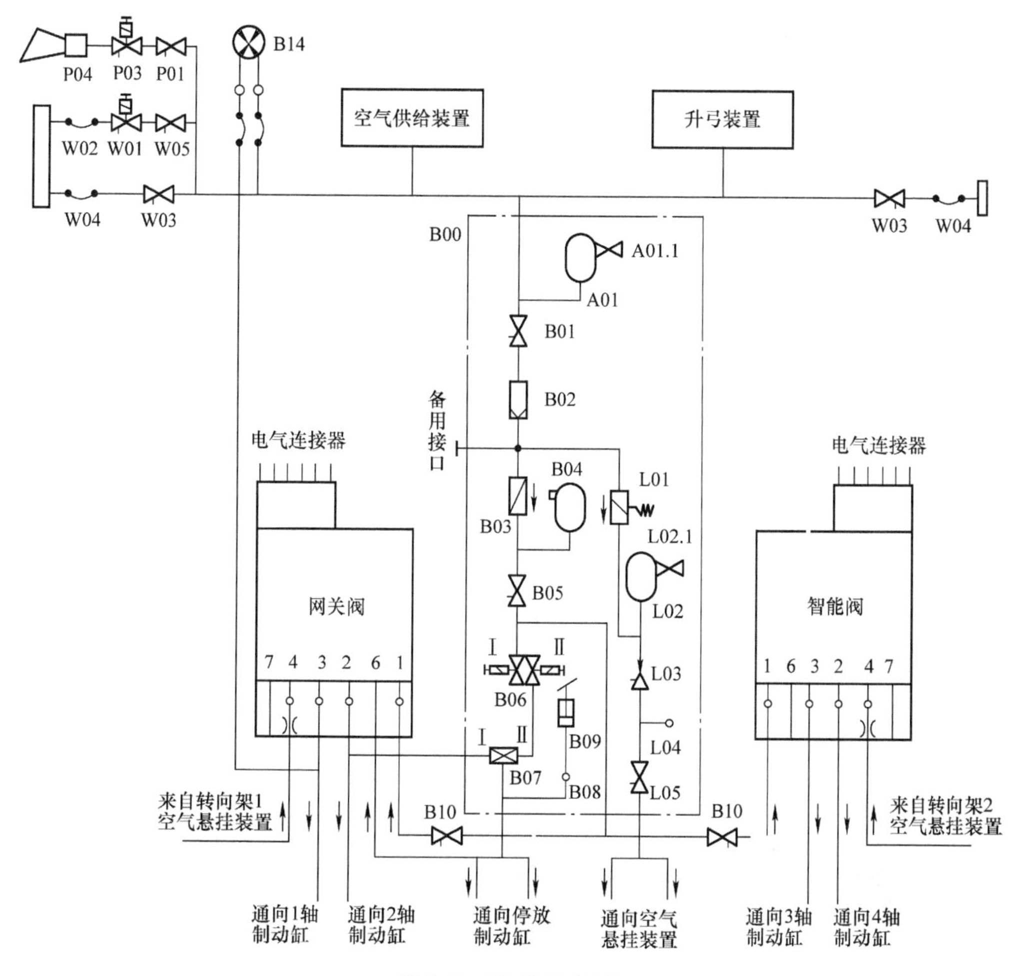

图 2.7　EP2002 原理

进入 21 世纪以来，随着我国经济的飞速发展和城市化进程的加快，城市轨道交通也进入大发展时期。由于城市轨道交通车辆的制动系统长期依赖进口，阻碍了我国的自主研发进程，这不仅不利于提高城市轨道车辆的国产化，也影响整车成本及维修成本。经国家计委（现国家发展改革委员会）批准，四方车辆研究所、铁道科学研究院、上海铁道大学（现并入同济大学）等单位共同研制制动系统。我国现已研制出先锋号 MDB-1 型制动系统和中华之星制动系统两种微机控制直通电空型制动系统。

微机控制直通电空型制动系统有模拟指令式和数字指令式两种，常用制动时模拟指令式为无级或多级控制，而数字指令式一般为 7 级控制。城市轨道交通的车站之间距离短，站台长度相对列车的裕度不大，要求停车准确，为便于精细调整制动力，并且同列车自动驾驶系统 ATO 配合，所以一般采用模拟指令式。

模拟指令式是指用模拟电量反映司机制动控制器的级位信息。模拟电量可以采用电压、电流、频率、脉冲宽度、相位等信号来传递制动指令，以这些模拟量的大小来表示制动要求的大小（图 2.8）。

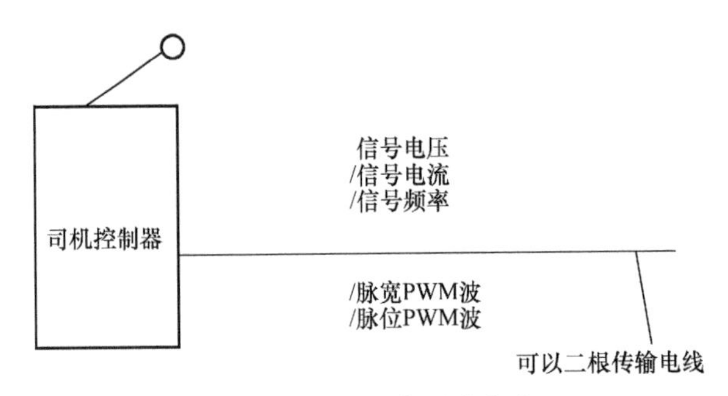

图 2.8　模拟指令形成方式

模拟指令式采用连续变化的物理量传递制动指令，可以实现无级控制，但是无级操作容易受各个司机人为操作的影响，且采用模拟式指令对指令传递的设备性能要求较高。一旦设备性能不能满足要求，可能造成制动指令精度下降，影响制动效果。

数字指令式是指使用数字量传递制动指令。如图 2.9 所示，数字量以 0、1 的二进制数值编码，1 位数字量可以表示 2 种信息，2 位的数字量表示 4 种信息，3 位的数字量可以表示 8 种信息。（如图 2.9 所示，有两种格式，统一采用一种）

0	1	2	3	4	5	6	7
0	0	0	0	1	1	1	1
0	0	1	1	0	0	1	1
0	1	0	1	0	1	0	1

图 2.9　三线 7 位数字指令编码原理

动车组的 1 ~ 7 级制动以及紧急制动，仅仅需要 3 位线就能够表示出这 8 种制动级位信息。但是数字指令式的抗干扰能力并不强，2 个级位之间只要某根线串入干扰电平，就有可能引起高低位之间的错码。但这种方式简单，需用的导线数较少，在备用指令中可以采用（如 2 线编码、3 位制动）。

此外，对于标准的铁路机车车辆，如果其走行装置或转向架的空间很狭小，则可安装气液制动装置。气液制动系统是将原有的空气阀类组件，替换为液压力为驱动力的组件，如图 2.10 所示。这些气液制动装置可以利用增压缸将列车的空气压力转换为液压力，从而响应制动指令对列车施加制动。例如，日本的新干线高速列车和西班牙的 Talgo 高速列车。

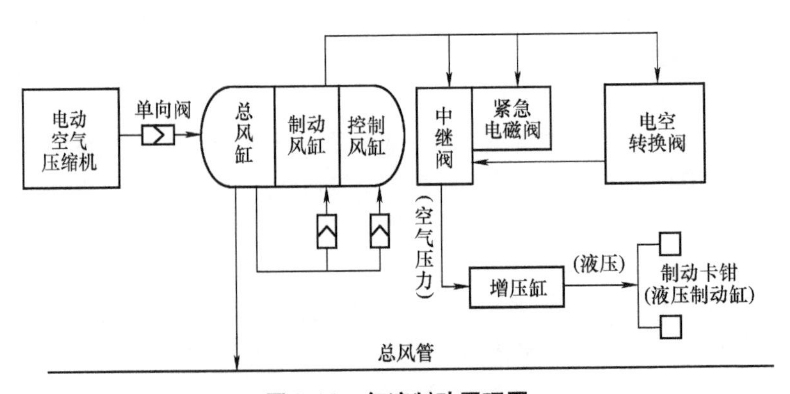

图 2.10　气液制动原理图

2.1.3　液压制动机

液压制动机与微机直通电控制动机类似，属于同一时期的制动系统。它同样接收制动指令的电信号，但与微机直通电控制动机不同的是，制动力的源动力为液压力。液压制动系统一般是由液压泵、蓄能器、电磁控制阀以及基础制动装置等部件组成。液压系统原理如图 2.11 所示。

微机制动控制器（MBCU）的工作原理与空气制动机基本相似，以接收常用制动指令、紧急制动指令、电气制动反馈、ATC 信号等输入，经过计算机处理，输出常用制动指令、紧急制动指令来控制相应电磁阀，完成制动力的控制。除此之外，它还要控制液压系统的驱动和控制，如液压泵的起停控制，以及整个液压系统的状态检测等，如液压系统的各种传感器反馈信息。

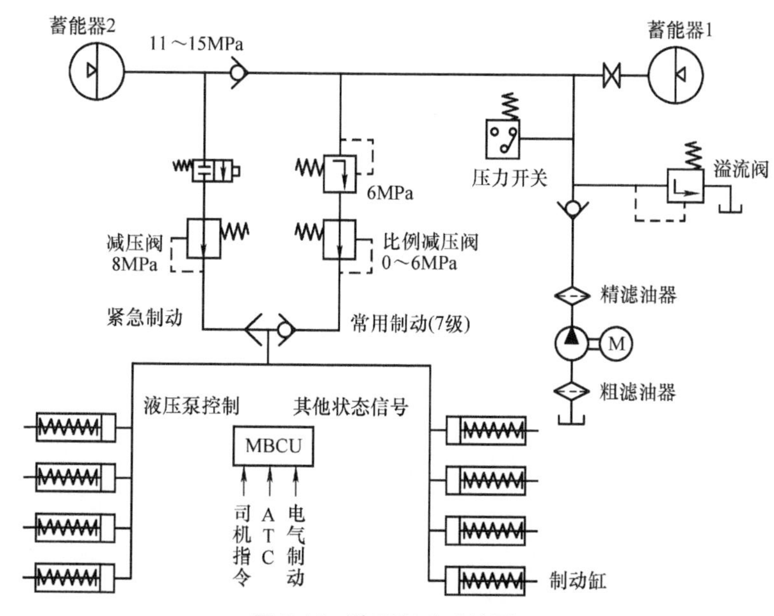

图 2.11　液压制动系统原理

早在 20 世纪 60 年代，第一台装有液压制动装置的有轨电车问世。液压装置除了作为动力制动的补充以外，还能够完成停放制动的功能。从 1990 年以后，随着低地板有轨电车的发展，促使转向架对安装设备的紧凑性进一步提高。液压制动系统以其小体积、大制动力的优势，适用于低地板列车。

目前，液压设备不仅用于城市有轨电车，也用于快速交通工具、单轨铁路车辆、地铁列车和城市快速铁路列车，在有轨电车线路和干线铁路上运行的首批双流制列车上也装备了这类系统。

2.1.4　电机械制动

随着电力电子技术的进一步发展，制动机也逐渐迈入新的领域。制动机不仅采用电信号传输制动指令，更开始使用电磁器件作为制动力的执行器。目前，全电化是列车制动的一个前沿领域，正在飞速的发展中。

电机械制动（EMB）：电机械制动机是一类利用电能施加机械阻力（摩擦力）从而使得运动减缓或停止的制动机。它是一种能够替代空气制动机的新型制动机。它制动力的源力直接由电机提供，推力又直接能够作用于闸瓦或闸片，其中电机能够响应制动电信号，中间不需要再通过空气阀路的转换、放大。电机械制动机是一种安全制动的制动机，可以用于常用制动和紧急制动，它一般由电机、螺旋机构、减速器等组成。电机械制动机的执行机构不仅能够将内部电机的转动，转化为摩擦片的平动，还能够实现减速增力、间隙调整等功能。电机械制动比起空气制动，具有明显的优势，不仅能够节约气路、阀类等装置的成本，更具有响应快速，体积小巧，便于检修等优势。

日本铁道综合技术研究所开发出了不用压缩空气而是用电力驱动的摩擦制动装置。它可用于轻轨车辆或 JR 既有线及民营铁路车辆上。目前，中国、韩国、德国等国家也在试验室研制这种新型的制动机。

2.2 汽车制动技术的发展

制动的历史比火车和汽车的历史要更加悠久，最早可追溯到轮子的出现。在汽车出现之前，马车等畜力车一度成为人们使用最为广泛的陆上交通工具。一般来讲，行驶在平直道或者上坡路段的马车通过驭手手中的辔绳即可掌控马车的行驶状态，无需配备专门的制动装置。所以《诗经·秦风·小戎》写到“四牡孔阜，六辔在手”。但行驶在下坡路段特别是坡度比较陡、比较长的时候，为了控制车速以及防止车厢撞到马后部，马车出现了简单的制动装置。1690 年开始，四轮马车在下坡过程中通过控制把手将木质的楔块压向滚动的车轮进行制动减速，这是闸瓦制动的雏形。经过不断地改进与发展，到 1850 年的时候，一种驾驶员可操控的带有曲柄把手和齿轮传动辅助的闸瓦制动出现了，其结构原理图如图 2.12 所示。由于马车的速度有限，通过手或脚操纵杠杆、链条和拉索的闸瓦、皮带和楔块制动就足以满足当时马车的制动需求。

图 2.12　车轮闸瓦制动结构原理图

工程师们不仅把重点放在研制大功率内燃机上，而且还注意到早先认为不重要的或仅是辅助装置的制动器上。威廉·迈巴赫把大部分才能用在把内燃机从 180r/min 提到高可实际使用的 600r/min。速度的提升迫切需要制动器的实用化。在 1885 年由威廉·迈巴赫和戈特利布·戴姆勒制造的“赖特车”，其车速已达到 12km/h。这种车辆由于其传动系统的摩擦很大，所以不用制动也能够使车辆减速，一般控制车桥或控制车轮制动。由于其结构的复杂性，所以在当时专门的制动装置尚未引起重视。

1885 年，德国人卡尔·本茨成功研制了世界上第一辆以内燃机为动力的汽车，一举奠定了现代汽车设计基调，即使到现在也跳不出这个框架。在汽车发展至今的 100 多年里，制动系统经历了人力机械制动、液压 / 气压制动和电机械制动三个主要阶段。

2.2.1 人力机械制动

卡尔·本茨的专利车“本茨一号”采用了与马车铁轮或木轮所不同的实心橡胶轮，为提高乘坐的舒适性，后期的汽车也逐渐改用空心橡胶轮并进一步演化成充气轮胎。橡胶轮胎的出现预示着源自于马车的车轮闸瓦制动在汽车上即将终结。

为解决橡胶轮胎汽车的制动问题，卡尔·本茨采用了一种新式的与马车制动装置有所不同的结构形式。它的制动器是安装在刚性的后驱动桥上，并采用皮革作为摩擦材料。为提高制动器的使用寿命，以钢材或铸铁替代皮革作为摩擦材料的带式制动或车轴闸瓦制动，以及后期出现的传动轴闸瓦制动，成为汽车的主流制动方式。图 2.13~ 图 2.15 为早期汽车上使用的人力机械制动装置。

图 2.13 带式制动

1—制动带

图 2.14 车轴闸瓦制动（前视图）

1—外闸瓦制动 2—制动杠杆及连接件

经过几十年的发展，汽车在发动机功率、车速和车重等方面迅速提高，带式制动器、传动轴或后轴闸瓦制动器已满足不了车辆制动要求。1902 年，路易斯·雷诺发明了内闸瓦制动器，这是一种通过机械拉索将两个月牙形的闸瓦压向与车轮固连的铸铁或钢材制动鼓从而产生制动力的装置。由于鼓式制动器具有自增力效果，在一定程度上满足了汽车对更高制动力的需求。为进一步提高汽车的制动力，1920 年首次在市场上出现了四轮制动器的车辆。四轮鼓式制动器的使用历史相当长，例如 20 世纪 50 年代，大众车型的标配制动系统就是拉索操控的四轮鼓式制动器，如图 2.16 所示。

图 2.15 车轴闸瓦制动（后视图）

1—制动连杆 2—制动杠杆 3—外部闸瓦制动

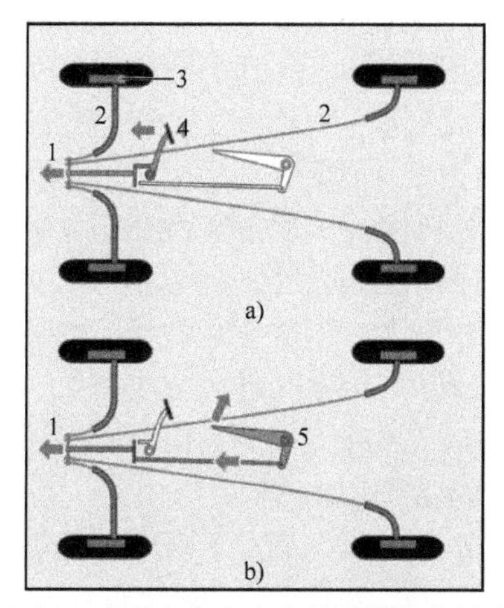

图 2.16 应用在大众车上的四轮鼓式制动器

a）脚踩模式 b）手拉模式

1—制动压力通路 2—制动拉索 3—车轮制动

4—制动脚踏板 5—驻车制动拉杆

人力机械制动方式的最大问题，就是机械传动过程中由于不均匀摩擦磨损导致的制动力不均匀以及所产生的维修精力，其后果轻则使车辆跑偏，重则车毁人亡。随着车速和车重的提高，这种不利后果越发明显。因此在汽车迈向高速和重载的道路上，人力机械制动方式已经变得力不从心。

2.2.2 液压 / 气压制动

（1）纯液压制动阶段

1919 年，当马尔科姆·洛克希德将一种由液压作动的制动系统引入汽车后，机械传动所导致的制动力不均匀问题得以解决。洛克希德系统通过作用在制动踏板上的压力把制动液由活塞从制动主缸压出并通过管路和软管进入制动轮缸，该系统中的核心组成部件至今仍在使用，图2.17为早期采用的液压制动系统结构组成图。在这套系统当中，驾驶员的体力以液压的形式在封闭制动管中传递。这种结构的优点是显著地降低车辙斜拉的危险。另外，机械式制动器的效率为0.4～0.5，液压制动器的效率为0.8～0.9。

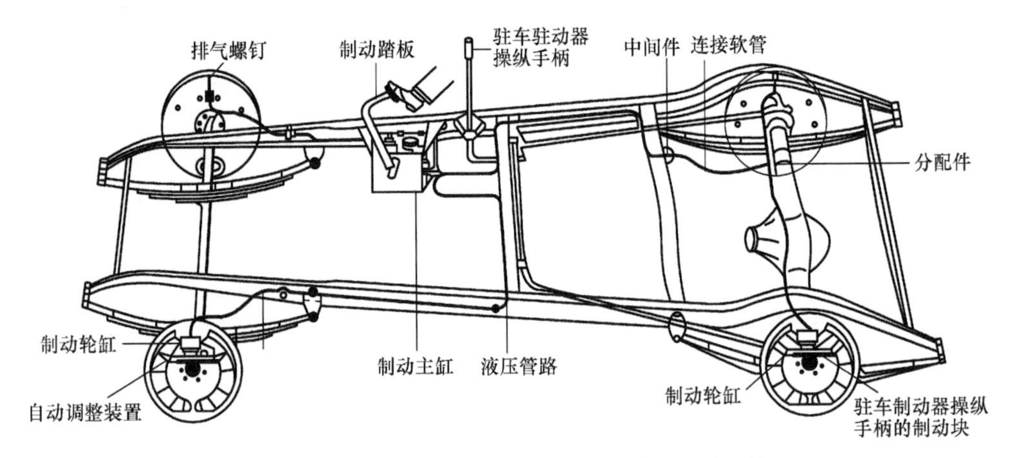

图2.17 早期采用铜管和高压软管的液压制动系统

面对机械式制动器制动力不均匀的问题，另一种颇有前途的解决方法是蒸汽机车上先采用，而后使用在汽车上的压力空气制动系统。美国工程师乔治·威斯汀豪斯于1869年获得直通式空气制动机的专利，并于同年在铁路上进行了线路试验。1904年，斯塔尔·特泰文厂和希舍尔厂开始生产威斯汀豪斯发明的气压制动器，用于美国汽车。图2.18是某大型商用车上采用的双管路气压制动传动装置布置示意图，其中的核心部件依然来自于当年威斯汀豪斯的气压制动器。当踩下制动踏板以后，制动控制阀将存储在储气筒中经过空压机压缩后的空气传递至制动气室，提供相应大小的制动夹紧力。这种气压制动系统适用于商用汽车领域，在乘用车上使用时空气压缩机和压缩空气罐都会占用过大的空间。此外，相比液压制动系统，气压制动系统的成本也是制约其在乘用车上使用的一大因素。

（2）真空助力制动阶段

液压操纵制动系统相对于机械操纵制动系统无疑是一个进步。第二次世界大战以后，汽车变得更重也更快，对操纵力的需求也越来越大。寻找一种在液压系统中将制动踏板力实现放大的途径，成为这一时期汽车制动系统研究的主要内容。除了机械杠杆放大以外，液压放大的应用也在一定程度实现了力的放大。1950年，真空助力器在本迪克斯系统上取得突破，加上之前应用的机械杠杆和液压放大，构成了液压制动系统的放大机构，这套机构一直到现在依然广泛使用在汽车上。图2.19所示是某乘用车上采用的真空助力器，它安装在制动踏板和制动主缸之间，由踏板通过推杆直接操纵。真空助力器所能提供助力的大小取决于其常压室与变压室气压差值的大小。变压室的真空度来自发动机，当真空度达到外界大气压时，助力器提供最大的助力效果。助力器与踏板产生的力叠加在一起作用在制动主缸推杆上，从而提高制动主缸的输出压力。至此，制动源动力有了除驾驶员体力之外的其他力源，这是机器减轻人的劳动强度在汽车上的一大体现，踏板操纵力对人类追求高速和重载已经不存在限制。

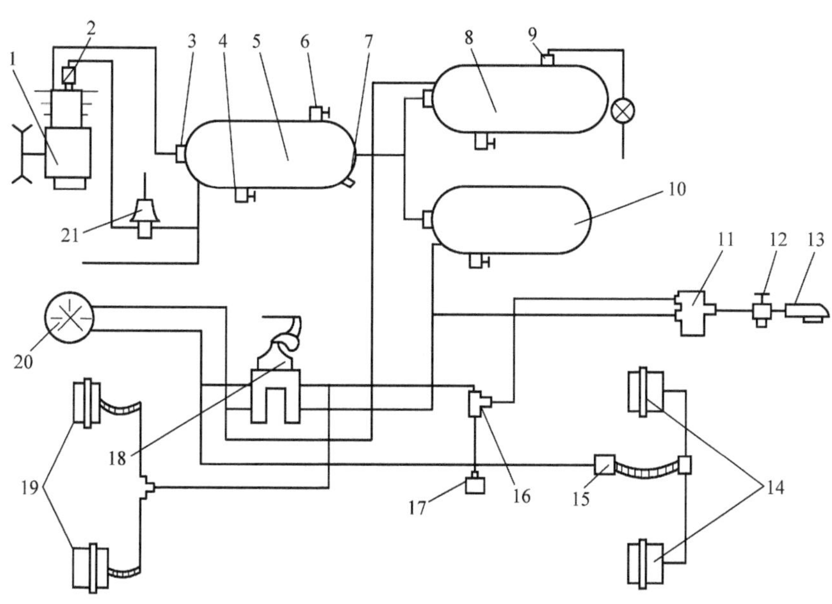

图 2.18　某大型商用车双管路气压制动传动装置布置示意图

1—空气压缩机　2—卸荷阀　3—单向阀　4—放水阀　5—湿储气筒　6—取气阀　7—安全阀　8—后桥储筒
9—气压过低报警开关　10—前桥储气筒　11—挂车制动控制阀　12—分离阀　13—连接头　14—后轮制动气室
15—快放阀　16—双通单向阀　17—制动灯开关　18—制动控制阀　19—前轮制动气室　20—气压表　21—调压阀

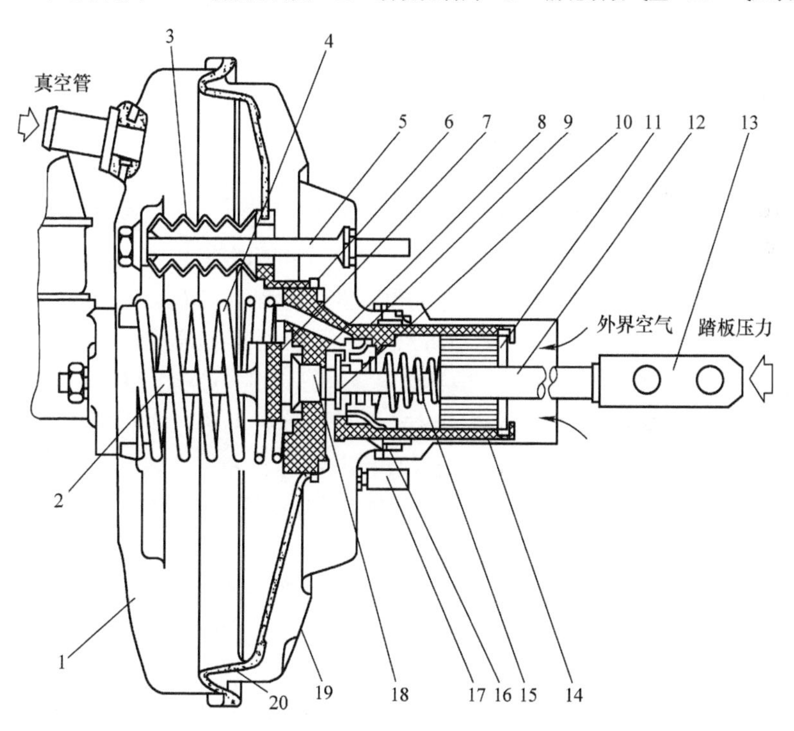

图 2.19　真空助力器结构

1—伺服气室前壳体　2—制动主缸推杆　3—导向螺栓密封套　4—膜片回位弹簧　5—导向螺栓　6—控制阀
7—橡胶反作用盘　8—伺服气室膜片座　9—橡胶阀门　10—大气阀座　11—过滤环　12—控制阀推杆
13—调整叉　14—毛毡过滤环　15—控制阀推杆弹簧　16—阀门弹簧　17—螺栓　18—控制阀柱塞
19—伺服气室后壳体　20—伺服气室膜片

（3）电控液压制动阶段

突破了人力操纵不足的限制以后，施加过大的制动源力而引起车轮抱死以及转向失灵和车辆跑偏等现象时常发生。汽车工程师努力的方向由制动力的提高转变为制动力的控制。防抱死制动系统（ABS）的出现，标志着汽车制动力的控制达到了一个里程碑式的阶段。在ABS的基础上，各种电控液压制动系统不断涌现出来，在提高制动效能、维持制动效能的恒定性和制动时汽车的方向稳定性方面做出卓越的贡献。

1）ABS。简单的车轮制动力控制系统在1908年被设计出来。在该年，J·E·弗兰西斯获得了铁路防滑控制器的专利。汽车防滑器的开发工作最早可见卡尔·弗塞尔在1928年的专利通报中，该防滑器是在惯性质量控制式机械液压控制器基础上发展出来的。1936年，德国博世公司申请了电液控制的防抱死制动系统（Anti-lock Brake System，ABS）专利，促进了ABS在汽车上的应用。弗里兹·奥斯瓦尔于1940年在其毕业论文中，将制动防滑动控制器描述出来，成为至今仍对控制行之有效的防抱死系统。第二次世界大战后，以计算机和信息技术为代表的第三次科技革命在美国拉开序幕。20世纪50年代晶体管开始普及，50年代后半叶发明了集成电路，这就为采用模拟电路技术的电子ABS控制器首次在美国应用铺平了道路。

1971年，微型计算机诞生，汽车开始采用微机控制的数字式控制系统。20世纪70年代是汽车迈入电子化的开端，实现汽车功能的机械部件都已基本定型，汽车的进步主要就是汽车电子技术的进步。得益于非接触式车轮转速传感器和快速开闭的液压开关阀技术的应用，弗里兹·奥斯瓦尔毕业论文上的制动防滑器于20世纪70年代首先作为数字式、可自由编程并且耐用的系统投入使用。1978年底，德国奔驰和宝马公司开始在各自高端车上大量使用ABS，并率先使ABS成为了汽车的标准配置。1985年博世公司推出了更加经济的ABS 2e系统，它采用微处理器来取代原来的集成电路控制系统进行控制工作，它的研制成功在ABS发展史上具有重要意义。

2）ASR系统。车轮的驱动打滑与制动抱死是类似的问题。在汽车起动或加速时，因驱动力过大而使驱动轮高速旋转、超过摩擦极限而导致打滑。此时，车轮同样没有足够的侧向力来保持车辆的稳定，车轮切向力也减少，影响加速性能。由此看出，防止车轮打滑与抱死都要控制汽车的滑移率，所以在ABS的基础上发展出了驱动防滑系统（Acceleration Slip Regulation，ASR）。世界上最早的产品化汽车电子驱动防滑装置是1985年由瑞典沃尔沃汽车公司试制生产的，并安装在Volvo 760 Turbo汽车上，该系统称为电子牵引力控制（Electric Traction Control，ETC）。早期的驱动防滑转控制功能是通过对起步时滑转的驱动轮施加制动，将发动机转矩通过差速器传递到驱动桥的另一个车轮上，因其作用与差速锁相符，该功能现今也称为电子差速锁（EDS）。20世纪90年代初，广泛研制的驱动防滑转控制系统（ASR）达到了批量生产水平。这种ASR不仅利用车轮制动器进行制动，而且通过数字式接口来调节发动机转矩，以此防止发动机和车轮制动器在控制过程中产生相互对抗。驱动防滑系统因各个厂家独立开发而命名有所不同，如博世公司产品称为TCS（Traction Control System），宝马的称为DTC（Dynamic Traction Control），日本丰田公司的称为TRC。

ASR是ABS的逻辑和功能扩展，ABS在增加了ASR功能后，主要的变化是在电子控制单元中增加了驱动防滑逻辑系统，来监测驱动轮的转速。ASR大多借用ABS的硬件，两者共存一体。1986年12月，博世公司第一次将ABS/ASR技术结合应用在奔驰S级轿车上。目前，ABS/ASR已在欧洲载货汽车中普遍使用，并且欧盟法规EEC/71/320已强制性规定在总质量大于3.5t的某些载货汽车上使用。

3）EBD 系统。1994 年在批量生产的汽车中配置了电子制动力分配装置（Electric Brake Distribution，EBD。德文简称 EBV，Electronische Bremsenkraft Verteiler），取代了从 1950 年起汽车上就开始使用的液压制动力分配阀。EBD 功能不需要附加部件，它利用 ABS 系统中现有的部件，制动过程中实时计算轮胎与地面之间的附着力大小，从而为每一个车轮提供为之匹配的制动力。通过 ABS 软件中的附加软件算法，在一定的制动范围内可优化前、后桥之间的制动力分配，在保持同样的行驶稳定性时，可充分和最佳地利用后桥车轮的附着系数。EBD 必须在 ABS 的基础上工作，而当 ABS 起作用时，EBD 即停止工作，图 2.20 所示为 ABS 和 EBD 的工作示意图。两者的区别在于 ABS 是保证紧急制动时车轮不被抱死实现安全操控，并不能缩短制动距离。而 EBD 则是实现前轮和后轮的制动力分配，在车辆不侧滑的前提下有效缩短制动距离，实现平稳而高效的制动。EBD 完善并提高了 ABS 功效，它在 ABS 动作之前就已经平衡了每一车轮的制动力。所以对于 EBD 功能的宣传，厂家都是以 ABS+EBD 来进行的。

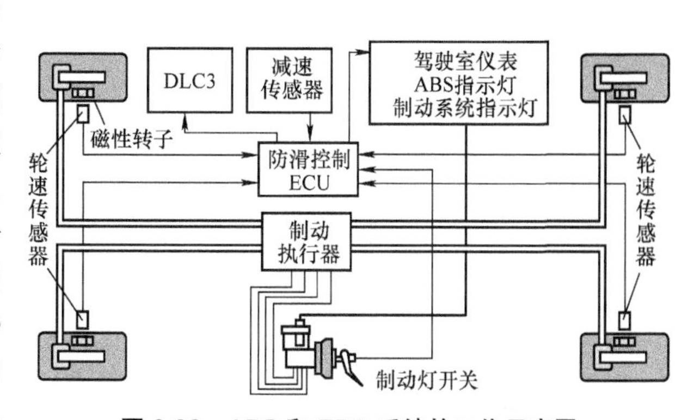

图 2.20　ABS 和 EBD 系统的工作示意图

DLC3：Data Link Connector3，诊断通信链路连接器 3

4）ESP 系统。ABS/ASR 与 EBD 组合，成功地解决了汽车在制动和驱动时的方向稳定性问题，但不能解决转向行驶时的方向稳定性问题。1995 年在车辆制造业中出现的电子稳定性程序（Electronic Stability Program，ESP）是车辆安全技术的一次革命。ESP 的出现，标志着制动力控制所服务的方向从单纯改善纵向动力学性能，转变为协同提高纵向和横向动力学性能。ESP 将车辆滑转控制（ABS、ASR、EBD）与横摆力矩控制（Direct Yaw Moment Control，DYC）组合在一起，通过制动干预和发动机干预，同时稳定汽车行驶的纵向和横向动力学。利用实时模拟模型，ESP 可从车轮转速、转向盘角度和制动主缸压力计算出所希望的汽车行驶性能。利用横摆率和横向加速度，ESP 可得到实际的形式状态。当实际行驶状态与希望的行驶性能严重不符时，ESP 则会有目标地制动一个或多个车轮或降低发动机转矩。由此引起的偏驶控制是自主发生的，无需通过驾驶员踩制动踏板。用于产生制动作用所需的辅助力来自于 ABS 泵。而对于尺寸较大的制动装置，为了保证能够建立足够的制动压力，则使用附加的主动真空助力器或通过预压泵储备压力。图 2.21 所示为 ESP 系统控制图。

5）EBA 系统。1996 年时，在危险状态下帮助驾驶员紧急制动的电子制动辅助（Electric Brake Assist，EBA）系统已批量投入使用。在紧急情况下，大部分的汽车驾驶员在踩制动踏板时缺乏果断性，EBA 正是针对这一情况而设计。EBA 能够对制动踏板行程和踏下速度进行评价，当识别为紧急制动状态时，EBA 将会指示制动系统产生更高的压力使 ABS 发挥作用，从而使制动力更快速地产生。

EBA 实际上是一种电子调节制动器，在其基础上不断发展，又出现了如下主要功能：

1）动态减速停车（Controlled Deceleration for Parking Brake，CDP）：在装有电子驻车系统的汽车上驾驶员可按下此键，车辆会制动减速直到停止。

2）道辅助系统（Hill Hold Control，HHC）：用于帮助驾驶员有效避免车辆坡道起步时出现溜坡现象。坡道停车再前行的情况时，HHC 随时自动进入工作，松开制动踏板，2s 内制动系统仍将提供强大制动力，确保车辆牢牢制动，防止车辆溜坡。当驾驶员踩下加速踏板，驱动力大于下滑力矩时，制动力自动解除，车辆平稳起步。

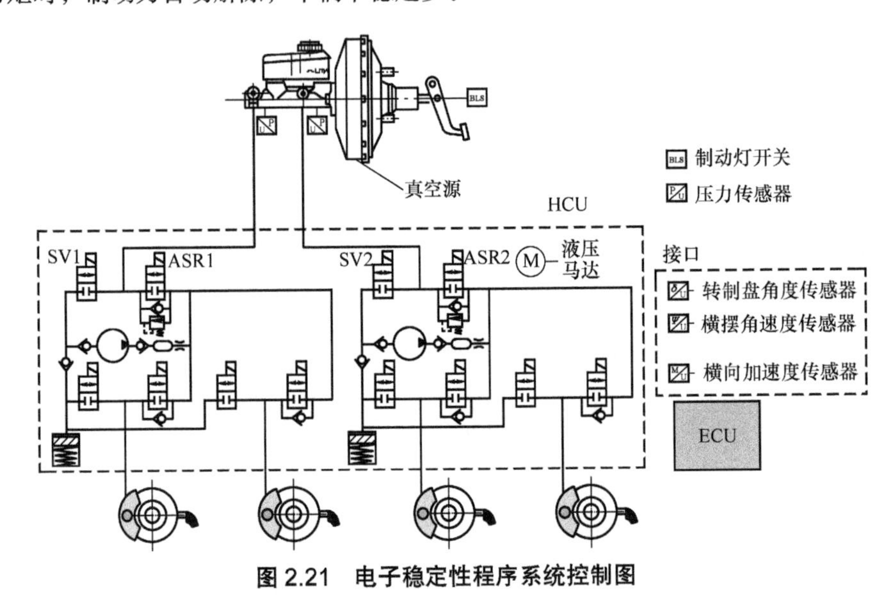

图 2.21　电子稳定性程序系统控制图

SV1/SV2—进液阀　ASR1/ASR2—排液阀　HCU—液压控制单元　ECU—电子控制单元

3）陡坡缓降装置（Hill Descent Control，HDC）：这是一套用于下坡行驶的自动控制系统，在系统启动后，驾驶员无需踩制动踏板，车辆会自动以低速行驶，并且能够逐个对超过安全转速的车轮施加制动力，从而保证车辆平稳下坡。HDC 是结合发动机制动与 ABS 共同作用，令车辆在下陡坡时维持“低车速但不丧失轮胎抓地力”的状态。HDC 必需在变速器档位位于一档或是倒档时作用，系统会设定车速上限。

电子调节制动器应用最为广泛的场合是用在自适应巡航控制系统（Adaptive Cruise Control，ACC）中。在 ABS/ASR 电子控制装置硬件的基础上，增加一个车距传感器、一个 ACC 常闭式进油阀、一个 ACC 常开式进油阀和 ACC 控制模块即可构成 ABS/ASR/ACC 集成化系统。ACC 调节时，按事先设定的车速以及利用前部雷达测到的与前车的距离对车速进行控制。当安全距离太小时，ACC 则降低发动机转矩和 / 或自动制动车辆。遇到这种情况时，只允许车辆缓慢地减速（最大减速度 0.2 ~ 0.3g）。如果行驶情况要求强制制动，则驾驶员按相应信号要求进行主动配合。当车辆行驶车道通畅时，ACC 会自动回到预选速度。

6）EHB 系统。安全、节能、环保、舒适是汽车发展的永恒主题。20 世纪 70 年代以后，石油危机的出现使得电动汽车再一次得到重视。1997 年，丰田汽车率先开始量产混合动力汽车普锐斯，标志着汽车电动化开始到来。1983 年出现的 CAN 网络通信平台和 2003 年出现的汽车开放性系统架构 AUTOSAR，加速了汽车电控系统的网络化，从而加快实现汽车驾驶的全自动化。汽车电动化和智能化的发展推动了制动系统朝着线控制动方向发展。线控制动采用电线连接取代制动踏板与制动器之间的机械连接，通过检测制动踏板的行程及压力，对制动踏板的状态及独立的各车轮制动力进行电气管理。从功能上看，电动汽车要实现制动能量回收，制动系统须由电机回馈制动和另一种制动方式共同作用。由于电机制动的特性以及回收能量最大化的需求，液压制动系统的制动力必须实时可调，因此线控制动是必然的发展方向。

线控制动的初级阶段就是电液制动（Electro-Hydraulic Brake，EHB）。世界上最早量产的 EHB 系统是德国博世公司的 SBC 系统和日本爱德克斯公司的 ECB 系统。20 世纪 90 年代，博世公司推出了一项名为“brake 2000”的研究项目，目标是研究一种反应速度更快、制动效果更有效的制动系统。电子感应制动控制（Sensotronic Brake Control，SBC）系统就是因为这种要求而诞生的，它集成了电子调节制动器和电液制动力增压器的功能。博世的 SBC 系统在 2001 年首先装载于奔驰 SL500，2002 年又装载到奔驰 E 级车上。

SBC 系统的工作过程可分为感应、计算、电控执行 3 个步骤，其结构原理见图 2.22。当驾驶员踩下制动踏板时，踏板行程模拟器感应驾驶员施加在踏板上制动力的速度和强度，以获得（识别）驾驶员的制动意图。ECU 根据传输来的感应信号，以及其他电子辅助系统（例如 ABS、ESP 等）的传感器信号，如车轮速度、转向角度、回转率、横向加速度等和车辆行驶状态，精确计算出个车轮所需的制动力，从而保证最佳的减速度和行驶稳定性。接着，液压执行单元根据 ECU 输出的控制指令，控制电动机通过高压蓄能器分别向每个车轮精确施加所需的制动力，使得车辆更快、更稳定地制动或减速。在该系统中，每个车轮可以得到独立的控制，使每个车轮都能分别平稳减速，以达到最好的行驶稳定性和最优的减速度。SBC 系统可随时监测驾驶员的驾驶过程，通过预先采取行动来为车辆迅速施加制动做好准备。在制动发生前，一旦驾驶员的脚离开加速踏板，SBC 感应制动控制系统就做好制动准备。这一过程发生在驾驶员踩制动踏板之前。这就意味着一旦驾驶员施加制动，SBC 系统可在最短的时间内达到最大、最快的制动效果，进而缩短制动距离。SBC 系统还有很多额外的功能，例如在湿滑路面上可以通过适当制动蒸发制动盘上的水膜，使 SBC 系统在最佳效能下工作。

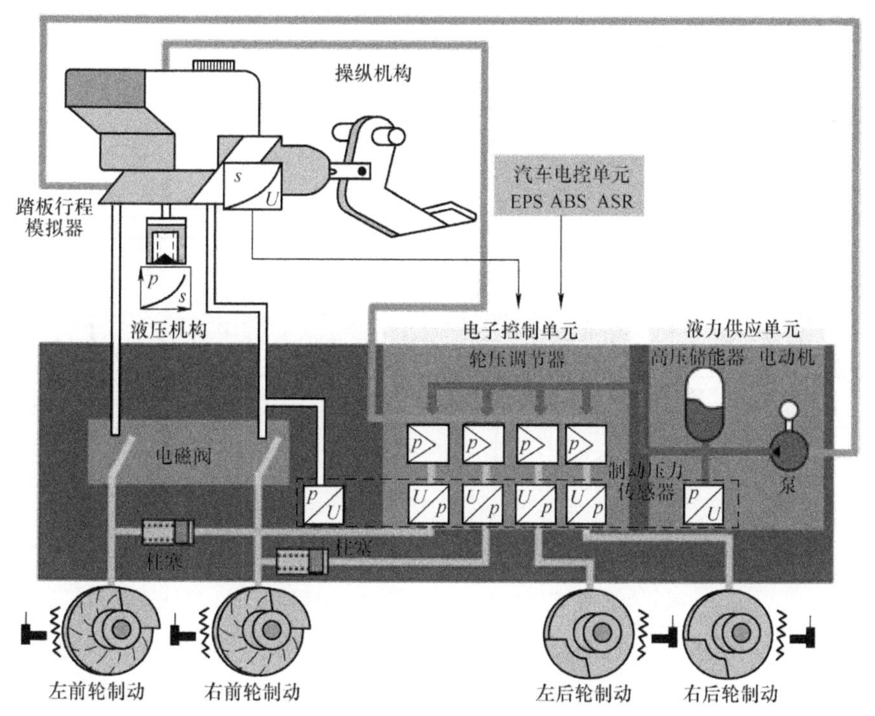

图 2.22　SBC 系统结构原理图（见彩插）

2001 年，爱德克斯公司开始将其 ECB 系统配备在丰田 Estima 混合动力汽车（仅在日本销售），2003 年和 2009 年爱德克斯又分别将 ECB 的升级版 ECB Ⅱ和 ECB Ⅲ装载到丰田混合动力车普锐斯Ⅱ和普锐斯Ⅲ上。继博世和爱德克斯之后，世界汽车工业巨头纷纷开发出自己的EHB系统，并装备到相关的电动汽车上。例如LSP公司的IBS（Integrated Brake System）、大陆特维斯公司的MK C1系统、德尔福公司的EHB（Electro-Hydraulic Brake）系统、天合公司的IBC（Integrated Brake Control）系统、日立公司的e-ACT（Electrically-assisted actuation）系统和本田公司的HSB（Hydraulic Servo Brake）系统等。

在众多的EHB系统中，最具代表的是爱德克斯的ECB系统和LSP公司的IBS。

ECB系统原理如图2.23所示，它主要由踏板感觉模拟器、高压源、液压控制单元等组成，是一种典型的线控制动系统。正常模式下，踏板感觉模拟器一方面负责提供良好的制动踏板感，另一方面采集驾驶员的制动意图，液压控制单元则根据驾驶员的制动意图控制电磁阀的开关来进行轮缸压力控制。当EHB系统失效时，备用系统开始作用，电控单元将切换成应急控制模式，制动踏板力的液压管路与应急制动管路连通，踏板力直接通过液压管理加载在制动器上。因此，EHB系统是一个完全解耦的电液制动系统，能十分方便地与再生制动配合工作，在进行能量回收的同时保证良好的踏板感觉。在高压源失效的情况下，人力也可以提供一定的制动力，有失效备份的功能。

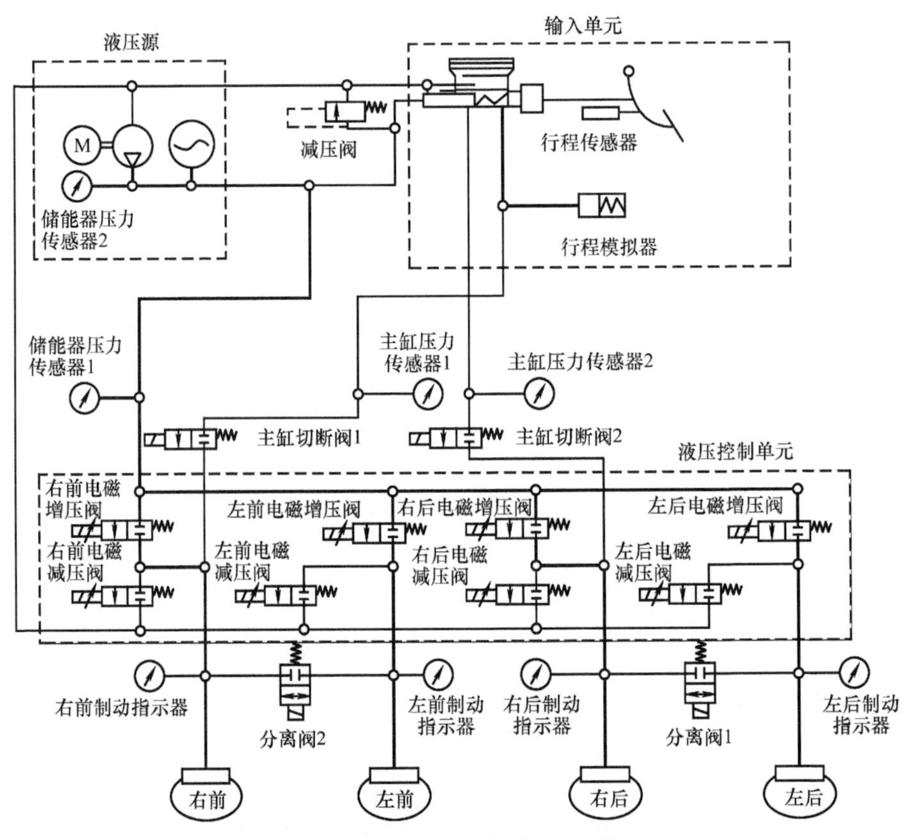

图2.23　ECB系统结构原理图

2012年，LSP公司的Heinz Leiber和Thomas Leiber推出最新的IBS系统，其结构原理及动态曲线如图2.24所示。它主要由空心电动机、滚珠丝杠、主缸、液压控制单元等组成，是一种电动助力与电液制动的结合体。空心电动机和滚珠丝杠组成助力机构，通过控制电动机输出转矩大小进行助力控制，进而得到一个良好的踏板感觉。与其他液压控制单元不同，IBS的液压调节单元只有4个电磁阀，且没有节流口，主要根据系统PV特性，通过助力机构推动活塞前进或后退来控制轮缸压力。因此，电动机的响应速度直接决定了轮缸的建压速度。该系统也具有失效备份功能。

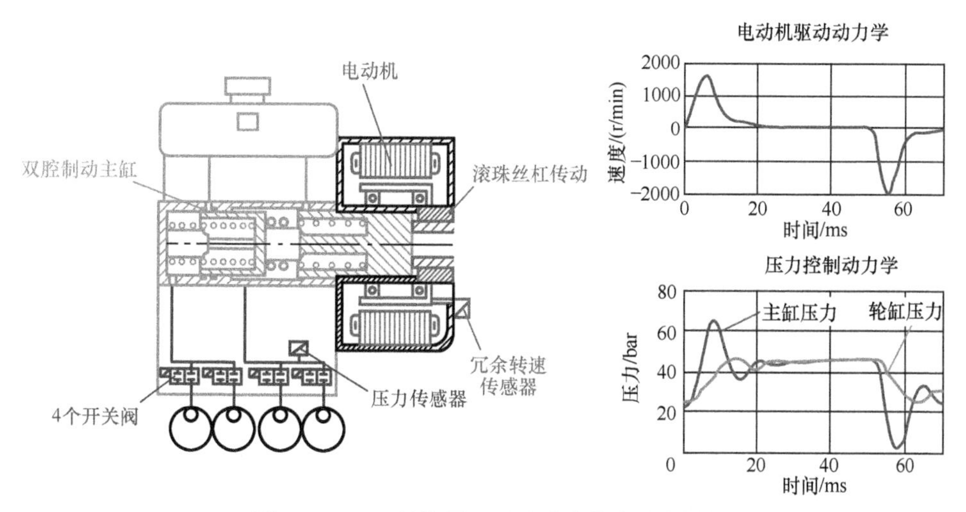

图 2.24　IBS 结构原理图及动态曲线（彩插）

目前博世主推的电液系统产品为 iBooster，2013 年推出的第一代 iBooster 主要应用在大众、通用和特斯拉上，2019 年南京工厂也将为中国市场生产新一代 iBooster。

iBooster 由永磁同步电动机、蜗轮蜗杆、齿轮齿条、踏板行程传感器等组成，工作原理与传统真空助力器的工作原理基本一致，通过踏板推杆与助力阀体在反应盘处耦合原理来控制助力大小，其结构原理见图 2.25。当驾驶员踩下制动踏板时，踏板位移传感器会把位移信息传给电子控制单元，电子控制单元经过内部计算后，会输出合适的控制信号，来控制电动机驱动单元，进而控制电动机产生合适的转矩值，再经过蜗轮蜗杆和齿轮齿条减速机构把电动机的转矩转变成阀体的推力，这样输入推杆和阀体一起作用在反应盘上，推动主缸顶杆向前运动，从而建立制动压力。此外，iBooster 能够实现可变助力比，可以满足不同类型客户的差异化需求。iBooster 与 ESP 阀块协作，可以回收 0.3g 减速度以内的制动能量，涵盖了大部分的制动工况，这对于提高电动车的续驶里程有很高的价值。iBooster 也可以作为自动紧急制动、自适应巡航控制等辅助驾驶功能的执行器。遇到紧急情况，需要车辆进行主动制动时，iBooster 能在 150ms 内从建压达到车轮抱死状态，响应非常迅速，可以大大减少事故的发生率，保证驾驶员的财产和生命安全。

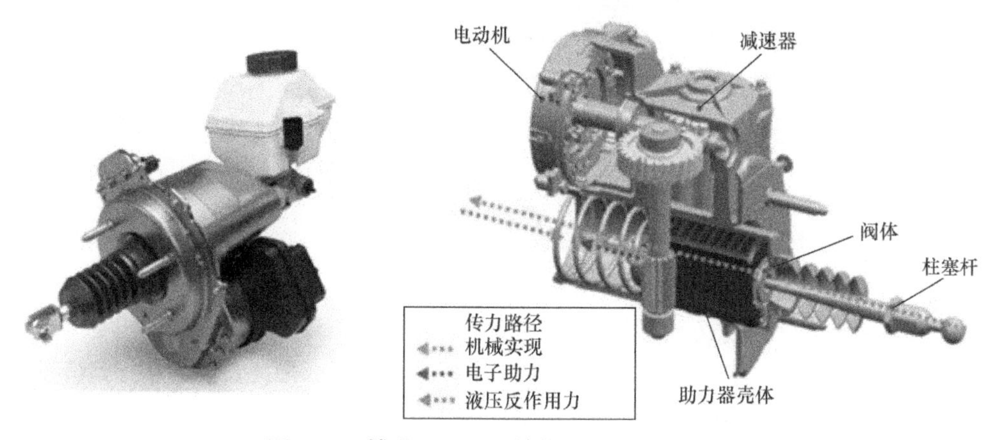

图 2.25　博世 iBooster 结构原理图（见彩插）

尽管 EHB 对汽车制动功能有了很大的改善，但是仍然有其局限性，即整个装置仍然构建在液压系统的基础上，仍需要许多液压部件和制动液，这些液压部件的质量将对制动系统造成安全隐患。

2.2.3 电子机械制动

面对汽车电动化和智能化的发展趋势，制动系统的终极解决方案就是采用电能作为唯一能源的电机械制动（Electro-Mechanical Brake，EMB）系统。EMB 系统完全放弃使用气动或液压载能体，彻底摆脱制动液泄漏所带来的安全隐患。这不仅简化了系统结构，提高了系统的可靠性，而且便于与未来的交通引导系统联网。全电气化制动系统改变了以往“装入式和拆卸式（Fill & Bleed）”的组装方式，随之而来的是“即插即用（Plug & Play）”的安装方式，这一点是汽车生产厂家非常欢迎的。

EMB 技术的研究兴起于 20 世纪 90 年代，这一研究最初是由世界上的一些知名的汽车公司发起的。瑞典 SKF 集团 2001 年展出的第一款 Bertone-SKFFILO 概念车使用了 SKF 的线控技术。线控技术采用导线柔性连接取代了机械或液压连接，这一技术的使用解决了方向盘、加速和制动踏板等机械操控方式的问题。2002 年，装有 EMB 系统和燃料电池的 Autonomy（可译为“自主魔力”）跑车由通用汽车公司推出。德尔福公司于 2004 年研发了一种通过电动制动钳来操控后轮制动的混合线控制动系统。

EMB 系统首先应用在混合动力制动系统车辆上，采用液压制动和电制动两种制动系统。这种混合制动系统是全电制动系统的过渡方案。布雷博公司在 2012 年北京车展上展出的制动系统和奥迪 R8 e-tron 量产车都是采用前轮液压后轮电机械制动的方案。由于两套制动系统共存，使结构复杂，成本偏高。

EMB 技术在汽车上的另外一个应用就是电机械驻车制动系统（Electrical Parking Brake，EPB）。传统的机械式驻车制动系统是通过驾驶者操纵驻车手柄，带动制动蹄片张开或制动卡钳活塞移动完成驻车，其制动力完全来自驾驶者。而 EPB 系统则是通过电机施加制动力，驻车时驾驶者只需操作按钮（EPB 开关），由电子驻车制动系统的 ECU 控制电动机工作完成驻车制动。EPB 最早是由美国天合公司（TRW）开发的，2001 年用在非亚特中高档轿车 Lancia 上使用，现已成为北美和欧洲众多车型的标准配置。

EMB 系统是一个全新的系统，给制动控制系统带来了巨大的变革，为将来的车辆智能控制提供条件。但是，要想全面推广，还有不少问题需要解决：

首先是驱动能源问题。采用全电路制动控制系统，需要较多的电力能源，一个盘式制动器大约需要 1kW 的驱动能量。目前车辆上的 12V 电力系统提供不了这么大的能量。将来车辆动力系统如能采用高压电，加大能源供应，可以满足制动能量要求，但同时需要解决高电压带来的安全问题。

其次是控制系统失效处理。EMB 系统面临的一个难题是制动失效的处理。因为不存在独立的主动备用制动系统，因此需要一个备用系统保证制动安全，不论是 ECU 元件失效，传感器失效还是制动器本身、线束失效，都必须保证制动的基本性能。

第三是抗干扰处理。车辆在运行过程中会有各种干扰信号，如何消除这些干扰信号造成的影响，也是 EMB 系统走向市场化必须要解决的问题。

随着技术的进步，上述的各种问题会逐步得到解决，届时 EMB 系统会真正代替传统的以气压、液压为主的制动控制系统。汽车电子制动控制系统将与其他汽车电子系统（如汽车电子悬架系统、汽车主动式方向摆动稳定系统、电子导航系统、无人驾驶系统等）融合在一起，成为综合的汽车电子控制系统，未来的汽车中就不存在孤立的制动控制系统，各种控制单元集中在一个 ECU 中，并将逐渐代替常规的控制系统，实现车辆控制的智能化。

2.3　飞机制动技术的发展

人类最初发明的飞机上是只装备机轮而不装备制动装置的，因为当时飞机着陆速度很低，飞机运行所受的气动阻力足以使飞机在合适的距离内停止运动。随着飞机重量增加、着陆速度增大、飞机外形向低气动阻力发展，就需要在飞机上装备制动系统。早期的飞机制动系统就是机轮制动系统，由于飞机速度低、重量轻，制动系统结构简单。后来，由于飞机着陆时需要转移的动能和滑跑距离显著增大，飞机制动系统由单一的机轮制动系统发展为包含多种制动方式的复合制动系统。

现代民航飞机在接触地面后主要依靠机轮制动、扰流板和发动机反推三种方式进行制动，刚接触地面时滑跑速度较大，扰流板作用明显，而滑跑速度较小时，则主要靠机轮制动使飞机减速制动。军用战斗机、轰炸机上主要通过机轮制动和阻力伞进行制动。舰载飞机和部分陆基飞机上还会装上阻拦钩，与舰上或地面阻拦装置配合，在数十米或数百米长度内停止飞机。上述的飞机复合制动系统可以分为机轮制动和包含气动减速装置（扰流板或阻力伞）、反推力装置（发动机反推或反桨系统）等装置的辅助制动（图 2.26），不同类型的飞机根据设计需求不同，选用不同的辅助制动方式。即使丧失了辅助制动，机轮制动也能保证飞机安全停止，即机轮制动装置应能承受飞机全部着陆速度范围内的制动。

a)　　c)

b)

d)

图 2.26　常见辅助制动方式

a）扰流板　b）阻力伞　c）发动机反推　d）阻拦钩装置

自 20 世纪 20 年代首次被使用，机轮制动已发展了近一个世纪，由早期简单的机械制动装置发展到现代防滑制动系统；机轮制动的作动方式由人力操纵发展至气压 / 液压作动，再至全电作动或电液作动；机轮制动装置由弯块式、软管式发展到单盘式、多盘式。按照时间发展历程，可以将机轮制动系统分为人力制动系统、气压 / 液压制动系统、液压防滑制动系统和全电防滑制动系统。

2.3.1 人力制动系统

20 世纪 20 年代，飞机上首次装备了机械连杆式的制动装置，类似于当时的汽车上使用的制动装置，以人力为原动力，利用各种机械部件，如杆、绳索、滑轮甚至链条，将人体操纵力从驾驶舱传递到控制面上。这种制动系统是人为随机控制的。

2.3.2 气压 / 液压制动系统

20 世纪 30 年代起，以气压力或液压力作为驱动力的机轮制动系统开始取代人力制动系统。

机轮制动系统最初采用冷气压力作为驱动力，制动装置包含制动蹄、制动鼓和气压胶囊。制动时，冷气进入气压胶囊，使气压胶囊鼓起；鼓起的气压胶囊使制动蹄压紧制动鼓，形成摩擦力。解除制动时，气压胶囊收缩，制动蹄靠弹簧的弹力恢复到原来位置。这种制动装置是现在弯块式制动装置（图 2.27）的前身。后来，类似于现代轿车上使用的卡钳盘式制动装置也被引入，其初期也是气压作动，制动时压缩空气推动活塞产生轴向力，轴向力推动两侧的制动片紧压中间的制动盘，由此产生制动力矩。直到今天这种制动装置还在某些轻型飞机和直升机上应用。气压作动的制动系统减轻了人力负担，但仍是人为随机控制。

这个时期制动装置使用的摩擦材料为石棉橡胶、石棉树脂和塑料合成物，其缺点是摩擦系数不稳定、热衰减严重、导热差、寿命短。

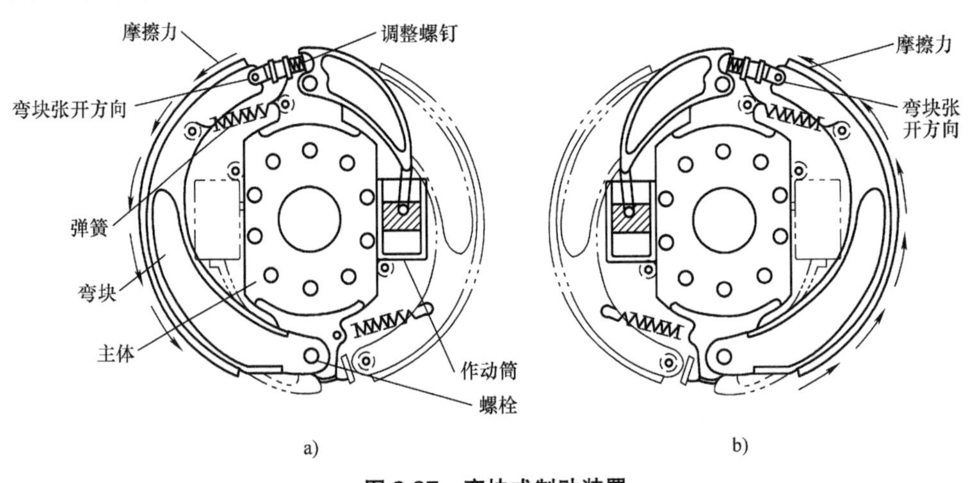

图 2.27 弯块式制动装置

a）助动式制动盘 b）直接作用式制动盘

第二次世界大战后，飞机制动系统开始趋向于采用液压作动，且具有冷气压备份。制动装置的结构也经历了由弯块式至软管式，再发展至圆盘式的变化。

弯块式制动装置由制动盘、制动套和液压作动筒组成，如图 2.27 所示。制动时，液压油推动作动筒活塞，使弯块压住制动套，利用弯块与制动套之间的摩擦力形成制动力矩。解除制动时，压力消失，弹簧将弯块拉回到原来位置。根据机轮旋转方向与弯块张开方向是否一致可以将弯块式制动盘分为助动式制动盘（机轮旋转方向与弯块张开方向一致）和直接作用式制动盘（机轮旋转方向与弯块张开方向不一致）。目前，弯块式制动装置主要用在比较小型的飞机上。

20世纪40年代，软管式制动装置出现。软管式制动装置由制动块、制动钢圈和制动软管组成，如图2.28所示。制动时，液压油（或压缩空气）进入制动软管，将制动块紧压在制动钢圈上，产生摩擦力形成制动力矩。软管式制动装置结构简单，与弯块式相比，其摩擦面积显著提高，制动力矩可在更大范围内调整。但这种结构也存在一些缺点：首先，制动软管由于过热容易爆裂，制动油液落到烧红了的制动钢圈上时可能起火；其次，结构中缺乏制动间隙调整器，当制动块磨损时，制动块和制动钢圈之间的间隙增大，导致制动时间增加，系统的动态特性变差；最后，装置重量、体积大，不适应于当时飞机起落架回收的发展需求。

弯块式、软管式制动装置也还是使用石棉摩擦材料、无石棉有机摩擦材料或半金属有机摩擦材料等。这些材料只具有摩擦性能，导热能力差，摩擦性能受温度影响大，因此人们开始把目光转向无机摩擦材料，尤其是烧结粉末冶金摩擦材料。

20世纪50年代初，粉末冶金材料得到使用的同时，单圆盘式制动装置也开始得到开发和应用。到了50年代中期，多盘式钢制动装置被应用于大型飞机上。如果飞机制动所必须转移的动能相对较小时，可以采用单圆盘式制动装置。如图2.29所示，单圆盘式制动装置由旋转盘、制动片及液压作动筒组成。旋转盘C固定在转轴上，随着机轮的转动而转动，而且可以相对于转轴移动，制动时，液压作动筒活塞杆推动制动片B，由于旋转盘C可以沿轴线运动，B、C、A压紧贴合在一起，产生制动力。

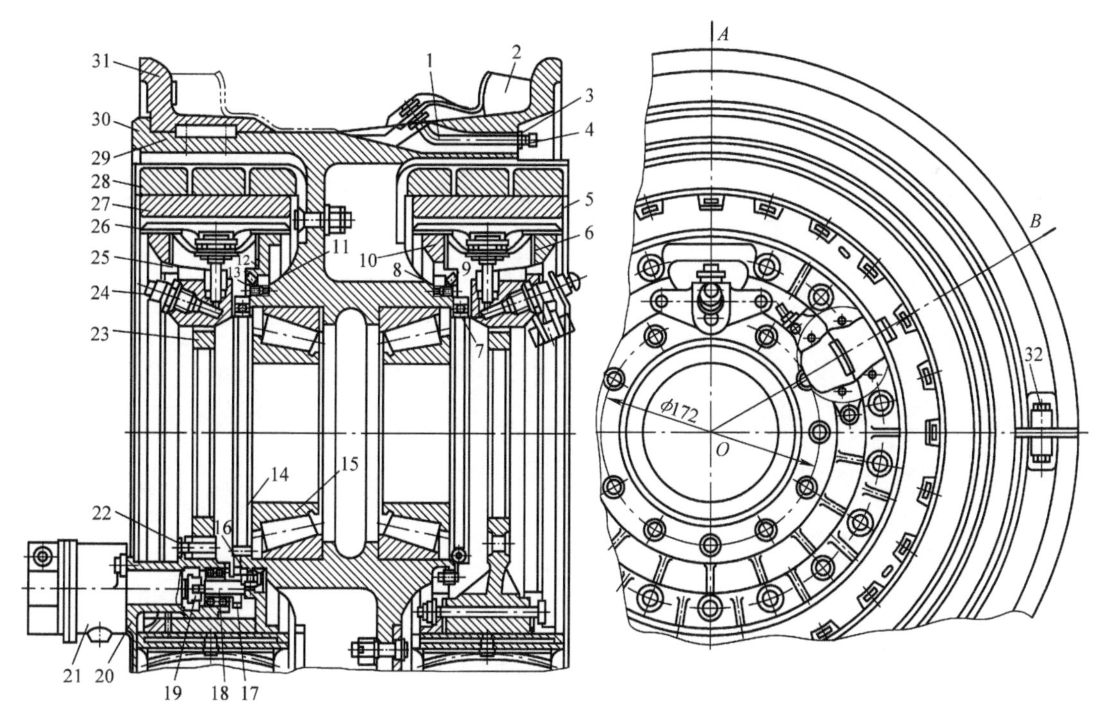

图2.28　带软管式制动装置的飞机机轮

1—气门嘴　2—轮胎　3—螺母　4—帽盖　5—皮碗　6、10—法兰盘　7—毡圈　8—螺栓　9—轴承　11—自锁螺母　12—密封盖座法兰盘　13—密封盖　14—帽盖　15—滚柱轴承　16、17—主动、从动齿轮　18、19—花键轴套　20—传感器安装座　21—传感器　22—螺栓　23—制动装置壳体　24—接管嘴　25—气门嘴　26—制动软管　27—制动片　28—制动钢圈　29—键　30—轮毂　31—半轮缘　32—螺栓随着飞机速度的提高，飞机在起飞后需要收起起落架，这意味着机轮必须变小。相应地，制动装置可安装的空间也变小。基于此，多圆盘式的制动装置取代了单圆盘式制动装置。多圆盘式制动装置采用多个制动片，从而增大了制动面积，故能产生更大的制动力。如图2.29所示，多圆盘式制动装置主要包括制动作动筒及制动片、压力盘及支撑盘。制动片由多个动片和静片组成，动片和静片间隔排列，静片与支撑盘均安装于制动装置的扭力管上，不随机轮转动，但可沿轴向运动，动片安装于内轮毂上，随机轮转动而转动，压力盘与制动作动筒活塞杆相连。制动时，制动作动筒活塞杆推出，推动压力盘运动，由于动片和静片都可沿轴向，故压力盘将所有动片和静片压紧到支撑盘上，产生制动力。解除制动时，制动作动筒的作动腔回油，在弹簧力的作用下，压力盘返回，动片、静片分离。飞机经过多次制动后，会使制动片磨损而导致制动间隙过大，所以制动装置内部还装有制动间隙调整器。根据制动间隙调整器与制动作动筒的安装关系分类，制动间隙调整器可以分为分离式（制动间隙调整器与制动缸分离）和整体式（制动间隙调整器与制动缸为一体）。

圆盘式制动装置，尤其是多圆盘式，具有结构紧凑、制动效率高、吸收动能大、使用安全、维护方便等优点。多年来，尽管摩擦材料和制动系统一直在发展，制动装置的型式却没有发生明显的改变，现代大中型飞机上配备的基本都是多圆盘式制动装置。

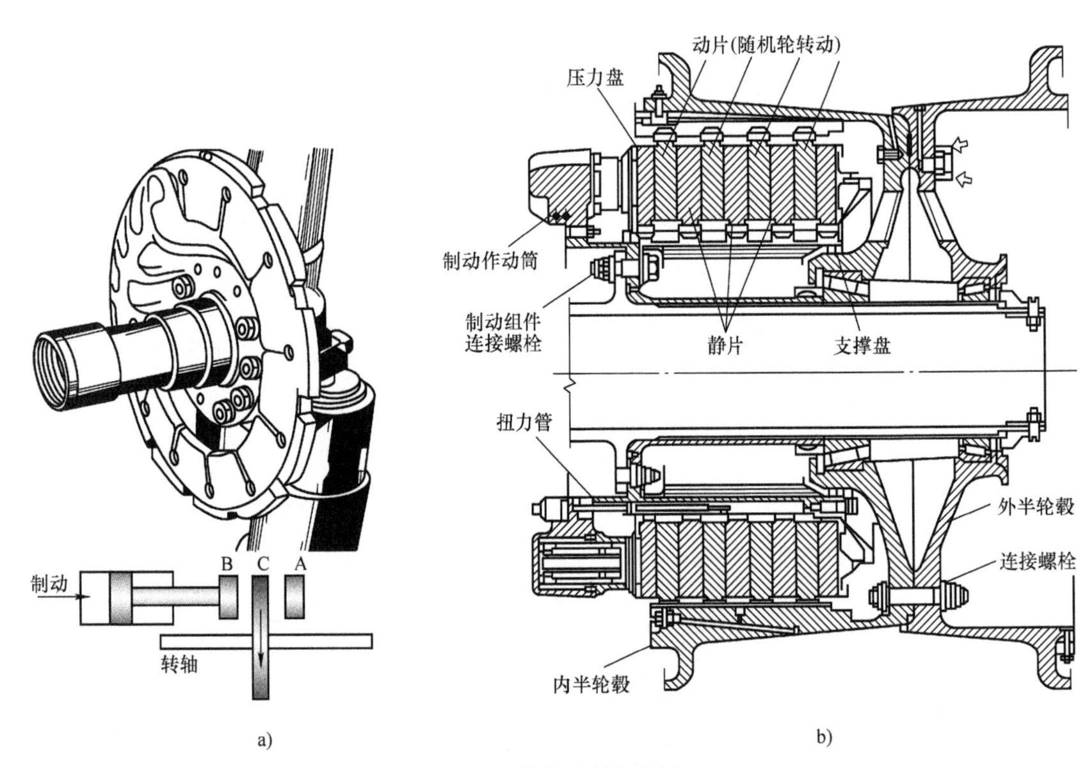

图 2.29 圆盘式制动装置

a）单圆盘式 b）多圆盘式

2.3.3 液压防滑制动系统

因为早期的飞机制动系统是没有防滑功能的，所以在湿态和冰冻跑道条件下制动很容易锁死，导致轮胎打滑。为了防止飞机在制动过程中爆胎、减少轮胎磨损，以及保证起飞着陆安全，20 世纪 40 年代，苏联、英国和美国等开始进行液压制动系统的防滑功能研究。伴随着电子工业的发展，液压防滑制动系统的发展经历了机械惯性式、模拟电子式、数字电子式三个阶段。

1. 机械惯性式防滑制动系统

机械惯性式防滑制动系统是最早的液压防滑制动系统，著名的苏 27 飞机上装备的就是这种制动系统。惯性式防滑制动系统最大的优点是可靠性高，因为没有电子部件，不受电磁干扰，俄罗斯至今仍在它的新型飞机上装备这种防滑系统。美国的 MARK Ⅰ系统也是惯性防滑制动系统。我国早年航空工业的发展依托于苏联援建，大多数飞机也是使用惯性式防滑制动系统，如歼七系列。机械惯性式防滑制动系统由惯性传感器和电磁活门组成，用惯性传感器感受机轮的减速度，当减速度超过门限值时，惯性传感器直接通过机械机构操纵液压阀，使制动装置与回油路接通；或惯性传感器通过机构接通微动电门控制电磁阀，使制动装置与回油路接通。这种制动系统在每一次机轮打滑送制动时会释放全部制动压力，等机轮恢复转动后再根据驾驶员指令加满额压力，制动效率低，着陆距离长，制动不平稳。

2. 模拟电子式防滑制动系统

伴随着电子控制技术的发展，尤其是电液伺服阀的出现，20 世纪 60 年代前后，英国和美国等国开始转向模拟电子式防滑制动系统的研究。模拟电子式防滑制动系统由机轮速度传感器、控制盒、伺服阀组成。在正常制动中，电磁活门、伺服阀仅仅是管路上的一个通道；当需要防滑时，系统控制伺服阀，以便连续地调节制动压力。

模拟式防滑系统的控制律发展经历了“准调节式”和“调节式”两个阶段。早期的模拟式防滑系统是一种准调节式系统：当机轮减速率超过预选值时，制动压力就被释放，释放的时间取决于机轮的打滑深度；当机轮从滑动状态恢复正常转动时，制动压力又以较低的水平施加，然后逐步增大，直到又一个滑动状态的开始被检测到。这种系统退出滑动状态的纠正措施基本上是根据预编程序，而不是机轮速度的时间历程。系统在干跑道上具有很好的控制性能，在湿滑跑道上由于频繁的松刹，控制效果较差。随着电子元器件的进一步发展，小规模集成电路使飞机防滑制动系统由原来的分立元件升级为集成电路元器件，在准调节式系统的基础上诞生了完全调节式系统，这是一种自适应控制系统，在干 / 湿跑道上均具有良好的控制性能。这种系统具有较为复杂的制动控制律，有速率式控制、相对滑动量控制、速度差加偏压控制等。当调整适当时，制动压力变化幅度很小，制动压力平均值高，对机轮打滑响应迅速。典型的模拟式防滑制动系统如波音 707 的制动系统、空客 A300 的制动系统。

3. 数字式防滑制动系统

大规模集成电路、高性能微处理器和数字信号处理器的发展促进了数字式防滑制动系统的诞生。20 世纪 80 年代，Hydro Aire 公司发明了 MARKIV 型防滑制动控制系统，在波音 757 和 767 上使用——这是世界上第一个使用微处理器的数字式防滑制动系统。数字式防滑制动系统除了具有一般模拟式防滑制动系统的优点之外，响应更快、可实现更复杂的控制律、工作平稳、自适应性强、有完善的自检测功能、使用维护方便。典型的数字式防滑制动系统如波音 757 的制动系统、空客 A340 的制动系统、猛禽战斗机 F-22 的制动系统。

液压防滑制动系统主要由两部分组成：包括防滑伺服阀、制动装置的机轮制动调节系统和包含机轮速度传感器、防滑控制器的防滑控制系统，如图 2.30 所示。

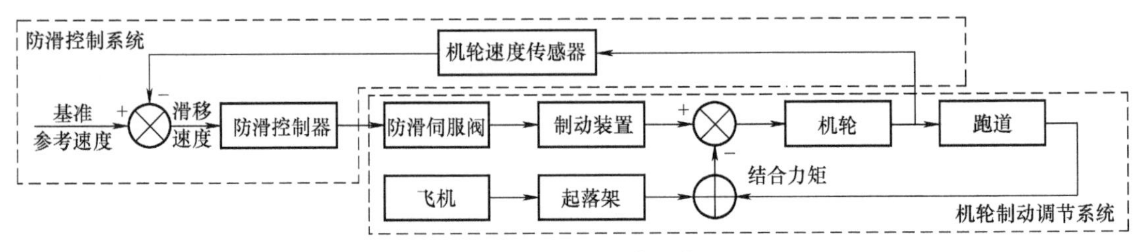

图 2.30　液压防滑制动系统原理

除了上述发展，在这一阶段，还出现了电传制动（如图 2.31 所示的 MARK Ⅴ型制动系统）技术和自动制动系统，便利了驾驶员的使用，提高了飞机的安全性。

这一时期，制动盘材料也由粉末冶金发展到了碳基复合材料。20 世纪 70 年代，碳摩擦材料被开发和应用，碳制动盘被设计为碳基材料整体结构，具有摩擦功能、热库功能及传递力矩功能。1972 年开始用于协和飞机。

2.3.4　全电防滑制动系统

20 世纪 70 年代，“多电飞机（More Electric Aircraft，MEA）”的概念被提出，当时被称为全电飞机。“多电飞机”是基于优化整个飞机动力系统的设计需要而发展的概念，指的是将飞机的发电、配电和用电集成在一个统一的系统内，实行发电、配电和用电系统的统一规划、统一管理和集中控制。

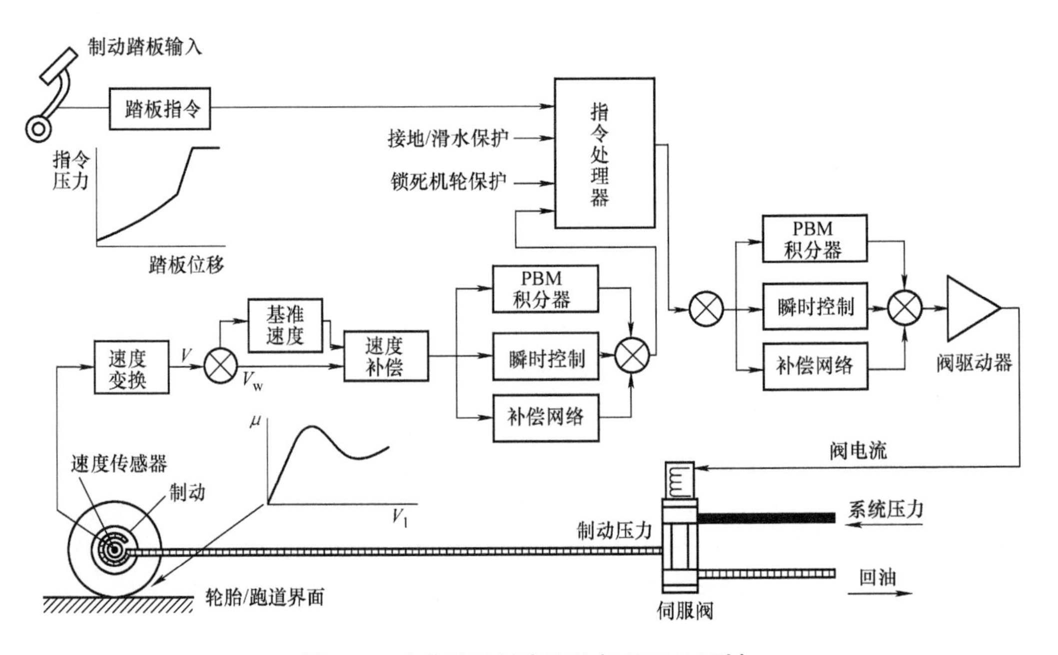

图 2.31　电传防滑制动原理（MARK Ⅴ型）

由于“多电飞机”的发展需求，功率电传（Power-By-Wire，PBW）技术应运而生。功率电传是指利用电功率代替飞机上的其他能源来驱动飞机上各种作动系统，其中主要包括飞行控制系统中的作动器、起落架收放装置、防结冰装置、制动装置、环境控制发动机起动和燃料泵等等。也有人认为电传操纵（Fly-By-WireF，FBW）加上功率电传就是全电飞机。功率电传作动器的种类主要有三种（图 2.32）：机电作动器（Electro-Mechanical Actuator，EMA）、电静液作动器（Electro-Hydrostatic Actuator，EHA）、电液伺服泵作动器（Electro-hydraulic Servo Pump Actuator，ESPA）。目前，关于功率电传作动器的研究主要集中在机电作动器 EMA 和电静液作动器 EHA[11-14]，其中，EHA 作为液压系统的备用系统已经在许多飞机上得到应用。相较于 EHA，EMA 完全取消了液压部件，维修费用更低，被认为是一种更吸引人的功率电传作动器。

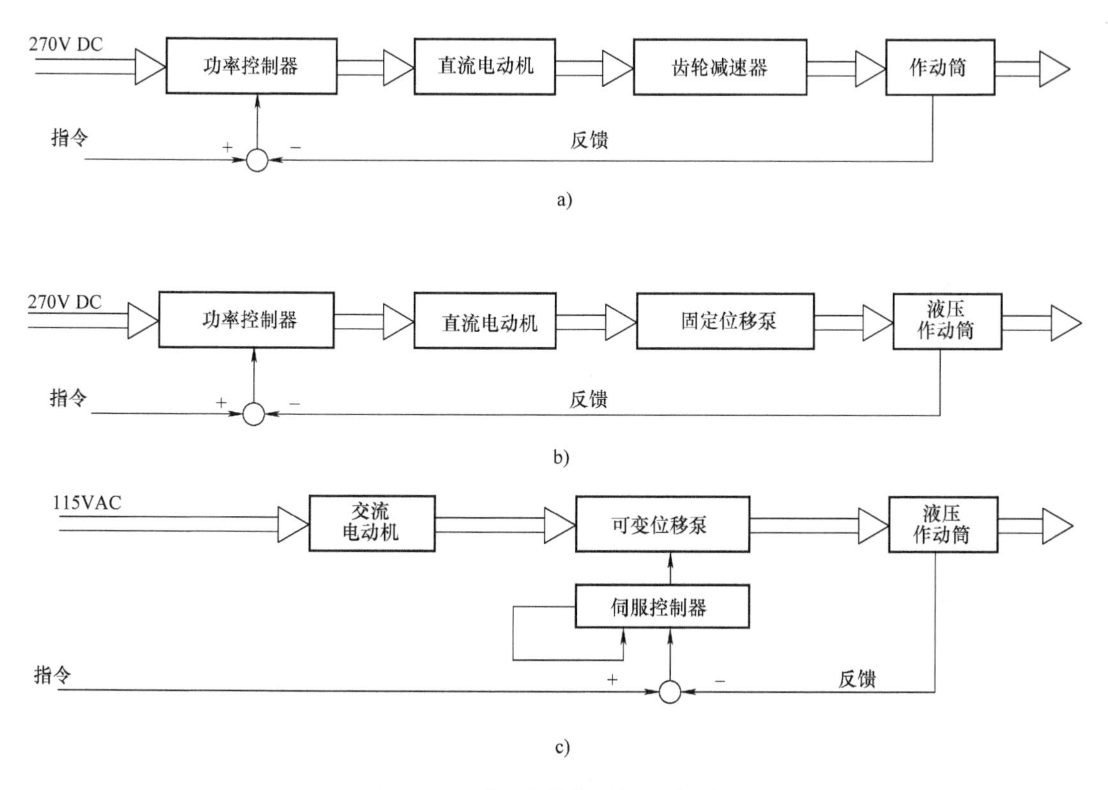

图 2.32　功率电传作动器工作原理

a）机电作动器　b）电静液作动器　c）电液伺服泵作动器

基于“多电飞机”的发展需求，同时伴随着永磁材料、大规模功率器件和微处理技术的进一步发展，20 世纪 80 年代，人们开始进行全电防滑制动系统的探索。首先是美国空军与飞机制动系统公司 Loral Aircraft Braking Systems 的电制动研究，1982 年在 A-10 攻击机上成功进行了一系列测试。1998 年 12 月 8 日，美国 Goodrich 公司与美国空军合作，在爱德华空军基地成功试飞了第一架装有全电防滑制动系统的 F-16C 飞机。现在，全电防滑制动系统已成功应用在大型民航飞机上，如波音 787。

全电防滑制动系统主要由制动指令传感器、机轮速度传感器、机电作动器、转矩传感器、电机驱动器（Electro-Mechanical Actuator Controller，EMAC）和防滑制动（Braking/Skiding）控制器组成。制动系统的结构方案和系统原理分别如图 2.33 和图 2.34 所示。

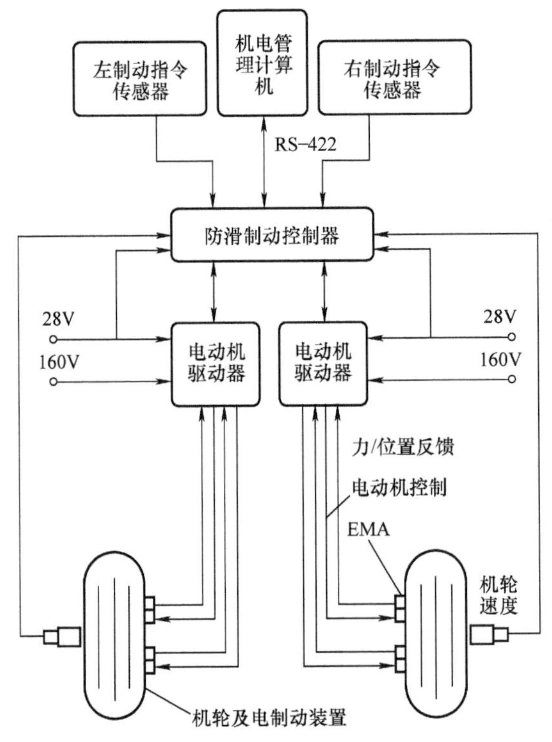

图 2.33　全电防滑制动系统结构

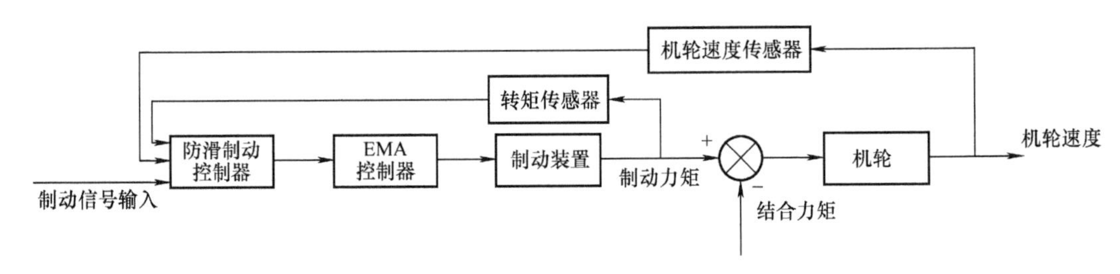

图 2.34　全电防滑制动系统原理

与液压防滑制动系统相比，制动作动形式由液压作动改为电力作动，工作介质由液压油改为电磁场，作动机构由液压作动筒改为机电作动器，信号传输方式由液压管路改为电路，机轮制动调节器由液压伺服阀改为电机驱动器。上述结构上的改变带来的优点也是显而易见的：

- 由于采用了高性能无刷直流电动机和其他低惯性的部件，制动作动器频率提高。在F-16C 上的试验表明，作动器的频率可以达到 20 ~ 30Hz，比液压制动系统提高了 2 ~ 3 倍；
- 反馈信号除了机轮速度反馈之外，还增加了制动力矩反馈，提高了制动效率。在 F-16上的测试中，防滑效率高达 97% ~ 98%，特别是在正常能量停止测试中，数据显示制动力矩可精确跟踪输入的制动命令，由电作动机构位置的变化可计算飞机制动时的实时摩擦系数；
- 制动效率的提高有利于提高轮胎和制动装置的使用寿命；
- 取消了液压管路，降低了故障率，减少了维修费用。

综上所述，全电防滑制动系统必将成为未来飞机制动系统发展的重要方向之一。

参考文献

[1] 饶忠 . 列车制动 [M]. 北京：中国铁道出版社 , 2014.

[2] 程迪 . 列车制动系统 [M]. 郑州：郑州大学出版社 , 2006.

[3] 罗运康 , 宋国文 .NSW 型手制动机 [J]. 铁道车辆 , 2001（10）: 3-4+1.

[4] 宋练达 . 真空制动机简介 [J]. 铁道车辆 ,1991（08）: 5-10.

[5] 胡准庆 . 动车组制动系统 [M]. 北京：北京交通大学出版社 , 2012.

[6] 内田清五（日）. 日本新干线列车制动系统 [M]. 北京：中国铁道出版社，2004.

[7] Н.А.А Л Б Е Г О В，В.И.К Р Ы Л О В , 黄德山 . 电空制动机的发展概况 [J]. 国外铁道车辆，1991（3）: 5-12.

[8] 朱德功 , 宁郁 . 美国铁路车辆制动机发展简史 [J]. 国外铁道车 , 1979（1）: 14-23.

[9] 吴萌岭 . 微机控制直通电空制动系统研究 [D]. 上海：同济大学 , 2006.

[10] 马喜成 , 龙倩倩 . 地铁车辆用 EP2002 制动控制系统 [J]. 机车电传动 , 2007（4）: 38-42+61.

[11] 王月明 . 动车组制动技术 [M]. 北京：中国铁道出版社 , 2012.

[12] 倪文波 , 王雪梅 , 李芾 , 等 . 铁道机车车辆液压制动机及其国内外发展 [J]. 铁道机车车辆 , 2007（04）: 11-14.

[13] REIF K. Brakes, Brake Control and Driver Assistance Systems[M]. Bosch Professional Automotive Information, 2014.

[14] 布勒伊尔，比尔 . 制动技术手册 [M]. 刘希恭 , 译 . 北京：机械工业出版社 , 2011.

[15] Chovan D , 任国安 . 机车制动机的发展 [J]. 国外内燃机车 ,1996（3）: 37-41.

[16] 边明远 . 汽车 ASR 技术研究的进展 [J]. 北京汽车 , 2002（4）: 9-14.

[17] 田野仓保雄 . 汽车电子化引起封闭世界的开放 [J]. 电子设计应用 , 2009（8）: 18-19.

[18] 陈祯福 . 汽车底盘控制技术的现状和发展趋势 [J]. 汽车工程 , 2006, 28（2）: 105-113.

[19] 余卓平 , 韩伟 , 徐松云 , 等 . 电子液压制动系统液压力控制发展现状综述 [J]. 机械工程学报 , 2017（14）: 15-29.

[20] 赵双 , 孙仁云 . 汽车制动新理念电子感应制动控制系统 SBC 简介 [J]. 世界汽车 , 2005（5）: 86-88.

[21] DAY A . Chapter 11 – Electronic Braking Systems[J]. Braking of Road Vehicles, 2014 : 385-428.

[22] NAKAMURA E , SOGA M , SAKAI A , et al. Development of electronically controlled brake system for hybrid vehicle[C]// SAE World Congress & Exhibition. 2002.

[23] LEIBER T , CHRISTIAN KÖGLSPERGER, UNTERFRAUNER V . Modular brake system with integrated functionalities[J]. Auto Tech Review, 2012, 1（6）: 24-29.

[24] 杜莎 . 博世 iBooster 助推汽车电气化与自动驾驶发展 [J]. 汽车与配件 , 2017（23）: 42-43.

[25] 布雷斯 , 赛福尔特 . 汽车工程手册：德国版 [M]. 魏春源 , 译 . 北京：机械工业出版社 , 2012.

[26] 包崇美 , 丁建军 . 电动超跑是怎样炼成的？ [J]. 世界汽车 , 2013（8）: 18-23.

[27] 钟师 . TRW 电子驻车制动（EPB）先进技术 [J]. 汽车与配件 , 2006（23）: 41-41.

[28] 赵华山 , 胡红峰 . 现代汽车制动系统的发展历程和前景展望 [J]. 重型汽车 , 2017（1）: 22-25.

[29] 杨尊社 . 航空机轮、制动系统研究新进展 [J]. 航空精密制造技术 , 2002, 38（6）: 20-23.

[30] 何永乐 . 飞机制动系统设计 [M]. 西安：西北工业大学出版社 , 2007.

[31]《飞机设计手册》总编委会 . 飞机设计手册：第 14 册 , 起飞着陆系统设计 [M]. 北京：航空工业出版社 , 2002.

[32] 智维列夫 . 航空机轮和制动系统设计 [M]. 北京：国防工业出版社 , 1980.

[33] 常顺宏 , 田广来 , 林辉 . 中国航空机轮制动系统发展综述 [J]. 航空科学技术 , 2003（5）: 24-26.

[34]《交通大辞典》编委会 . 交通大辞典 [M]. 上海：上海交通大学出版社 , 2005.

[35] 杨尊社，娄金涛，张洁，等．国外飞机机轮制动系统的发展 [J]. 航空精密制造技术，2016, 52（4）：40-44.
[36] 陈耕超．航空机轮设计和制造技术现状及发展 [J]. 航空工程与维修，1999（2）：30-32.
[37] 宋静波．飞机构造基础 [M]. 2 版．北京：航空工业出版社，2011.
[38] 梁波，李玉忍，田广来．飞机防滑制动系统建模与仿真 [M]. 北京：国防工业出版社，2015.
[39] CROKE S , HERRENSCHMIDT J . More electric initiative-power-by-wire actuation alternatives[C]// Aerospace & Electronics Conference. IEEE, 1994.
[40] CHURN P M , MAXWELL C J , SCHOFIELD N , et al. Electro-hydraulic actuation of primary flight control surfaces[C]// All Electric Aircraft. IET, 1999.
[41] GARCIA A , CUSIDO J , ROSERO J A , et al. Reliable electro-mechanical actuators in aircraft[J]. IEEE Aerospace and Electronic Systems Magazine, 2008, 23（8）：19-25.
[42] LI J , YU Z , HUANG Y , et al. A review of electromechanical actuation system for more electric aircraft[C]// 2016 IEEE/CSAA International Conference on Aircraft Utility Systems（AUS）. IEEE, 2016.
[43] 郑先成，张晓斌，黄铁山．国外飞机电气技术的现状及对我国多电飞机技术发展的考虑 [J]. 航空计算技术，2007, 37（5）：120-122.
[44] 严仰光，秦海鸿，龚春英，等．多电飞机与电力电子 [J]. 南京航空航天大学学报，2014, 46（1）：11-18.
[45] 张秋红，李玉忍．飞机电制动系统的发展与展望 [J]. 国际航空，2002（9）：38-39.
[46] 刘劲松，刘长伟，范淑芳．基于 EMA 的飞机全电制动系统研究 [J]. 航空精密制造技术，2012, 48（6）：40-43.
[47] 保罗·西德曼，大卫·斯潘诺维奇，田云．飞机的电子制动系统 [J]. 航空维修与工程，2007（3）：18-19.

第3章 EMB系统设计

任何载运工具都离不开制动系统，现代轨道车辆、新能源汽车和飞机在制动时普遍存在多种制动方式的配合，其中最主要的是动力制动和摩擦制动。随着技术的发展，动力制动的能力已有很大程度的提高，但由于安全性等要求，摩擦制动仍然是最广泛的安全制动方式。采用EMB技术的摩擦制动系统称为EMB系统，它在轨道车辆、汽车和飞机上的作用都是使交通运输工具减速或阻止其加速。本章主要讲述EMB系统的设计要求、系统组成及工作原理、设计计算方法。

3.1 制动系统设计要求

3.1.1 一般原则

制动系统设计时需要满足一定的要求，对于轨道交通车辆、汽车、飞机而言，它们的制动系统的一般设计原则如下。

1）制动系统的设计目标是使运动中的载运工具减速、停止、阻止其加速或使交通运输工具保持静止；

2）制动系统需在不给乘客、第三者造成风险的情况下，用可接受的加速度水平，使载运工具停止；

3）制动系统不应要求过度的或者不现实的黏着水平；

4）制动系统一般应具有行车制动、驻车制动及应急或备用制动的功能；

5）制动系统应具有较高的安全性和可靠性。

此外，制动系统还应满足对温度、湿度、冲击振动、水、尘、电磁等环境的耐受程度等要求。

3.1.2 制动系统功能要求

1. 轨道车辆制动系统功能要求

轨道交通车辆制动系统在世界范围内的主要标准体系有EN欧洲标准，UIC国际铁路联盟标准，ISO国际标准化组织标准，JIS日本工业标准和TB中国铁道行业标准这几大体系。此外，欧盟法规还规定了技术标准的互联互通（即TSI）。制动系统设计时可参考欧洲标准EN 13452:2005、EN 14198:2019、EN 15179:2010、EN 15734:2010、EN 16185:2015，德国标准化学会标准DIN 27205—2017，法国标准NF F11-910—2003等。

本节主要从城市轨道交通车辆和高速动车组的实际运用要求的角度出发，同时结合上述标准的要求，介绍轨道车辆制动系统一般应具备的功能。

（1）常用制动功能

常用制动是正常情况下为调节或控制列车速度，包括进站停车所施行的制动。常用制动的制动能力根据列车运行需要可在最大常用制动范围内调节，通常最大常用制动的制动能力一般为列车制动能力的80%。常用制动的特点是制动力上升比较缓和；常用制动指令可由司机控制器、列车自动驾驶系统或保护装置下达。动车组制动系统应能按减速度模式曲线控制列车减速或停车。

（2）快速制动功能

快速制动也称非常制动或紧急制动EB，是制动能力比常用制动更大的一种制动工况，其指令传输途径和制动方式与常用制动相同。

（3）紧急制动功能

紧急制动也称紧急制动UB，是在紧急情况下（如列车严重超速、分离等）为使列车尽快停住而施行的制动。它的特点是使用列车制动能力的100%，且制动力上升迅速。紧急制动通过控制紧急制动安全环路得、失电发出制动或缓解的指令，一般采用安全环路失电制动的模式。紧急制动指令除由列车运行控制系统或司机室紧急制动按钮发出外，也可以由其他的自动检测、防护系统（如总风压强不足、列车分离、列车失电等）发出。为保证紧急制动的可靠实施，通常只采用盘形或踏面制动方式，紧急制动一旦触发则在列车停止前一般不能缓解。

列车应设有紧急制动UB按钮。紧急制动UB按钮应为蘑菇头的双稳态型按钮。

（4）停放制动功能

停放制动是为了使列车停放在一定坡度的线路上不发生溜逸而施加的制动，应能保证在一定时间内，使一定载荷的列车停在一定坡度的线路上。停放制动可利用专门的机械方式（如弹簧停放装置）实施，也可将铁鞋放在车轮踏面下阻止列车运动。

（5）保持制动功能

制动系统应具有保持制动功能，列车停稳后，制动系统自动施加能确保超员情况最大坡道下保证列车不发生溜滑的制动力。起动牵引力克服保持制动的制动力后，保持制动缓解。

（6）多种制动方式的制动力协调功能

当列车中有多种制动方式（见列车制动方式）共存时，常用制动和快速制动过程往往采用复合制动的方式实施，即制动过程由多个制动方式共同协调完成。这种情况下一般动力制动优先，尽最大能力充分发挥动力制动作用，当动力制动能力不足时，使用踏面或盘形制动，制动方式间过渡时需保证制动力的平稳性。

（7）防滑控制功能

制动系统应具有防滑控制功能，在上述常用、快速和紧急制动工况下都应保证列车的防滑能力，摩擦制动的防滑控制应与动力制动的防滑控制综合考虑，确保车辆尽快恢复再黏着。一般制动控制单元进行摩擦制动的防滑，牵引控制单元进行动力制动的防滑。当防滑控制功能失效时，制动功能仍需保证，只是此时没有滑行保护，同时监控系统应向司机提示并上传。

防滑控制系统应能检测出发生抱死的轮对，根据国际铁路联盟标准UIC 541-05的要求，每辆车均应设置冗余的DNRA（车轮不旋转检测）装置。

（8）冲动限制功能

与汽车和飞机不同，轨道车辆一般不设置安全带，乘客可在车厢内自由走动，所以其对减速度变化率有明确规定，即冲动限制（纵向冲击率限制）。当减速度的变化率不超过 $0.6m/s^3$ 时，乘客不会产生明显的不适感；当减速度的变化率大于 $0.6m/s^3$ 但不超过 $0.75m/s^3$ 时，基本可以接受；当减速度的变化率超过 $1m/s^3$ 时，对于没有准备且无依靠站立的乘客来说，存在着摔倒的危险。所以，当 EBCU 收到制动指令信号时，应使制动力的输出为"缓升式"，以确保旅客乘车的舒适性。动车组列车在常用制动、紧急制动 EB（快速制动）时的冲动限制为 $\leqslant 0.75m/s^3$；地铁列车技术条件要求纵向冲击率 $\leqslant 1.0m/s^3$，但实际运用中各地铁项目制动系统的招标技术条件一般仍要求 $\leqslant 0.75m/s^3$；紧急制动 UB 一般无冲动限制要求。

同时，TSI 也规定了列车制动时所有制动力产生的减速度之和必须小于 $2.5m/s^2$。

（9）载荷调整功能

制动系统应具备载荷调整功能，根据车辆的实际载荷调整或限制制动力。

（10）手动缓解功能

制动系统应为停放制动设置手动缓解功能。

（11）制动隔离功能

制动系统应具备对列车某一部分（某辆车、转向架、轴等）进行制动隔离的功能，被隔离部分应缓解制动力且缓解后不再施加制动力。

（12）间隙调整功能

踏面或盘形制动方式的制动装置一般需具备间隙调整功能（视实际需要可双向或单向调整），并能够手动调整。避免因摩擦副磨耗引起制动间隙变化过大，即使闸片和制动盘磨耗后，闸片与制动盘之间的间隙应均匀。

（13）轮径修正功能

在惰行时制动微机控制单元能检测列车速度并计算出各轮对的直径。在每次轮径改变或镟轮后，可将新的轮径值也应储存在制动控制单元中。

（14）基础制动摩擦副热容量控制

制动盘热容量需满足动车组最高运营速度下连续两次紧急制动的热负荷要求，并需满足最高试验速度下的紧急制动能力要求。

（15）制动状态反馈功能

制动系统需具备对制动力施加、制动力缓解、停放制动施加、停放制动缓解等状态的检测和显示、上报的反馈功能。

（16）救援 / 回送功能

当列车遇到无法牵引等严重故障时，需要通过救援机车进行救援 / 回送作业。救援机车一般采用带有列车管的自动空气制动机，其连挂地铁或动车组时，被救援车辆上通过制动控制装置或专门的救援 / 回送装置采集救援机车列车管的压力，根据列车管压力变化控制被救援列车的制动施加和缓解。回送模式一般可通过司机台上设定的开关激活。采用电机械制动系统的被救援列车在救援 / 回送过程中，不需要救援机车提供压缩空气，但可能需要其供电。

（17）自检功能

制动系统应具备自检功能，可以对系统功能和关键部件状态进行自检，并返回自检结果。

（18）状态监测、诊断和存储功能

制动系统应连续监测和诊断制动系统的主要零部件和信号状态，可以接收和发送数据给相关诊断系统。制动系统应具备自诊断及数据存储和读取功能，能够监控制动设备的状态，在故障发生瞬间保存当前故障，并允许维护人员读取和下载故障数据。制动系统应具备状态监测、故障诊断与报警、数据存储与上传等功能。

（19）通信接口要求

制动系统应具有 MVB 等车辆总线接口并能与列车控制系统等进行通信，接口应满足列车通信网络标准或相关国际标准。

2. 汽车制动系统功能要求

在汽车领域，制动系统可以简称为制动系。汽车制动系的设计需要符合相关标准的要求，如美国汽车工程师学会（SAE）标准中的 SAE J992:1998、SAE J1224:1982、SAE J135:2013、SAE J937B:1978、SAE J155:1978、SAE J1404:2019，对各类型汽车的制动系功能和性能进行了规范。虽然不同类型汽车的制动系结构和原理有所区别，但一般而言，汽车制动系统的设计要能平稳、迅速、可靠减速，在紧急情况时要能保证在保持行驶动态稳定性条件下施加制动，并具有尽可能短的制动距离。其基本功能可以描述如下：

1）制动系统必须以可控和可重复的方式降低车速，在需要时能将车停下来；

2）制动系统应在下坡时让汽车保持等速行驶；

3）制动系统在平坦的路上或在坡道上必须能保持汽车驻车。

汽车制动系必须具备易操作性，必须能够由驾驶员在座椅上符合人机工程地随时直接操纵，且在驾驶汽车时不允许妨碍制动系的操纵。

制动系统的设计必须达到所要求的制动性能。要满足法规要求的在最大脚踏力时的制动因数（也称制动器效能因数，表示制动器在单位输入压力或力的作用下所能输出的力或力矩）或制动距离。所要求的值按制动系和汽车等级分级。对乘用车行车制动系，欧洲要求在 500N 脚踏力时制动减速度为 0.6*g*。GB 12676—2014 和 GB/T 13594—2003 规定不超过 9 座的载客汽车在制动初速为 50km/h 时的制动距离不超过 19m；其他总质量不超过 4.5t 的汽车制动初速为 50km/h 时的制动距离不超过 21m。行车制动的制动力应在各轴之间合理分配。

3. 飞机制动系统功能要求

飞机制动系统除主要对飞机的着陆滑跑制动控制外，还有在地面滑行的方向控制、转弯以及停放制动的作用。为完成这些任务，制动系统必须具备下列功能：保证制动过程中不会出现拖胎而使轮胎爆胎，而是有一定的滑动量来保持得到最大的地面摩擦力；保证在各种跑道状态下，特别是有水或冰覆盖的跑道上有较好的制动效果和方向控制能力；保证制动平稳和柔和，不会引起乘员的不舒适和起落架的共振等。

制动系统按其作用分为正常（或主）制动系统、应急（或备份）制动系统、起飞停机制动系统、停放制动系统和起落架收上机轮停止系统共五个部分。一般飞机必设置有前两个系统，而现代民航机还设有停放制动系统和收上机轮停止系统。停机制动系统必须保证飞机发动机在起飞工作状态下，能停住机轮而不会在跑道上滚动，常与正常制动系统共用，仅制动压力增大（如碳制动装置的机轮就要求加大制动压力，才能保证在发动机起飞推力状态下停住飞机）。停放制动系统能保证长时间低压停住飞机不会被风吹动或推动。起落架收上机轮停止系统在起落架收起后停住机轮，保证不会飞胎打坏轮舱的管路或线路，也能免除收上的机轮转动不平衡而引起振动。

飞机制动系统应按 GJB 3063A—2008《飞机起落架系统通用规范》、GJB 1184A—2010《航空机轮和制动装置通用规范》、HB 5648—1981《航空机轮和制动装置设计规范》、HB/Z 126—1988《航空机轮设计指南》、HB 6080—1986《航空机轮防滑制动控制系统通用技术条件》、GJB 2879A—2008《飞机机轮防滑制动控制系统通用规范》、HB 6550—1991《民用航空器机轮及机轮-制动装置最低性能要求》、CCAR-25-R4—2011《中国民用航空规章第25部 运输类飞机适航标准》等规范设计。

1）制动能力要求。军机和民机的制动能力要求是不同的，《飞机设计手册》分别列出了各规范的详细要求，包括美国宇航起落架系统委员会推荐的标准AS227的要求，美国宇航起落架系统委员会会同工业部门推荐的标准ARP1493的要求等。

2）制动寿命要求。制动装置应完成制动寿命试验，以得到与设计要求相一致的制动盘磨损数据，为外场使用寿命的确定和维护周期提供依据。

3）防滑控制相关要求在本书第7章进行阐述。

3.1.3 制动系统安全要求

1. 轨道车辆制动系统安全要求

（1）制动系统的控制冗余

制动系统应具有冗余的列车级主控EBCU，来执行列车制动力的管理和分配。每个MVB网络单元内，应具有冗余的单元级主控EBCU，来执行MVB网络单元的制动力管理和分配。当列车通信网络故障时，通过紧急制动和（或）常用制动列车线可维持列车有限制地运行。

（2）安全保护及故障导向安全性能

制动控制系统应按照“故障导向安全”的原则进行设计。

紧急制动应达到一个确定级别的性能和一个高的安全水平。安全制动是紧急制动的一种特殊形式，它应该有一个高的安全水平，但不必有性能的高级。

在没有动力制动的情况下，摩擦制动的能力仍应满足列车正常运行性能的要求。

主制动系统要确保连续性和自动性。连续性是指制动指令线贯穿全列车，能够传递控制信号；自动性是指当制动指令线发生易被忽视的损坏（即失去完整性）时能够激活制动装置。

制动性能应当符合TSI：2011/291/EU条款4.2.4.2.2中规定的安全要求，以防止易被忽视的制动控制线的损坏，以及制动能量供应不足、能量来源失效等。列车上要有足够的可利用能量（储存的能量），其分布与制动系统设计应一致，以保证制动力的施加。保证制动力不衰竭性，即考虑连续地施加制动和缓解，两列车分离后，要使得两部分能够停止，当然，不要求其制动性能与正常模式下的制动性能相同。

紧急制动触发条件如下：

① 触发司机室中的警惕装置；

② 按下司机室控制台上的紧急制动按钮（击打式按钮）；

③ 列车脱钩；

④ 紧急制动电气列车线环路中断或失电；

⑤ DC110V控制电源失电；

⑥ 信号系统发出紧急制动指令；

⑦ 司机主控制器在紧急制动位。

在列车每节车的明显位置处应设乘客手动紧急制动设施，设施的安放位置应避免任何意外的操作。如果乘客触发乘客紧急制动设施，将在司机室中产生声光报警信号并可显示具体车辆位置，自动或由司机实施列车制动。

（3）基础制动摩擦副热容量要求

制动盘热容量需满足列车最高运营速度下连续两次紧急制动的热负荷要求，并需满足最高试验速度下的紧急制动能力要求。

2. 汽车制动系统安全要求

与轨道车辆一般都拥有独立路权不同，汽车一般没有独立路权，在行驶中可能会对其他道路使用者和行人构成潜在致命威胁。为了确保汽车尽可能安全，对人和环境的不利影响最小化，各国政府和国际组织通过立法规定了制动系统及相关元件性能的最低标准。

汽车制动系统必须符合所在国的法规要求，这也成为制动系统设计的重要参考。大多数国家有自己的制动系法规。最早的法规是 1904 年英国颁布的汽车指令（Motor Cars Order）。这一法规后来被欧洲大陆认同并加入到联合国欧洲经济委员会（ECE）法规 ECE R13 中。所有已签订 1958 年互相承认型号批准协议书（日内瓦协议书）的国家都可以采用 ECE 法规，但并非强制性要求。欧共体 [EEC，欧盟（EC）前身] 成立后又颁布了 EEC 指令，制动领域的是 Directive 71/320/EEC，其最新修订版为 2006/96/EC，EEC 或 EC 指令则是强制性要求，各成员国必须执行。ECE R13 和 71/320/EEC 的文本是一致的，所有成员国都需遵从欧盟的法规。日本和澳大利亚以 ECE R13 替代他们本国的制动法规。在申请 EEC 型号批准时，汽车生产厂家可以有选择地按 ECE R13 或 ECE R13H（H 表示协调）法规进行试验，而不用 EEC 法规。美国有自己的制动指令和批准程序，对乘用车制动器规定用 FMVSS135 法规，该法规要求约相当于 ECE R13H 的要求。

汽车制动系统的主要功能必须在任何时候都能实现，在系统发生故障时允许制动效果一定程度上变差，但也必须能发挥制动作用。一般乘用车制动系统是由正常制动的主制动器和用于主制动器失效情况下的辅助或紧急制动器以及驻车制动器组成。目前实际做法是允许主制动器部件用于辅助及驻车制动。法规规定汽车至少要配置两个相互独立的制动系，行车制动系和驻车制动系的控制装置应相互独立。按功能，有以下几种制动系：

1）行车（工作）制动系（BBA），由制动踏板操纵，用以将汽车减速直至静止。

2）辅助制动系（HBO），在行驶制动系失效时辅助制动系必须保证汽车减速。

3）驻车制动系（FBA），驻车制动系的任务是在停车后防止汽车滚动。

4）持续制动系（DBA），在较长的坡道上可通过持续制动系减轻行车制动系负担，但只用在重型载货汽车上。

制动系统的设计必须达到所要求的稳定性。稳定性主要包括汽车在制动过程中维持制动能力和行驶方向的能力。维持制动能力包括制动器的热稳定性、水稳定性等；维持行驶方向的能力包括维持直线行驶和转弯的稳定性，主要考虑各轮之间制动力分配的问题，如果分配不均可能导致制动跑偏、侧滑甚至前轮失去转向能力。同时，出于行驶稳定性的原因，大多数的法规中对抱死（闭锁）顺序也提出了要求。如欧盟法规规定在减速度为 0.15~0.8g 时，后桥不应先于前桥抱死。

防抱制动装置中的任何电器故障不应使行车制动器的制动促动时间和制动释放时间延长。在需要电源进行操纵防抱制动装置的挂车上，电源应由专用电源线路供给。

汽车（三轮汽车除外）应具有应急制动功能。应急制动应保证在行车制动只有一处失效的情况下，在规定的距离内将汽车停住。应急制动应是可控制的，其布置应使驾驶人容易操作，驾驶人在座位上至少用一只手握住方向盘的情况下（对乘用车为双手不离开方向盘的情况下），就可以实现制动。它的控制装置可以与行车制动的控制装置结合，也可以与驻车制动的控制装置结合。

采用助力制动系的行车制动系，当助力装置失效后，仍应能保持规定的应急制动性能。

驻车制动使用电子控制装置时，锁止装置应为纯机械装置，发生断电情况锁止装置仍应保持持续有效。采用弹簧储能制动装置做驻车制动时，应保证在失效状态下能方便地解除驻车状态；如需使用专用工具，应随车配备。

3. 飞机制动系统安全要求

英国的BCAR D4-5章、美国的FAR. MIL-L-87139、中国的HB 6482—1990等规范对制动系统和制动装置有下面几点重要要求：

1）制动系统内必须有一个应急（或称备份）制动分系统部分。应急制动的液压（或气压）管路同正常制动部分必须是完全隔离和独立的。如实施有困难时，则至少安装在机轮制动装置上的转换阀的上游管路应完全隔离和独立，以保证使用安全。制动装置的最新设计就采用了正常制动和应急制动两套单独动作的活塞。

2）在任意一个连接或传动元件失效或丧失任意一个使用能源情况下，飞机制动系统仍能刹停飞机，此时允许其平均制动负加速度至少相当于正常着陆制动时的负加速度值的50%。

3.2 EMB系统组成及工作原理

轨道交通车辆EMB系统组成一般包括备用电池模块（可集成于电子制动控制单元内）、司机控制器（也称司控器）、紧急制动按钮、停放制动按钮、电子制动控制单元、电机械盘形或踏面制动单元、轴速传感器、线缆传输元件等（图3.1）。汽车EMB系统组成一般包括电池、制动踏板、电子控制单元、车轮制动器、轮速传感器和线缆传输元件等（图3.2）。飞机EMB系统组成一般包括电池、制动手柄或制动踏板、制动控制单元、机轮制动器、机轮速度传感器和线缆传输元件等（图3.3）。

鉴于轨道交通车辆、汽车和飞机的EMB系统在组成上各有特点，本节从制动系统的工作原理出发，将制动系统一般性地分成供能装置、制动指令与通信系统、制动控制系统和制动执行机构四大主要部分（图3.4）。根据设计需要，供能装置可独立或集中布置，也可集成于其他功能装置内部。EMB系统的基本工作原理如图3.5所示。

3.2.1 供能装置

供能装置在EMB系统工作时提供其必需的电能，其组成包括电池和电源管理电路等，需具备充放电管理、状态监测、过载保护等功能。在上游供电失效情况下，供能装置的电池需仍能保证EMB系统能够施加一定次数或时间的制动。

3.2.2 制动指令与通信系统

将制动指令信号产生、传输，制动系统内部数据交换及制动系统与驱动系统等其他子系统或其上层系统进行数据通信的一系列电子设备和电气线路，统称为制动指令与通信系统。

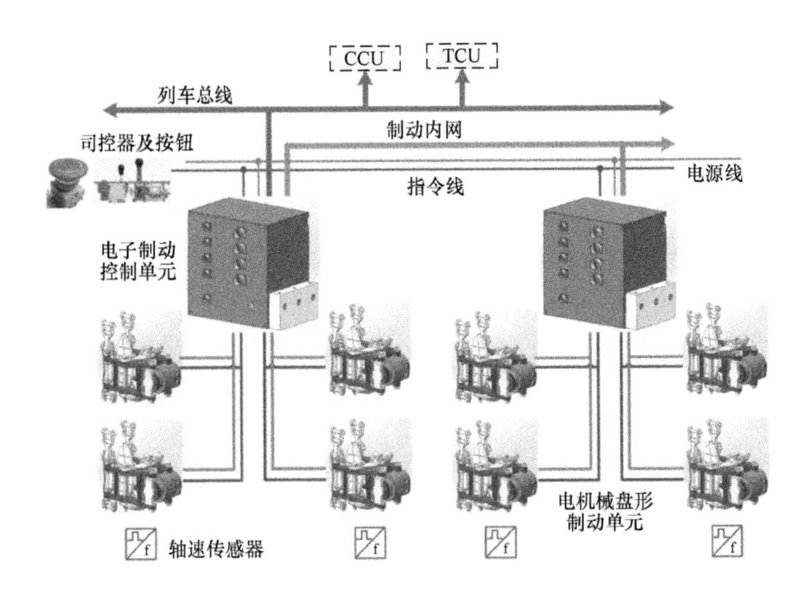

图 3.1　轨道车辆 EMB 系统组成

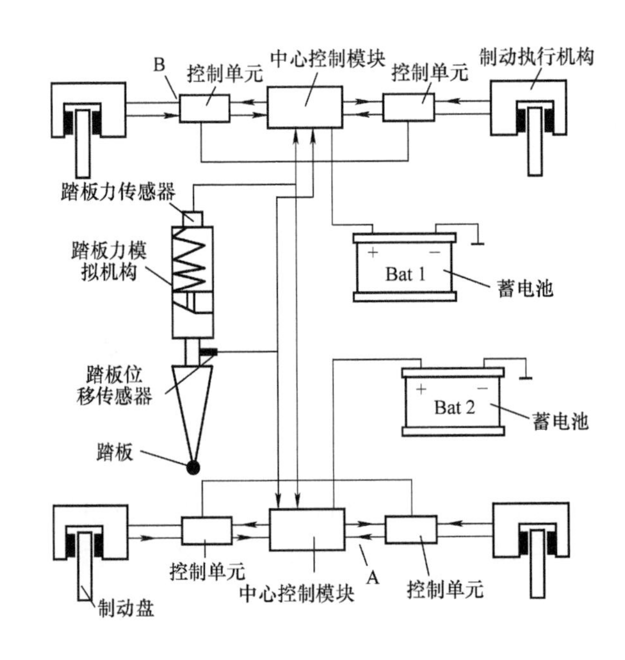

图 3.2　汽车 EMB 系统组成

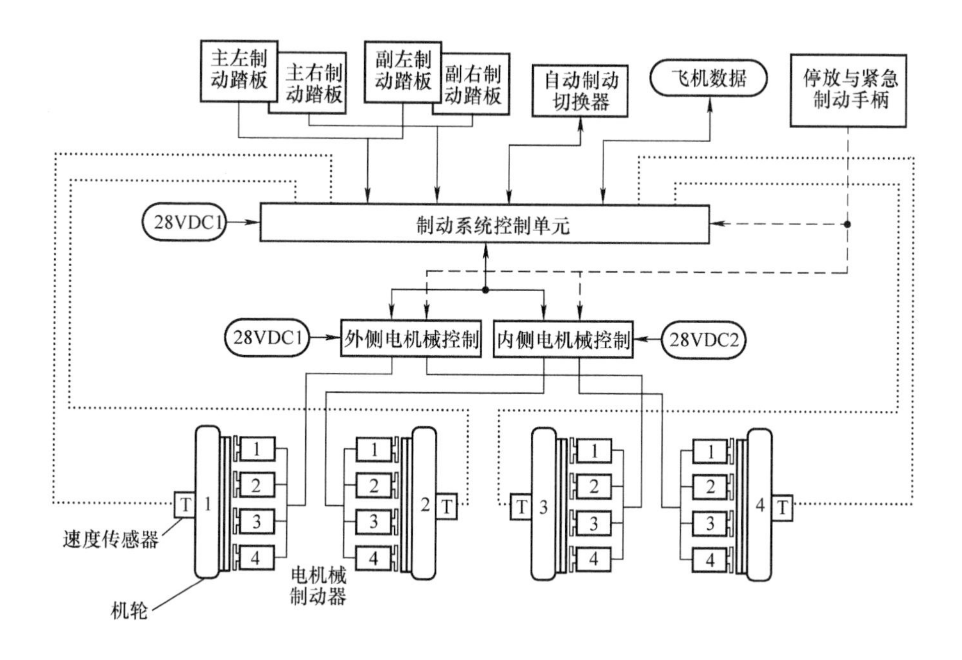

图 3.3　飞机 EMB 系统组成

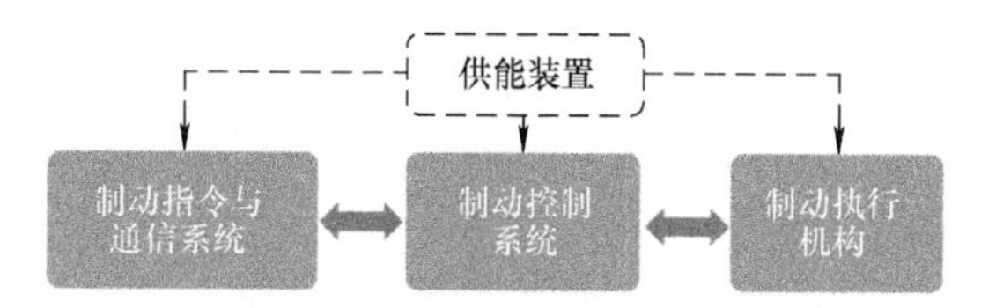

图 3.4　EMB 系统一般组成

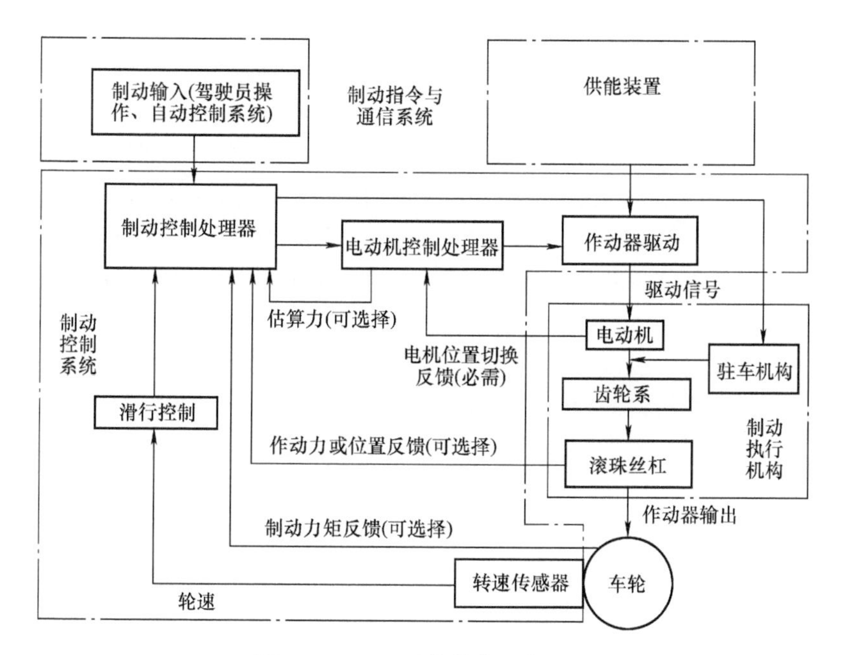

图 3.5　EMB 系统基本工作原理

制动指令一般由驾驶员或自动驾驶系统发出。对于轨道交通车辆而言，司机根据当前列车运行的需要，通过司机控制器（简称司控器）、紧急制动按钮、停放制动按钮发出不同的制动指令，使列车产生相应的制动状态。司机控制器为手动操作方式，应具有缓解（运行）位、有级或无级常用制动位、紧急制动 EB（快速制动、非常制动）位。紧急制动 UB 按钮应为蘑菇头的双稳态型按钮。对于汽车而言，驾驶员通过制动踏板，驻车制动手柄、踏板或按钮发出制动指令；对于飞机而言，飞行员在飞机着陆滑跑时通过制动踏板或手柄、应急制动手柄等发出制动指令。近年来，随着自动控制技术的发展，轨道车辆、汽车和飞机的自动驾驶程度越来越高，同样也可以由自动驾驶系统发出制动指令。

电机械制动系统是一种全电化的制动系统，其制动指令在传输过程中全部以电信号的形式传递，常用的传输手段有 WTB、MVB、CAN、以太网等总线（网络）形式，和以电压、电流来传递模拟量、数字量或 PWM 信号等的硬线形式。

3.2.3 制动控制系统

制动控制系统主要承担制动控制和防滑控制功能，具体包括制动指令的接收和处理，传感器信号的采集和处理，与其他系统间的通信，制动力的计算与可能的多种制动方式间配合和多个制动器间管理分配，制动力的调节（包括制动及防滑控制）以及状态监测、诊断、故障处理及数据存储等功能。

对于轨道交通车辆而言，电子制动控制单元（EBCU）接收与处理司机制动指令，并控制各车的制动。EBCU 采用微处理器控制，具有数字量输入输出接口、模拟量输入输出接口、驱动模块及电源模块等。每辆车的电子制动控制单元，通过列车网络或者硬线接收司机控制器、相应的按钮开关产生的制动指令信号。

电子制动控制单元接收制动指令，根据制动指令和车辆载荷施加制动力，除紧急制动外，制动力按照一定的制动力分配模式施加，一般动车的动力制动优先，不足的部分由拖车和动车的摩擦制动补充，紧急制动时一般仅使用摩擦制动。

车重根据载荷传感器测量值换算得到，在空气簧破裂或载荷传感器输出小于空车车重信号时，或载荷传感器输出大于超员车重信号时，则按超员计算。车辆的载荷信号在列车静止时采集，当列车速度大于一定值时（或采集车门关闭信号）将停止采集，以免受到列车运行过程中的动态影响。

为了提高制动时的乘坐舒适度，防止乘客的损伤或设备损坏，对制动力的变化采用具有时间常数的柔性控制，保证制动冲动小于 $0.75m/s^3$。为了减小停车时动车组冲动，在低速区域（0~20km/h），保证停车距离的前提条件下，采用减小一部分制动力的办法来减小冲动，提高乘客的乘坐舒适度。

制动过程中，电子制动控制单元根据对轴速信号的处理、运算和判断，基于速度差、减速度和滑移率等判据进行滑行检测和控制。防滑时采取轴控方式，制动控制装置判定滑行状态出现后按照设定的模式执行“减力”“保持”“增力”程序，使电机械制动单元输出力减小、保持和恢复。

停放制动通过司机室停放制动施加按钮触发，电机械制动单元内置断电锁死机构，失电保持，能够在停放制动施加后使制动力得到保持。停放制动可通过司机室停放制动缓解按钮一次缓解整列车的停放制动，也可通过其他设定的方式手动缓解。

电子制动控制单元可对系统功能和关键部件状态进行自检，包括电机械制动单元、电子制动控制单元、辅助缓解模块、速度传感器、压力传感器等。如电机械制动系统通过对各个电机械制动单元的电压、电流、电阻等电气参数的实时监控，可以判断电机械制动单元的工作状态是否正常，若某一电机械制动单元发生故障，系统可立即发现并上报，进行报警、诊断、隔离、排除等处理。电子制动控制单元具有数据存储功能，可对系统数据进行记录、存储或上传云端，实现对系统数据的集中存储和管理。

3.2.4 制动执行机构

EMB 系统的制动执行机构一般称为电机械制动器或电机械制动单元（Electromechanical Brake Unit，EBU），用于产生与车辆运动趋势方向或运动方向相反的力，克服车辆的运动趋势或将车辆动能转化为热能并耗散掉。

EMB 系统执行机构组成上包括制动原力产生装置、运动转化机构、力的放大、传输和保持机构以及摩擦副等，功能上需涵盖正常情况下的行车制动和驻车制动，以及故障情况下的应急或备份制动。上述机构或功能可能集成于一套装置也可能独立配置。

实际运用中，一般根据具体需求配置执行机构的结构形式、功能、性能和数量，以及机械、电气等外部接口。

3.3 EMB系统制动计算

3.3.1 一般原理

制动系统的计算一般用于指导系统设计和系统校核。具体的计算方法、范围和侧重点在轨道车辆、汽车和飞机领域各有特点，下面分开阐述。

3.3.2 轨道车辆 EMB 系统制动计算

EN 14531:2019、IEEE 1698:2009 及 TB/T 1407.1—2018 等标准中，给出了关于轨道车辆制动计算的一些指导，实际运用中轨道车辆的制动计算一般按照常用制动、快速制动、紧急制动以及是否有动力制动等多种制动方式，配合形成不同的制动计算工况。此外，还有列车部分制动力切除的降级模式计算工况。制动计算的内容一般包括制动距离和平均减速度计算、停放制动计算以及制动限速计算等。

1. 制动距离和平均减速度计算

列车制动过程中经历了三个阶段：无制动力的纯空走阶段、全列车制动力由零上升至预定值的递增阶段，以及全列车制动力按预定值保持或按设定模式曲线变化的稳定阶段。为了便于计算，通常假定全列车的制动力在制动开始之后的某一瞬间同时开始上升并瞬间突增到预定值。这样列车制动过程就被简化成了两个阶段。如图 3.6 所示，从施行制动到假定制动力突增瞬间的这一阶段为无制动力的空走过程，它所经历的时间称为空走时间，以 t_k 表示，在空走时间内走过的距离称为空走距离，以 s_k 表示；从制动力突增瞬间到列车停止的阶段为有效制动过程，它所经历的时间称为有效制动时间，以 t_e

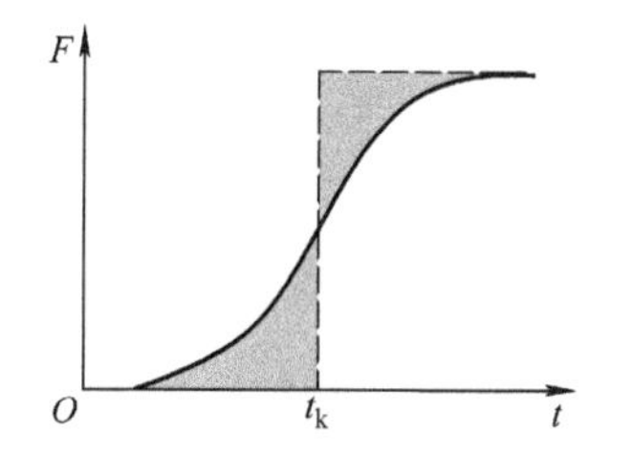

图 3.6 空走时间的定义

表示，在这一段时间内走过的距离称为有效制动距离，以 s_e 表示。

则制动距离 s_b 可按式（3.1）计算：

$$s_b = s_k + s_e \tag{3.1}$$

从施行制动开始到制动力上升至预定值的 10% 为止所经历的时间一般表示为 t_{10}，从施行制动开始到制动力上升至预定值的 90% 为止所经历的时间一般表示为 t_{90}，则空走时间 t_k 可按式（3.2）计算：

$$t_k = \frac{t_{10} + t_{90}}{2} \tag{3.2}$$

列车在空走过程中实际上是在惰行，受到运行阻力的影响其速度并不是恒定不变的，但为了简化计算，通常假定列车在空走时间内速度不变，始终等于制动初速 v_0，运行阻力对列车速度的影响可以修正空走时间的方式进行修正。空走距离计算式为：

$$s_k = v_0 t_k \tag{3.3}$$

不同的车型或者不同的制动工况下有效制动过程的制动距离计算有不同的情形。对于运行速度较低的城市轨道交通车辆如地铁列车，一般一种制动工况对应的减速度是个确定的常数，此时其有效制动距离计算如下式所示，其中 a_e 称为当量减速度，是个常数：

$$s_e = \frac{{v_0}^2}{2a_e} \tag{3.4}$$

列车制动距离与平均减速度的关系满足式（3.5）：

$$s_b = \frac{{v_0}^2}{2a_s} \tag{3.5}$$

这种情形下，列车制动全过程的平均减速度满足如下关系，公式变形可得式（3.6）和式（3.7）。式（3.6）可用于当量减速度设计，根据确定初速下的平均减速度要求计算当量减速度，并确定制动系统设计最大制动力，用于电机械制动单元的设计和选型。式（3.7）和式（3.5）结合可用于平均减速度和制动距离的校核，确定制动性能是否满足设计要求。

$$\frac{{v_0}^2}{2a_s} = v_0 t_k + \frac{{v_0}^2}{2a_e} \tag{3.6}$$

$$a_e = \frac{v_0 a_s}{v_0 - 2a_s t_k} \tag{3.7}$$

$$a_s = \frac{v_0 a_e}{v_0 + 2a_e t_k} \tag{3.8}$$

但对于城际列车或者高速动车组，a_e 除与制动工况有关外，一般也随列车速度变化，即制动模式曲线（图 3.7），同时列车基本运行阻力和摩擦副摩擦系数也随速度变化，上述因素共同影响列车实际的减速度，故在制动工况确定的条件下 a_e 可表示为速度的函数［式（3.9）］，故式（3.4）就不再适用。此情形下，制动距离可用积分法进行计算：

$$a_e = f(v) \tag{3.9}$$

$$s_e = \int ds = \int v dt = \int \frac{v}{a} dv = \int \frac{v}{f(v)} dv \tag{3.10}$$

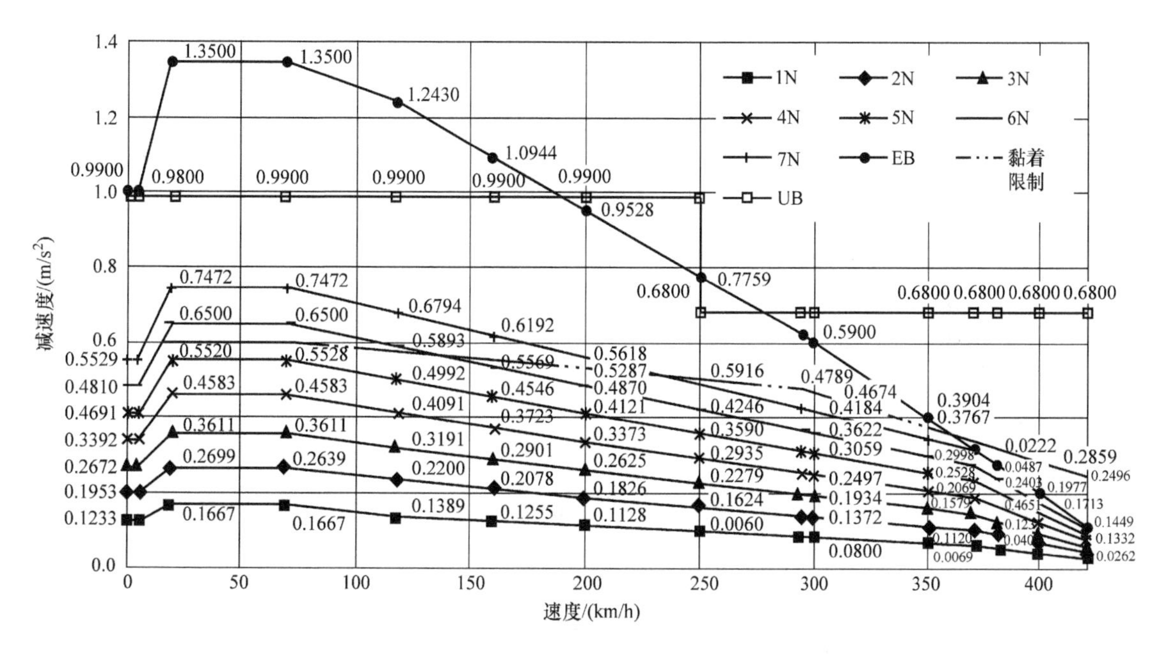

图 3.7 制动模式曲线

由于 $f(v)$ 随速度改变，对上式直接计算较为复杂，一般可采用“分段累积法”来近似代替“直接积分法”，即把制动过程按速度分成若干个小的区间，每个区间的速度间隔之内假定其减速度不变，以 a' 表示，则 v_1 到 v_2 区间的制动距离可表示为式（3.11），有效制动距离表示为式（3.12）。

$$\Delta s = \frac{1}{a'} \int_{v_1}^{v_2} v dv = \frac{{v_2}^2 - {v_1}^2}{2a'} \tag{3.11}$$

$$s_e = \sum \Delta s \tag{3.12}$$

值得注意的是，上述制动计算针对都的是平直道工况，若要校核一定坡度的线路上的制动性能，则可采用修正当量减速度的方式，将修正后的当量减速度代入式（3.8）计算坡道上的实际制动距离。修正后的当量减速度 a_e' 如式（3.13）所示：

$$a_e' = a_e + \sin(\arctan\theta) \tag{3.13}$$

式中 θ——线路的加算坡度，上坡为正，下坡为负。

根据式（3.7）确定的当量减速度可以计算制动力。全列车总制动力可按式（3.14）计算，式（3.14）中 γ 为回转质量系数，表示列车所有回转部件的回转动能的折算平移质量与整列车质量之比，具体计算方法和一般取值可参考文献 [1]，M 为列车质量。

$$F = (M + \gamma)a_e \tag{3.14}$$

根据当前制动工况下的制动力分配模式、动力制动能力，可以得到每辆车或每个转向架的动力制动力和摩擦制动力的分配值。在切除某几辆车或某几个转向架的摩擦制动力之后，可以基于剩余未切除部分的制动力，按照与上述流程逆向的过程，计算该降级模式下列车的平均减速度和制动距离，以校核降级模式下的制动性能。

2. 停放制动计算

上文的计算是列车运行过程中施行制动的计算，可称为行车制动计算。停放制动的计算思路与之相反，行车制动是从减速度出发计算制动距离和制动力，停放制动计算则是从设计停放制动力出发校核其安全系数。

当列车停在坡度为 θ 的坡道上时，由于重力的作用，会产生一个沿坡道向下的作用力 F_θ[见式（3.15）]，使列车有下溜的运动趋势。停放制动施加后，由于摩擦力矩的作用，会在轮对的车轮直径处产生一个制动力 F_p[见式（3.16）]，克服使列车下溜的力，使列车可以静止停在坡上：

$$F_\theta = Mg\sin(\arctan\theta) \tag{3.15}$$

$$F_p = n_{sp}K_p\varphi_s\frac{2r_m}{D_R} \tag{3.16}$$

式中 n_{sp}——安装停放制动的制动盘数（盘形制动方式）或车轮数（踏面制动方式）；
K_p——停放制动设计夹紧力（双侧）；
φ_s——摩擦副的静摩擦系数；
r_m——摩擦半径；
D_R——车轮滚动圆直径。

根据式（3.15）和式（3.16）可确定停放制动的安全系数 s_p。

$$s_p = \frac{F_p}{F_\theta}$$

3. 制动限速计算

制动限速又称紧急制动限速，即紧急制动距离限值内停车的最高允许速度。为确保行车安全，世界各国都根据本国铁路情况（主要是列车速度、信号和制动技术等）制订出自己的制动距离标准——紧急制动距离限值，即最大允许值，又称计算制动距离。中国铁路总公司《铁路技术管理规程》对普速列车和动车组列车在任何线路下的紧急制动距离进行了规定（表 3.1）。

表 3.1 《铁路技术管理规程》中普速列车和高速动车组紧急制动距离

列车类型	最高运行速度 / (km/h)	紧急制动距离限值 /m
旅客列车（动车组列车除外）	120	800
	140	1100
	160	1400
特快货物班列	160	1400
快速货物班列	120	1100
货物列车（货车轴重 <25t，快速货物班列除外 ）	90	800
	120	1400
货物列车（货车轴重≥ 25t）	100	1400
动车组列车	200	2000
	250	3200
	300	3800
	350	6500

根据紧急制动距离和制动性能，可以确定特定列车在指定坡度的线路上的紧急制动限速。紧急制动限速可作为列车自动驾驶或保护装置等对列车运行速度进行控制的依据之一。

紧急制动限速计算的基本原理是根据紧急制动距离逆推制动初速，相当于上文所述的制动距离计算的逆过程，这里不再赘述。

3.3.3　汽车 EMB 系统制动计算

汽车制动计算与轨道车辆制动计算有一定区别。由于汽车制动时前、后轮轴荷转移现象明显且要求的制动减速度较大，在制动系统设计时需要考虑制动力的分配和附着系数的利用程度。主要涉及的计算项点如图 3.8 所示。

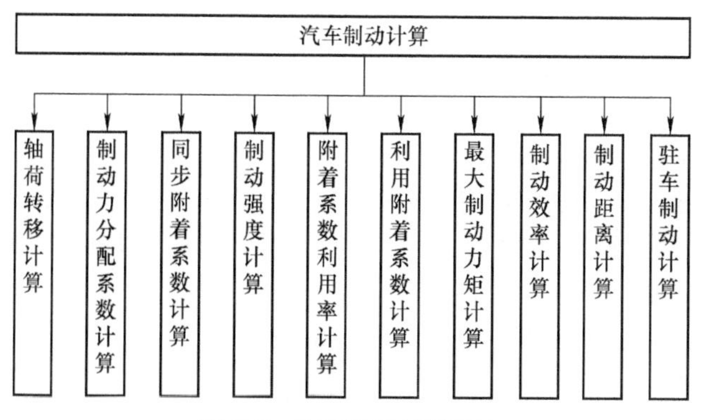

图 3.8　汽车制动计算项点

以 2 轴汽车为例，制动系统设计的期望是当出现抱死时，前、后轮可同时抱死，由此需要合理分配前、后轮制动器的制动力。理想的制动力分配曲线如图 3.9 中 I 曲线所示，其在满载和空载下有所区别。实际上，常将前后轮制动器的制动力之比简化为一个定值，相应的制动力分配曲线以图 3.9 中的 β 线表示。现代汽车多装有比例阀或感载比例阀等制动力调节装置，可根据制动强度、载荷等因素来改变前、后制动器制动力的比值，使之接近于理想制动力分配曲线。

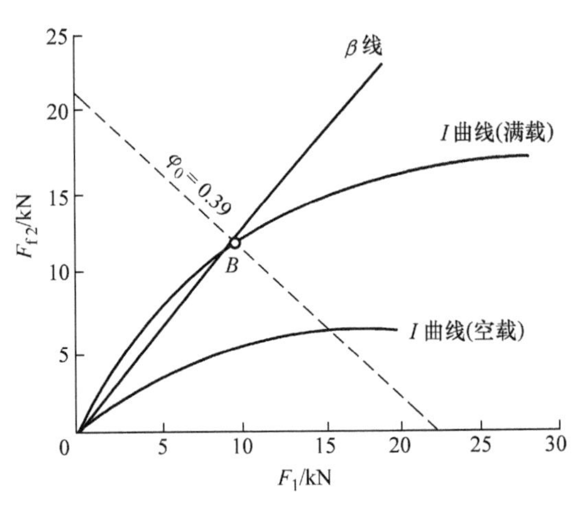

图 3.9 制动力分配 *I* 曲线和 *β* 线

β 线与 *I* 曲线的交点对应的附着系数称为同步附着系数，对于前、后轮制动器制动力分配系数为固定值的汽车，只有在附着系数等于同步附着系数的路面上制动时，才可能出现前、后轮同时抱死。此时，制动强度等于附着系数。当汽车在其他附着系数路面上制动时，前、后轮将不同时抱死，当前轮或后轮即将抱死时的制动强度小于附着系数。

制动距离和驻车制动的相关计算与轨道车辆类似。制动距离计算中将制动过程分成驾驶员识别障碍物、做出反应、操纵制动踏板、制动器响应、制动力建立到制动力作用等若干阶段。可以据此计算实际制动距离，也可以根据制动距离和初速度计算汽车的平均减速度。驻车制动计算是根据要求的最大停驻坡度计算驻车制动力矩的设计值。一般要求各类汽车的最大停驻坡度不小于 16%，汽车列车的最大停驻坡度在 12% 左右。

关于汽车轴荷转移、制动力及其分配系数、同步附着系数、制动强度、附着系数利用率、利用附着系数、制动效率及制动距离、减速度和驻车制动力等的详细工程计算，可参考文献 [2] 等汽车领域专业资料。

3.3.4 飞机 EMB 系统制动计算

飞机制动系统计算的目的主要是指导制动装置的设计，由于飞机结构及其运用方式的特殊性，除设计制动力矩和制动距离计算之外，还涉及静制动力矩计算和制动能量计算等。

（1）设计制动力矩计算

设计制动力矩又称计算制动力矩，一般采用的估算方法有两种，一种是基于质量和设计减速度计算，另一种是基于载荷和设计附着系数计算。

（2）制动距离计算

飞机制动时一般前轮不制动而仅主轮制动，因此制动时的主轮卸载问题需要考虑，此外在制动距离计算时也要考虑飞机气动阻力、发动机向前剩余推力和飞机升力等的影响。

（3）静制动力矩计算

飞机设计时，要考虑飞机在起飞线上当发动机在起飞推力下工作时仍能使飞机保持静止，由此可计算静制动力矩。

（4）制动能量计算

制动装置吸收的能量计算方法有两种，一种为经验公式法，根据各标准规范中给出的公式进行计算；另一种为理论计算法，建立在动力学和空气动力学的原理基础上，用数学和图解分析的方法进行计算，计算中考虑能量、机翼升力、载荷和能量的分配及环境等因素。

详细的工程计算可参考文献 [3] 等专业资料。

3.3.5 EMB 系统功耗计算

从能量的角度分析，EMB 系统是采用电能直接转化为机械能施加制动力，制动过程中将列车动能通过摩擦转化为热能耗散掉的一种制动系统。它的用电功率（输入功率）和制动功率可以量化计算。

（1）输入功率计算

EMB 系统的输入功率是在轨道交通车辆、汽车或飞机整体设计时应考虑的指标之一：

$$P_{\text{in}} = nU_{\text{in}}I_{\text{in}} \tag{3.17}$$

式中　n——电子制动控制单元数量；

U_{in}、I_{in}——电子制动控制单元的输入电压和输入电流。

（2）制动功率计算

制动功率是制动时单位时间内所转移的车辆或飞机的动能，可按式（3.18）计算：

$$P_{\text{b}} = \frac{\frac{1}{2}Mv^2 + \frac{1}{2}I\omega^2}{t} \tag{3.18}$$

式中　M——轨道交通车辆、汽车或飞机的质量；

v——机身或车身的制动初速；

I——转动部件的转动惯量；

ω——转动部件的角速度；

t——制动时间。

EMB 系统每消耗单位能量的电能可转化的列车动能，可以用来衡量 EMB 系统的工作效率，也可用制动功率与输入功率之比来表示：

$$\eta_{\text{e}} = \frac{P_{\text{b}}}{P_{\text{in}}} \times 100\% \tag{3.19}$$

参考文献

[1] 饶忠 . 列车制动 [M]. 2 版 . 北京：中国铁道出版社，2010.

[2] 刘惟信 . 汽车制动系的结构分析与设计计算 [M]. 北京：清华大学出版社，2004.

[3] 《飞机设计手册》总编委会 . 飞机设计手册：第 14 册，起飞着陆系统设计 [M]. 北京：航空工业出版社，2002.

[4] 布罗伊尔，比尔，等 . 制动技术手册 [M]. 北京：机械工业出版社，2011.

[5] 柯尔 . 汽车工程手册：美国版 [M]. 田春梅，等，译 . 北京：机械工业出版社，2012.

[6] 《汽车工程手册》委员会 . 汽车工程手册 . 设计篇 [M]. 北京：人民交通出版社，2001.

[7] REiF K. Brakes, Brake control and driver assistance systems[J]. Bosch Professional Automotive Information, 2014.

[8] 张猛 . 电子机械制动系统（EMB）简介 [J]. 汽车电器，2005（6）：3-5.

第4章 EMB 控制系统

电机械制动控制系统主要包括传感器和控制器，在制动过程中，它们主要承担制动控制和防滑控制功能，具体包括制动力的计算与可能的多种制动方式间的配合，以及多个制动器间管理分配、制动力调节、防滑过程控制、ESP 紧急电源管理，还有状态监测、诊断、故障处理和数据存储等功能。

4.1 制动力管理

制动力管理是机械制动控制系统依据司控器（司机或自动驾驶系统）发出的指令，计算出整体的制动 / 缓解状态，并将该整体状态下的制动力按照需求，分配到每一个制动执行单元的过程。对于轨道交通车辆、汽车和飞机而言，三者针对制动力的管理各有特点，下面分别阐述。

4.1.1 轨道交通车辆制动力管理

轨道交通车辆制动力管理分为制动力配合和制动力控制模式。制动力配合指多种制动方式之间的制动力分配，制动力控制模式则分为理论制动力控制模式、速度黏着控制模式、减速度控制模式。

1. 制动力配合

现有的轨道交通车辆制动系统中，多以再生制动与摩擦制动配合的方式实现列车制动过程。而目前轨道交通车辆再生制动与摩擦制制动的配合方式大致分为两种：均匀制动控制和摩擦制动滞后控制。

（1）均匀制动控制

均匀制动控制运用于单车控制模式下，通常建立在各车辆制动能力均匀分配的基础上，各个车辆根据制动指令的要求，各自承担自己需要的制动力。由于拖车没有再生制动，所以不存在制动力配合问题；动车在制动时，优先使用再生制动；当再生制力不能满足要求时，不足部分由动车自身的摩擦制动补足。

采用均匀制动控制策略时，由于拖车所需的制动力完全由自身产生的摩擦制动力承担，因此拖车的闸片摩擦制动力要比有再生制动力的动车多，因而拖车闸片的磨耗也远大于动车。此外，在制动级别较低的情况下，单车控制模式还存在动车制动能力过剩，再生制动不能充分利用的弊端。

均匀制动控制特点为：采用均匀制动控制方式，各车辆各自承担自己需要的制动力。拖车所需的制动力将全部由自己的摩擦制动承担，动车的闸瓦磨耗要比有再生制动的动车多。

（2）摩擦制动滞后控制

摩擦制动滞后控制运用于多车控制模式下，多车模式又分为单元控制和编组控制两种控制方式。单元控制是在动力分散动车组的固定单元内的车辆间，实施充分利用再生制动能力的摩擦制动滞后控制策略；编组控制则是在整个列车编组内，实施摩擦制动滞后控制策略。相对于单车模式，多车模式能更充分地利用再生制动能力。多车模式是建立在列车制动能力分布不均匀的基础上，设计时必须要考虑列车对制动能力分布不均匀的承受能力，以及黏着条件的限制，在充分发挥再生制动能力时，要尽量避免动力轴滑行。列车制动信息的交换速度必须足够快，避免由于信息交换不及时而造成车辆间制动力的叠加引起冲动，或者反叠加引起制动距离过长。

在多车模式下的摩擦制动滞后控制中，列车各车辆共同分担制动力，当各车辆轮轨间的制动力不超过黏着限制的范围时，提高某一车辆的制动力而减少其他车辆的制动力，也可以使整个列车编组取得同样的目标减速度。因此，摩擦制动滞后控制在不超过黏着限制的范围内充分利用动车的再生制动力，不足部分再由拖车的摩擦制动力补充，这样可以节约能源，降低拖车机械制动部件的磨耗。

依据等黏着与等磨耗两种不同的原则，摩擦制动滞后控制可具体分为拖车摩擦制动优先补足控制和动车拖车摩擦制动均衡补足控制。

1）拖车摩擦制动优先补足控制。基于使动车、拖车的轮轨黏着力在制动过程中基本保持一致的“等黏着”原则，在拖车摩擦制动优先补足控制中，拖车所需制动力首先由动车的再生制动承担；当再生制动力不足时，优先以拖车的摩擦制动力作为补充，直至拖车摩擦制动力达到某一黏着力限制，如果此时制动力还不能使列车达到规定减速度，则再以动车摩擦制动力作为补充。

拖车摩擦制动优先补足控制特点为：在基于摩擦制动滞后控制的拖车摩擦制动优先补足策略中，拖车施加摩擦制动力的频率高于动车，拖车闸片和制动盘磨耗大于动车。但是，该策略下动车和拖车产生的制动力都小于各车的黏着力限制，因此动车和拖车轮对发生滑行的概率较低。

2）动车拖车摩擦制动均衡补足。动车拖车摩擦制动均等补足控制策略主要基于使动车和拖车的制动盘与闸片的磨耗一致的“等磨耗”原则。在制动时仍然优先使用动车的再生制动，当其再生制动力不足或失效时，将需要补充的摩擦制动力在各车均衡分配，即动车、拖车均施加一定的摩擦制动力，从而使得摩擦制动过程中动车、拖车闸片和制动盘的磨耗基本一致。即等磨耗。

动车拖车摩擦制动均衡补足特点为：在基于摩擦制动滞后控制的动车拖车摩擦制动均衡补足策略中，能够基本达到使动车、拖车闸片和制动盘在制动过程中的磨耗量相同的要求，即表明根据动车和拖车每轴制动盘数量分配其摩擦制动力的方案是可行的。该策略的不足之处在于，由于动车在充分发挥其再生制动力的同时还要产生摩擦制动力，因此动车产生的总制动力大于拖车总制动力，并且十分接近动车的黏着力限制；一旦动车防滑装置工作不良就有可能导致动车轮对滑行，车轮踏面擦伤。

2. 制动力控制模式

（1）理论值动力控制模式

理论制动力控制是指在制动控制时，制动控制系统根据制动指令，采用理想的闸瓦摩擦系数，并不考虑黏着条件，计算得到所对应的摩擦制动力。在整个制动过程中制动力根据速度区段来调整制动力大小（如图 4.1 中白线所示），或者制动力设一个较小值，制动过程中保持不变（如图 4.1 中红线所示）。

这种控制模式对参与控制的软硬件要求较低，实现较容易，但黏着利用率较低，且由于实际摩擦系数与理想摩擦系数的差异，会使实际制动效果偏差较大，因而要达到精确控制制动距离比较困难。

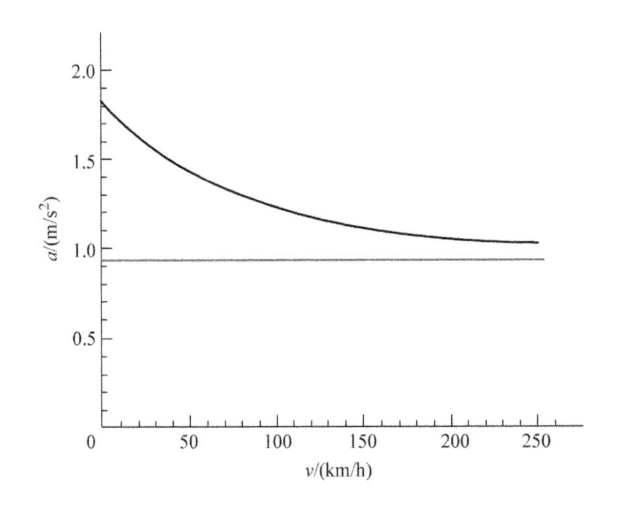

图 4.1　制动力控制示意图（见彩插）

（2）速度黏着控制模式

速度黏着控制是在理论制动力控制基础上，在高速区段制动力可变，制动力略小于根据黏着曲线计算所得的制动力限值。理论减速度方法采用设定的闸瓦摩擦系数，并考虑理想的黏着条件限制，计算得到列车在平直道上的减速度。制动控制系统根据理论减速度计算所需的摩擦制动力来实施控制。速度黏着控制较好地利用黏着，制动距离较短，避免了不必要的滑行，并且有利于缩短制动距离。虽然速度黏着控制比制动力控制有很大进步，但由于其控制基础采用在平直道的情况下得到的理论减速度，并不考虑在列车实际运行过程中如坡道变化、闸瓦摩擦系数变化等等的不确定参数对列车实际减速度的影响，因而其实际控制效果跟期望效果仍存在一定区别。

（3）减速度控制模式

直接利用制动减速度作为反馈值，根据减速度目标值与制动减速度实际值的差别来调整制动力大小，这种方法称为减速度控制。减速度控制虽然对控制技术要求较高，但能大大提高制动控制精度。

4.1.2　汽车制动力管理

汽车制动力分配的目标是在平整的路面、部分制动状态有一个平稳的行驶性能。理想的情况是在每次减速时，在各个车轮上都能同时和充分利用轮胎和路面间提供的附着系数。一般来说，在两轴整体式车架车辆上，前轮和后轮所承载的垂直载荷并不相等。在制动时，由于前轴载荷增加，而同时后轴载荷减轻而出现“动态载荷”，该动态载荷取决于静态载荷、汽车重心高度和汽车减速度。为了有效利用轮胎与路面之间的附着力，汽车前后桥之间的制动力必须以可控的智能方式保持一定的比例关系。该比例关系计算如下。

记汽车减速度 b 与重力加速度 g 之比为 z：

$$z = \frac{b}{g} \tag{4.1}$$

汽车纵向重心位置 l_v 与轴距 l 之比为 φ：

$$\varphi = \frac{l_v}{l} \tag{4.2}$$

汽车垂向重心位置 h_s 与轴距 l 之比为 X：

$$X = \frac{h_s}{l} \tag{4.3}$$

则与汽车重力 G 有关的前后桥理想制动力（F_{BV} 和 F_{BH}）为：

$$\frac{F_{BV}}{G} = \left(1 - \varphi + z \cdot X\right) z \tag{4.4}$$

$$\frac{F_{BH}}{G} = \left(\varphi - z \cdot X\right) z \tag{4.5}$$

因此，在制动时根据轴载的动态转移，可以推导出理想的制动力分配关系。理想的制动力分配如图 4.2 所示，是一个非线性函数。

与此相对的，在车辆上通过确定的车轮制动器元件所实现的制动力分配是线性的，也就是说，在前后桥上输入的制动力之间的关系是线性的。

然而，通过输入的制动力分配，不可能在所有的轴载情况下，在所有的附着系数和减速度区域内，使两车轮同时抱死。大部分情况下输入的制动力分配与理想的制动力分配提前相交。按照法规规定，车辆减速度在 0.8g 以内，前轮必须先于后轮抱死，因为后轮抱死会导致车辆行驶不稳定。使用“电子制动力分配”（EBD）功能可以与载重无关地限制后桥制动压力的升高，不使其超过理想的制动力分配状况，以限制后轮抱死。

在弯道行驶中，同一车桥上的两个车轮上所分配的制动力不同，这是因为横向加速度会导致轮载变化，正如制动会导致轴载变化一样。通过电子防滑调节系统（ABS）与 EBD 共同作用，可按照行驶状况，在理想的制动力分配范围内，实现各车轮的独立制动力分配，以保证车辆的动态稳定。

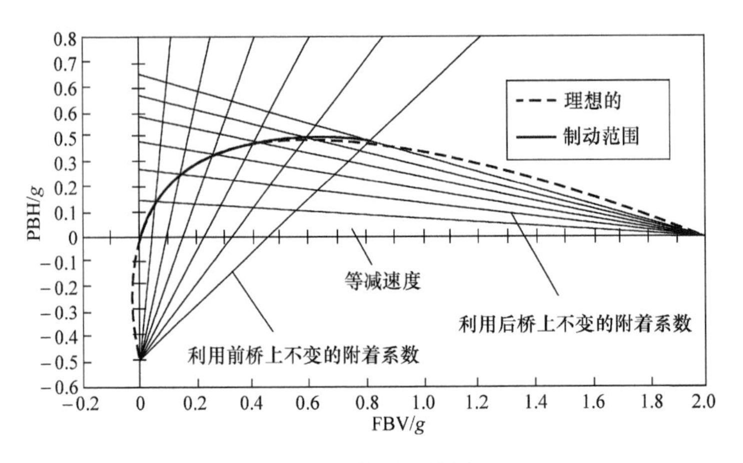

图 4.2　制动力分配

4.1.3　飞机制动力管理

飞机制动系统主要由三个部分组成。

①反推力制动装置：通过发动机反转，产生与飞机运动方向相反的推力，使飞机减速。

②气动制动装置：通过打开安装在机翼或机身上的扰流板，增大空气阻力以降低飞机速度。

③机轮制动装置：以液压、气压或电动机为动力源，通过手动或脚踏的操纵方式，控制安装于机轮上的摩擦制动器产生压力，将飞机动能转化为摩擦副热能，从而使飞机减速。

当飞机着陆后，主机轮和飞机前轮接地进入滑跑的状态，反推制动和气动制动开始工作，在飞机高速滑行阶段，该两种制动方式对飞机减速起到主要作用；待飞机的机轮达到规定的制动速度范围后，机轮制动开始作用；随着滑行速度降低，反推制动的气动制动产生的制动力逐渐降低，机轮制动产生的制动力占比逐渐增大；当滑行速度降低到一定值时，反推制动关闭，气动制动仅产生极小的作用，飞机主要依靠机轮制动进行减速，直至飞机停止滑行。

4.2　EMB 制动力调节

对于传统的气制动系统或液压制动系统而言，制动力的调节是通过控制气压或液压的压力方式得以实现。而对于电机械制动系统，制动力调节本质上是对电机械制动执行机构的夹紧力的调节。在制动过程中，电机械制动控制系统，根据目标夹紧力值控制电机械制动执行机构，产生相应的夹紧力，其控制要求是实际夹紧力能快速、准确地跟随目标夹紧力。

夹紧力产生系统框图如图 4.3 所示。

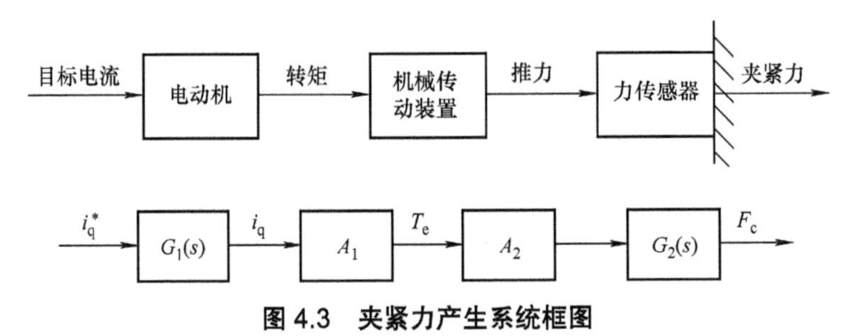

图 4.3　夹紧力产生系统框图

对于电机械制动执行机构而言，其控制输入的指令电流信号 i_q^*，以及其输出的转矩 T_e 与实际电流 i_q 理论上是成正比的。其比值可用 A_1 表示，表达式为：

$$A_1=\frac{T_e}{i_q}=\frac{3}{2}p_n\psi_r \tag{4.6}$$

机械传动部件在设计时一般都有理论传动倍率，即输入转矩和输出推力的比值，这里用 A_2 表示。于是，电机械制动装置的输出夹紧力 F_c 和电流 i_q 理论比值是：

$$\frac{F_c}{i_q}=A_1A_2 \tag{4.7}$$

所以，理论上想要使电机械制动执行机构产生大小为 F_c^* 的夹紧力，那么只要让其输入电流大小为 $\frac{F_c^*}{A_1A_2}$ 的指令即可。

然而，实际过程中电动机由于转子阻尼作用、磁势高次谐波、定子 / 转子铁心磁链饱和，以及磁滞等损耗，输出转矩和输入电流实际比值与理论比值 A_1 有很大误差；而机械传动部件由于加工误差、装配误差和阻力存在，输出推力和输入转矩实际比值与理论比值 A_2 也有很大误差。所以夹紧力控制需设计适当的算法，以闭环方式实现。

4.2.1　PI 控制

PID 控制是控制理论中最为经典、运用最为广泛的一种控制方法，其具有原理易懂、通用性强、实现简单等特点。但由于带噪声的夹紧力信号较难获得良好的微分信号，对于夹紧力的控制在 PID 控制的基础上去除微分项，即为 PI 控制。PI 控制系统框图如图 4.4 所示。

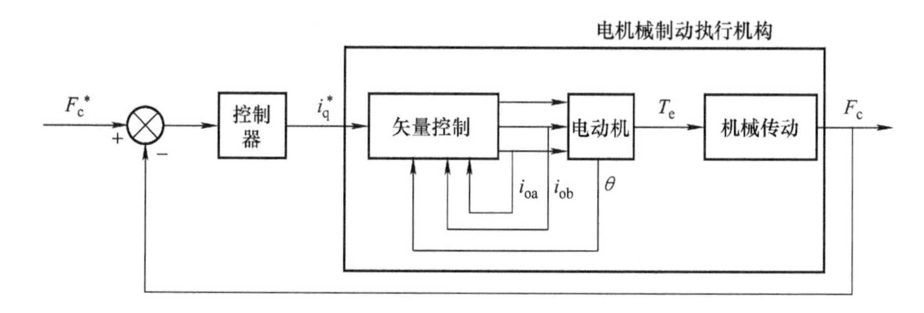

图 4.4　PI 控制系统框图

PI 控制运用在电机械控制中，其表达式为：

$$\begin{cases}e_c=F_c^*-F_c\\ u=k_pe_c+k_i\int_0^t e_c\mathrm{d}t\end{cases} \tag{4.8}$$

式中　e_c——夹紧力目标值与实际值的差值；

k_pe_c——比例项，其中 k_p 为比例系数；

$k_i\int_0^t e_c\mathrm{d}t$——积分项，其中 k_i 为积分系数。

PI 控制中，比例项利用误差调节误差，理论上只要 k_p, A_1, A_2 三者乘积很大，系统稳态误差将很小；积分项利用误差的累积以消除系统稳态误差。

4.2.2　模型参考自适应控制

模型参考自适应控制的原理是：首先根据控制对象特性选择一个接近控制对象且参数固定的参考模型，并在控制器输出之前增加一个待调节增益，然后将被控对象目标值同时输入参考模型与控制对象，计算参考模型的输出与被控对象测量值的误差，最后将误差输入到自适应机构，调节待调节增益，使参考模型与被控对象的误差趋于0。电机械制动夹紧力模型参考自适应控制系统框图如图4.5所示。

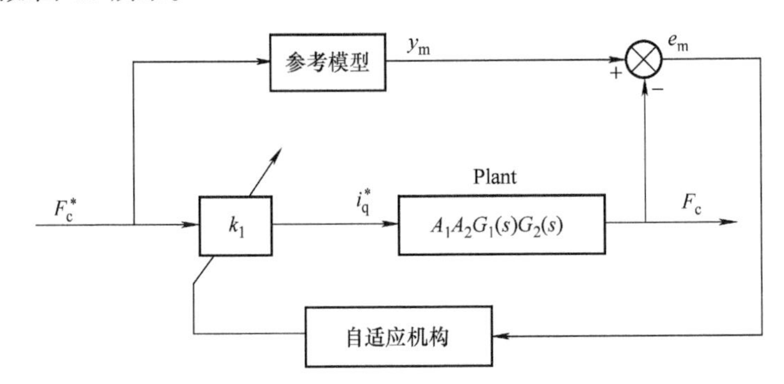

图 4.5　模型参考自适应控制系统框图

图4.5中，k_1为待调节增益，y_m为参考模型的输出，e_m为参考模型输出与被控对象的误差。为使e_m逐渐收敛于0，引入性能指标函数J_m为：

$$J_m = J_m(k_1) = \frac{1}{2}e_m^2 \tag{4.9}$$

J_m是待调节增益k_1的函数。为使J_m取极小值，比较合理的做法是沿J_m的负梯度方向调节变量k_1，即：

$$\bar{k}_1 = \frac{\mathrm{d}k}{\mathrm{d}t} = -\gamma_1 \frac{\partial J_m}{\partial e_m}\frac{\partial e_m}{\partial k_1} = -\gamma_1 e_m \frac{\partial e_m}{\partial k_1} \tag{4.10}$$

式中　γ_1——可调节参数。

电机械制动夹紧力开环响应时间非常快，所以这里将参考模型简单处理成比例环节，增益为1。于是：

$$e_m = y_m - F_c = (1 - k_1A_1A_2G_1(s)G_2(s))F_c^* \tag{4.11}$$

$$\frac{\partial e_m}{\partial k_1} = -A_1A_2G_1(s)G_2(s)F_c^*$$

所以，自适应机构的自适应率为：

$$\bar{k}_1 = -\gamma_1 e_m \frac{\partial e_m}{\partial k} = -\gamma_1 e_m A_1A_2G_1(s)G_2(s)F_c^* \approx \gamma e_m F_c^* \tag{4.12}$$

式中　γ——自适应增益。

根据该自适应率调节增益k_1，最终控制律（控制器输出）为：

$$i_q^* = k_1F_c^* \tag{4.13}$$

4.2.3　自校正控制

自校正控制也是自适应控制理论中的一类方法，适应非线性时变系统。它的原理是：首先通过利用控制量与被控对象设计递推算法，估计出机械阻力 f，再利用前馈补偿，使夹紧力得到精确控制。它的系统框图如图 4.6 所示。

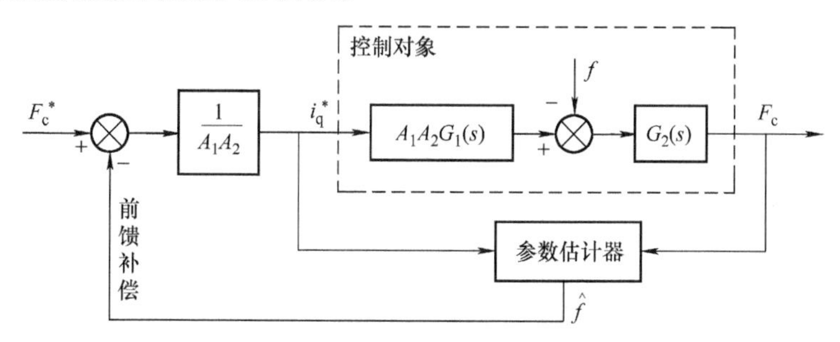

图 4.6　自校正控制系统框图

图 4.6 中，$\hat{f}$ 是对机械阻力的估计。

电机械制动装置的输出 F_c 与输入 i_q^* 的关系为：

$$F_c(k) = A_1A_2G_1(s)G_2(s)i_q^*(k) - G_2(s)f(k) \tag{4.14}$$

式中　k —— k 时刻。

机械阻力 f 的参数估计算法为：

$$\hat{f}(k) = \frac{1}{k}\sum_{i=1}^{k}[A_1A_2\hat{G}(s)i_q^*(k) - F_c(k)] \tag{4.15}$$

式中　$\hat{G}(s)$——对控制对象中 $G_1(s)G_2(s)$ 的估计（辨识）。

转换为递推公式为：

$$\hat{f}(k+1) = \frac{1}{k+1}[k\hat{f}(k) + A_1A_2\hat{G}(s)i_q^*(k) - F_c(k)] \tag{4.16}$$

从统计观点上看，上式对于机械阻力 f 的估计属于算术平均法，即对历史数据——$A_1A_2\hat{G}(s)i_q^*(k)$ 与系统输出 $F_c(k)$ 的偏差取平均值。然而对于本系统，因为各种干扰，折算的干扰力是时变的，所以算法应强调新近数据的作用，对于过于陈旧的数据应渐渐遗忘。这可以引入遗忘因子 b，即对于每个历史数据都给予随时间变化的加权系数，按指数加权，递推算法为：

$$d_k = \frac{1-b}{1-b^{k+1}}$$
$$\hat{f}(k+1) = (1-d_k)\hat{f}(k) + d_k[A_1A_2\hat{G}(s)i_q^*(k) - F_c(k)] \tag{4.17}$$

之后将估计出的 $\hat{f}$ 前馈补偿给系统输出，即可使系统实际输出趋近于目标输出。

4.2.4　改进型 PID 控制

按照 4.2.1 小节所述，带噪声的夹紧力信号较难获得良好的微分信号，为了使用 PID 控制中的微分项以提高控制精度，利用跟踪微分器提取夹紧力的微分信号。跟踪微分器采用离散最速反馈系统，其输入是带噪声的夹紧力信号 F_c，输出为夹紧力的微分 $\dot{F}_c$，公式如下：

$$
\begin{cases}
fh = fhan[x_1(k) - F_c(k)_z x_2(k)_z r_z h] \\
x_1(k+1) = x_1(k) + hx_2(k) \\
x_2(k+1) = x_2(k) + hfh \\
\dot{F}_c(k) = x_2(k)
\end{cases}
\tag{4.18}
$$

另外，在目标夹紧力输入中增加一个缓冲过程，也可以适当缓解系统响应的超调。为防止缓冲后的输出不抖动、不超调，本文的缓冲过程采用一阶惯性环节，其输入是目标夹紧力，输出是缓冲后的目标夹紧力 $\hat{F}_c^*(k)$ 和目标夹紧力微分 $\dot{F}_c^*(k)$，如下式所示：

$$
\begin{cases}
x(k+1) = x(k) + h\lambda[x(k) - F_c^*(k)] \\
\hat{F}_c^*(k) = x(k) \\
\dot{F}_c^*(k) = \lambda[x(k) - F_c^*(k)]
\end{cases}
\tag{4.19}
$$

结合增加微分项和缓冲过程，得到了新的 PID 控制方案如图 4.7 所示。

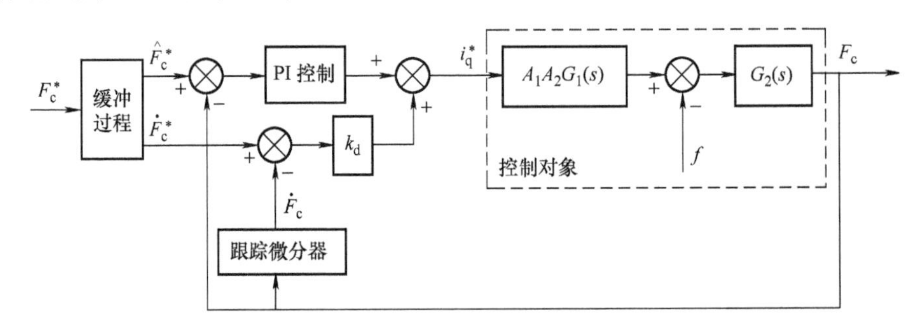

图 4.7 改进型 PID 控制系统框图

4.2.5 其他控制方法

考虑到电机械制动系统的非线性，自适应控制、反步设计法、模糊控制等新型控制方式也是值得探索的制动力调节方法。

4.3 防滑控制

防滑控制包括滑行检测和滑行控制两部分。

4.3.1 滑行检测

常用的滑行检测判据有速度差、减速度和滑移率。

速度差和滑移率的计算离不开载运工具的平动速度，即参考速度（也称基准速度），理想的基准速度应为载运工具的真实速度，但滑行工况下取得这一速度比较困难，所以通常采用其他方法近似。

轨道交通车辆制动时一般选用最高轴速度作为基准速度。全轴滑行的特殊情况，设定一假想第 5 轴速度，以 4 个实轴速度和 1 个假想轴速度共 5 个速度中的最高轴速度作为本车制动滑行检测的基准速度。根据 EN 15595-2011 的规定，基准速度不应超过真实的列车速度，也不应低于真实列车速度的75%。

飞机着陆后的制动过程中，正常情况下，防滑控制系统一般使用ADIRU（Air Data Inertial Reference Unit，大气数据惯性基准组件，民机一般装有三部）提供的水平加速度确定基准速度，如果3部ADIRU都失效，一般取主起落架中的最大轮速值作为基准速度。

（1）速度差

当某一轴的转速与基准速度之差超过某一值时，认为该轴发生滑行，施加防滑控制。

（2）减速度

当各轴以接近的速度同时发生滑行时，速度差无法有效判别，此时需要采用减速度作为判据，当减速度超过设定值时也要施加防滑控制。

（3）滑移率

由于黏着系数与滑移率相关并随速度变化，因此速度差判据的取值也应随速度变化，因此也就有了滑移率作为第三种判据。滑移率一般可按下式计算：

$$\lambda=\frac{v-\omega r}{v}\times 100\% \tag{4.20}$$

式中 v——车速，即车身或机身的平动速度；

ω——轴速或轮速；

r——车轮或机轮的转动半径。

4.3.2 滑行控制

当检测到滑行后，需要控制电机械制动器改变其输出力的大小，根据上文所述的判据决定此刻力的状态，参考传统气压或液压制动系统的控制逻辑以施加控制，对力的改变包括增大、保持和减小三个状态。如图4.8所示，当防滑控制器检测到条件A时即判断发生滑行，立即控制电机械制动器输出力减小，当检测到条件B时即控制输出力保持不变，当检测到条件C时认为黏着恢复，滑行状态解除，控制输出力增大。这一动作过程一般称为一个防滑周期，一个周期内可能发生多次制动力的减小、保持或增大，实际防滑中不断重复上述过程，直到黏着条件真正恢复。

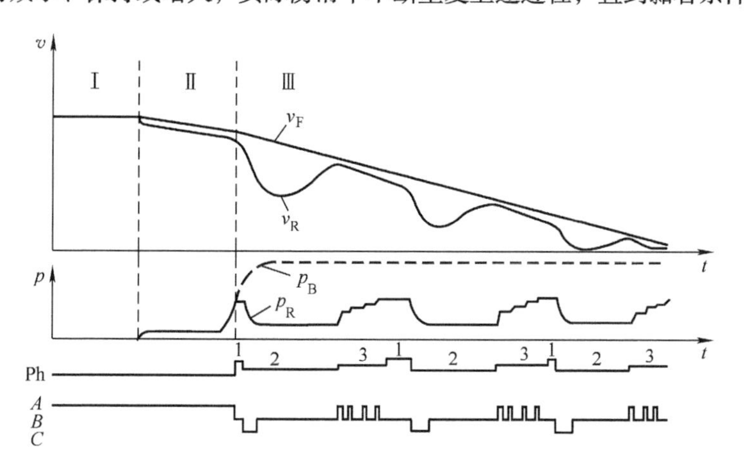

图4.8 防滑控制过程示意

t—时间 p—压力 v—速度 Ph—相位 Ⅰ—未制动行驶 Ⅱ—部分制动 Ⅲ—ABS制动

v_F—运行速度 p_B—操纵压力 v_R—车轮圆周速度 p_R—制动缸压力 A—压力建立 B—压力保持 C—压力降低

汽车的防滑控制需要与车轮行驶状况相匹配，一般对前桥两个车轮分别进行控制，后桥车轮则采用“低选”原则，即有严重抱死危险的一个后轮决定两个后轮的制动压力大小。这虽然会减小后桥车轮上的制动力充分利用，但有利于建立较高的侧向力，从而提高汽车行驶稳定性，通过专门开发的控制算法，ABS 电控单元可适应各种特殊的路面和行驶状况，如水路面、不同附着系数的路面、弯道行驶、汽车甩尾过程、使用备用车轮等情况。

4.3.3 防滑控制展望

上述基于单一速度差、减速度、滑移率或其组合判据的防滑控制方式又称为基于逻辑门限的防滑控制。除了这一传统方法外，近年来发展出的新型控制方式主要是滑移率控制，即将车轮或机轮的滑移率动态地控制在黏着系数（附着系数）最大值所对应的滑移率附近，以最大限度地利用黏着系数。对于编组成列运行的轨道交通车辆而言，采用滑移率控制可以人为地使钢轮 / 钢轨间保持一定的相对滑移，除提高利用黏着系数外，还可以起到清除污垢改善轨面条件的作用，可以改善后续轮对的黏着条件。另外，由于电机械制动系统具有响应快的优势，在实际防滑控制中，可以考虑缩短甚至取消力保持的时间，以更好地改善黏着系数利用率、提高防滑控制效果。

4.4 闸片间隙调整和磨耗在线监测

电机械制动系统针对闸片间隙智能调整和磨耗在线监测的控制逻辑如图 4.9 所示，其控制过程分析如下。

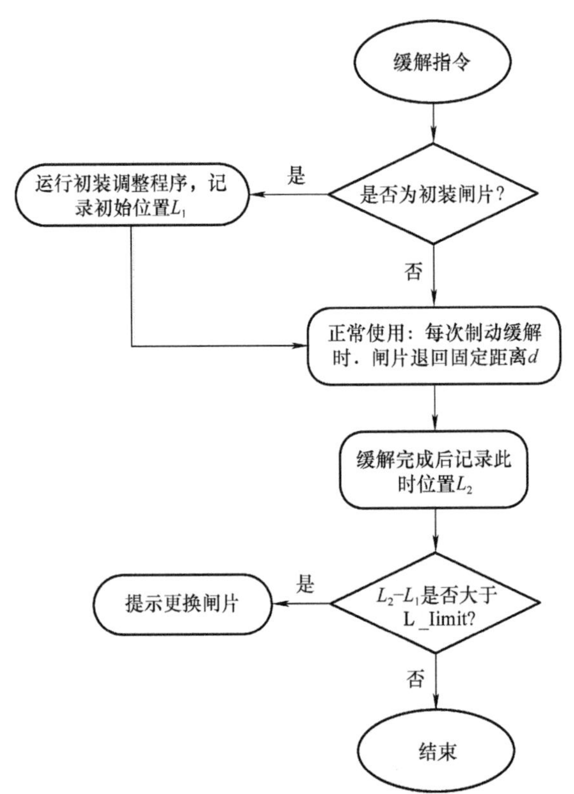

图 4.9 闸片间隙智能调整和磨耗在线监测控制逻辑框图

（1）闸片间隙智能调整

当制动级位为 0 时，或者远程缓解、辅助缓解生效时，制动控制装置控制闸片退回固定的距离 d，以保证闸片与制动盘之间距离保持一致。

（2）磨耗在线监测

初装或每次更换闸片后，制动控制系统需运行初装调整程序，完成一套标准的制动和缓解过程，并记录保存缓解后的位置 L_1。在之后该闸片的使用过程中，每次缓解后都会记录该次缓解后的闸片退回位置 L_2。L_2-L_1 即为该闸片的实时磨耗值。当 L_2-L_1 大于闸片最大磨耗值 $L\lim_{it}$ 时，则系统提示更换闸片。

4.5　备用电源管理

电机械制动系统不同于液压或气压制动系统，电机械制动系统是以电力作为动力源以实现制动功能的。基于制动安全性和可靠性考虑，当轨道交通车辆、汽车或飞机无法正常为电机械制动系统供电的情况下，电机械制动系统仍能完成一定量的制动任务。电机械制动系统需配备合适容量的蓄电池作为备用电源，用以在紧急情况下给电机械制动系统供电，确保电机械制动在紧急情况下仍能完成制动功能。备用电源管理逻辑如下：

1）正常工作情况下：由所属运载工具供应电源给电机械制动系统，同时给备用电源电源进行浮充。保证其有充足的电量进行使用。

2）正常失电情况下：当运载工具正常失电时，备用电源开关关闭，电源处于关闭状态，与外界无电力传递。

3）运载工具损失部分供电能力时：由运载工具给备用电源进行充电，由备用电源给电机械制动系统进行供电，减少蓄电池的供电压力。

4）运载工具损失全部供电能力时：切断备用电源充电回路，由备用电源电源给电机械制动装置进行供电。

5）若备用损坏，切掉该备用电源对应的电机械制动执行机构的制动力，由其他机构进行制动力补充。若无法补充，则该运载工具必须返厂检修。

4.6　故障检测及处理

电机械制动系统属于全电制动方式，较传统制动系统更容易完成故障检测。电机械制动系统主要故障模式有：电源管理故障、网络通信故障、备用电源故障、速度传感器故障、力传感器故障等。

1. 电源管理故障

1）故障检测：当检测到电机械制动控制系统输出电压不满足规定要求时，判定为电源管理故障。

2）故障处理：切换为备用电源供电，上报故障。

2. 网络通信故障

1）故障检测：当与上级网络通信信号中断时，判定为网络通信故障。对于轨道交通车辆，还包括电机械制动控制器之间的网络通信。

2）故障处理：使用备份的网络通信信道完成网络通信，上报故障。

3. 备用电源故障

1）故障检测：检测到备用电源容量不足时，判定为备用电源模块故障；

2）故障处理：对于轨道交通车辆，隔离该制动控制器并由其他制动控制器对应的执行机构补充损失的制动力；对于汽车或飞机应上报故障，返厂检修。

4. 速度传感器故障

1）故障检测：当某一速度传感器无轴速信号反馈或反馈值小于零，判定为轴速传感器故障。

2）故障处理：采用相邻单元的速度传感器值，上报故障。

5. 力传感器故障

1）故障检测：在非滑行状态下，某一力传感器压力大于最大制动力，判定力传感器信号异常偏大；在非滑行状态下，某一力传感器压力小于零，判定力传感器信号异常偏小；当在制动状态下，力传感器反馈信号等于零或无反馈信号，判定力传感器无信号输出或机械结构故障；当在缓解状态下，力传感器反馈信号大于零，判定为力传感器故障或机械结构故障。

2）故障处理：采用相邻单元的传感器值，上报故障。

第5章 EMB 执行机构

电机械制动（EMB）系统执行机构是驾驶员制动意图和交通运输工具制动力的输出单元，是制动系统的核心部分。它的作用是根据驾驶员的制动需求及控制系统的制动力控制，产生合适的摩擦制动力。可以看出，EMB 系统执行机构性能的好坏直接影响制动系统的优劣，也关乎交通运输工具的运用安全。

本章将介绍 EMB 系统执行机构的常见组成形式，各部件的结构和功能，以及一些 EMB 执行机构的典型构型。重点介绍 EMB 执行机构中的无刷直流电动机、运动转换装置、减速增力装置以及间隙调整、制动力保持等功能性结构。

5.1 EMB 执行机构的形式与组成

电机械制动是一种电控纯机械制动方式，采用电子机械系统取代了传统制动系统中的液压或气压系统，与传统制动系统有着非常大的差别。EMB 的执行机构需要能够把电动机的转动平稳转化为摩擦片的平动，还需要实现减速增矩，间隙补偿等功能。另一方面，由于体积限制，EMB 执行机构必须精巧紧凑。根据应用对象的不同要求，EMB 执行机构常采用浮动式、杠杆式、直推式、集成式等结构形式。

5.1.1 浮动式 EMB 执行机构

最为普遍的制动系统的执行机构为一对夹钳和制动盘组成的盘式制动系统。其中，当制动盘轴向固定，夹钳可以沿轴向浮动的盘式制动系统称为浮动式 EMB 执行机构。如图 5.1 所示，当 EMB 制动缸将右侧闸片推出，右侧闸片接触到制动盘后的反作用力使得夹钳整体向右浮动，直至左侧闸片与制动盘接触，左右两侧压力相等。图 5.2 为现代摩比斯（HYUNDAI MOBIS）公司开发的浮动式 EMB 产品。浮动式 EMB 执行机构体积小，布局紧凑，多用于对安装空间有较严格限制的场合，如乘用车、有轨电车等。

5.1.2 杠杆式 EMB 执行机构

盘式制动系统可采用的另一种杠杆式执行机构，其特征为制动盘轴向固定，夹钳与制动缸通过杠杆连接。制动时制动缸推动杠杆使两侧闸片同时接触制动盘产生制动力，其原理如图 5.3 所示。图 5.4 为韩国铁道研究院研制的杠杆式 EMB 执行机构。杠杆式 EMB 执行机构由电动机产生推力，并借助杠杆将推力放大，通过闸片将制动力作用到制动盘上。杠杆式 EMB 执行机构可以产生较大的制动力，同时具有较好的通风散热性能，在轨道车辆领域有广泛的应用前景。

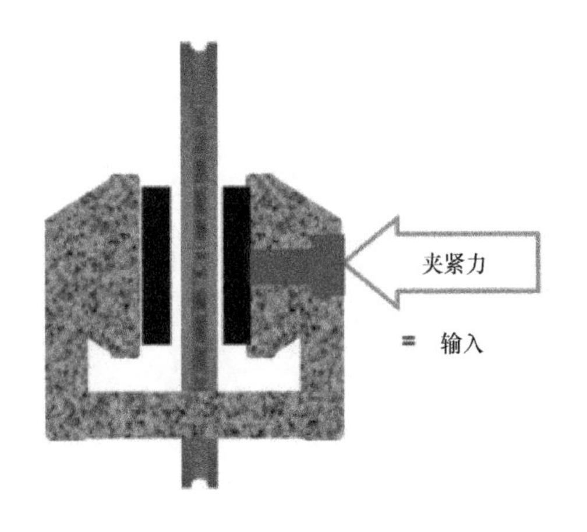

图 5.1　浮动式夹钳

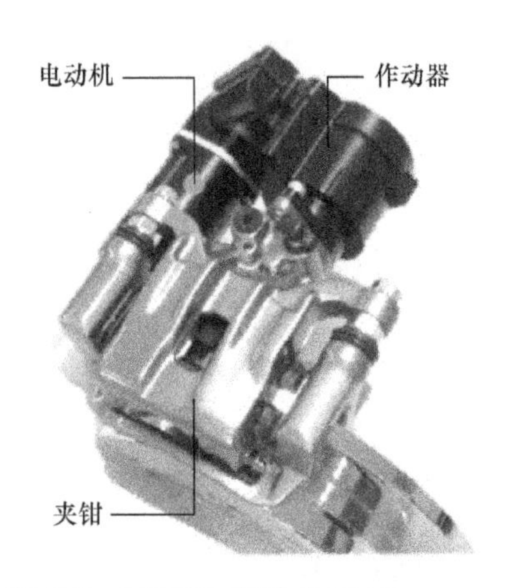

图 5.2　MOBIS 浮动式 EMB

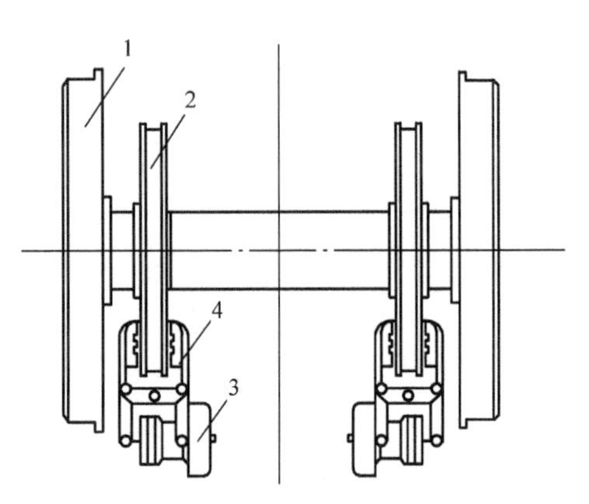

图 5.3　杠杆式夹钳

图 5.4　韩国铁道研究院的杠杆式 EMB

5.1.3　直推式 EMB 执行机构

在轨道交通领域，除了采用制动盘和闸片作为摩擦副的盘式制动外，还有采用车轮踏面和闸瓦作为摩擦副的踏面制动形式。在电机械制动系统中对应的是直推式 EMB 执行机构。图 5.5 所示的日本鹿儿岛低地板有轨电车即采用了直推式 EMB 执行机构，它利用内置的电动机将闸瓦推压到车轮踏面上，产生制动力。

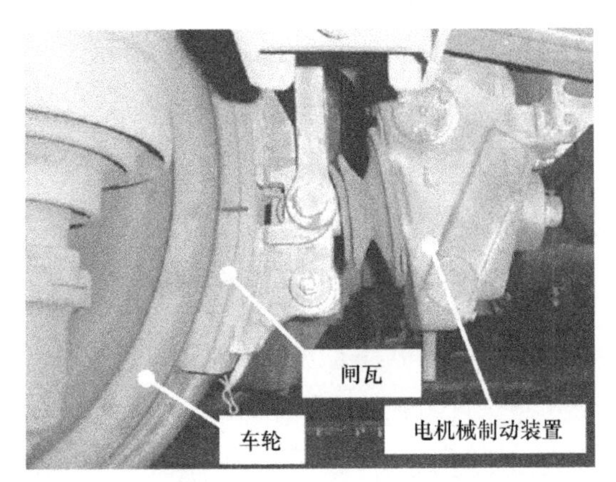

图 5.5　日本鹿儿岛低地板有轨电车直推式 EMB

5.1.4　集成式 EMB 执行机构

当制动能量特别大的时候，由于制动压力和散热性能的限制，单个制动盘往往无法承担全部制动负荷，这时就需要配备有多个制动盘的集成式 EMB 执行机构。图 5.6 所示的是集成式 EMB 执行机构的原理图，动盘 4 通过花键与车轮轴连接，可以轴向平动和绕轴转动，静盘 5 通过键与机架连接，只能轴向平动。制动时电动机 1 通过减速增力和运动转化装置推动制动承压盘 6 向右平动，交错放置的动盘和静盘在承压盘的作用下彼此紧贴并产生制动力矩。由于集成式 EMB 执行机构的制动热容量大，在飞机起落架的制动上得到了广泛应用，已经成为飞机全电制动技术的重要组成部分。图 5.7 所示为应用于波音 787 的集成式 EMB 执行机构。

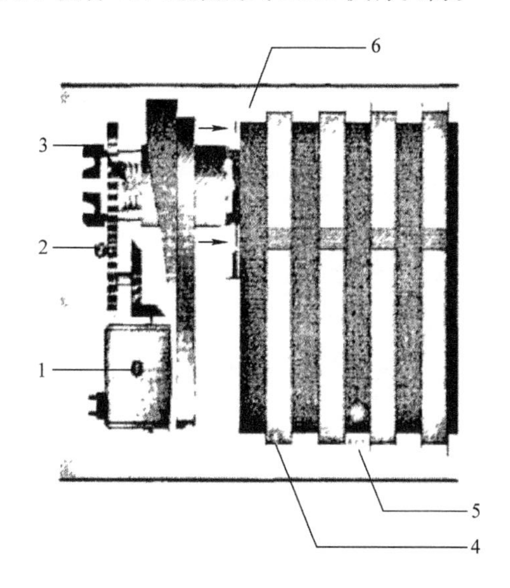

图 5.6 集成式 EMB 原理图

1—电动机 2—减速齿轮 3—滚珠丝杆
4—动盘 5—静盘 6—制动承压盘

图 5.7 波音 787 的集成式 EMB

5.2 EMB 执行机构的结构与功能

根据 EMB 执行机构的任务和功能，一般来说都具有产生制动力来源的电动机、将旋转运动转化为平动的运动转化装置和将电动机动力放大的增力减速装置。有些 EMB 执行机构还需要设置间隙调整装置和制动力保持装置，以实现特定的功能。

5.2.1 电动机选型和结构特点

EMB 执行机构所装用的电动机需要具有重量轻、功率大、体积小、可以进行力矩控制等特点。目前广泛采用的是永磁无刷直流电动机。

永磁无刷直流电动机具有常规直流电动机调速性好的特点，无刷直流电动机没有了电刷与机械换向器，所以维修与保养较为方便。由于采用永磁式转子结构，效率高，电动机转矩大，能够实现高频率的方向切换以及在低速时运转时保持大转矩以及功率体积比高，性能价格比好，是应用于 EMB 执行机构中电动机的较好选择。

无刷直流电动机的磁场是旋转运动的，电枢回路是固定不动的，因此，电子换向电路直接与电枢绕组直接相连接，在电动机内部装有用于实时检测转子位置的传感器，替代了原来有刷电动机的换向机构。所以，电动机本体和电子换向电路以及转子位置传感器构成了无刷电动机的主要部分，如图 5.8 和图 5.9 所示。

电动机本体的作用是在电动机工作运行时，定子电枢绕组通过电子换相开关从电源中获取功率，并通过气隙磁场传输到电动机转子上，起到能量传输的功能。同时，电动机的本体结构要有足够的机械强度，能够承受得起恶劣环境条件的考验。电子换向电路作用是控制电动机定子各相绕组通断的顺序和时间。逻辑单元是控制电路重要部分，它将电源功率按照一定顺序关系分配给电动机的各相绕组，来使电动机产生持续不断的转矩。转子位置传感器起着测定转子永磁磁极位置的作用，即将转子磁钢磁极的位置信号通过内部的磁感应器件转换成电信号，而检测到的信号决定电子换向电路是否换相的重要依据。

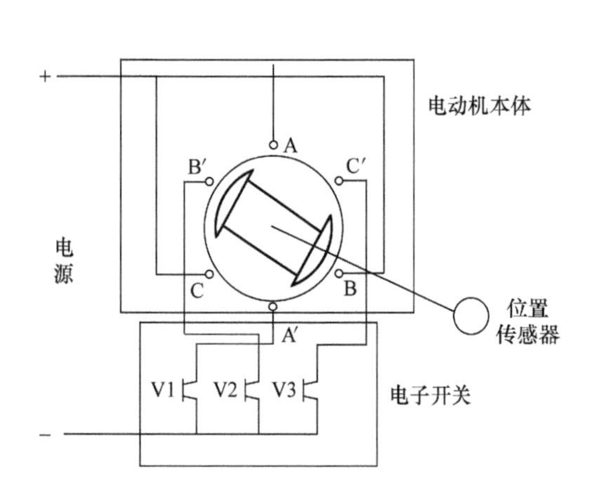

图 5.8　无刷直流电动机的结构

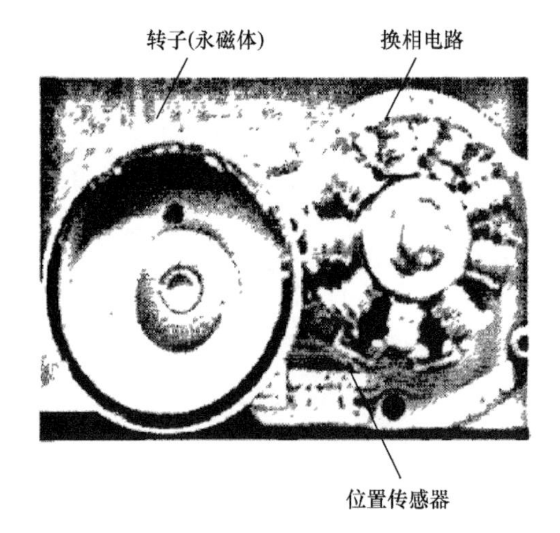

图 5.9　无刷直流电动机实物图

由于 EMB 执行机构的特定功能，制动缸中的永磁无刷直流电动机具有一些特殊的结构特点，根据电动机的定子和转子的相对位置的不同，可以分为内转子型电动机和外转子型电动机两种，如图 5.10 所示。根据制动缸内零件的具体布置，可以分别将运动转化装置与电动机的内转子或外转子相连，有助于实现制动缸的集成化、小型化。

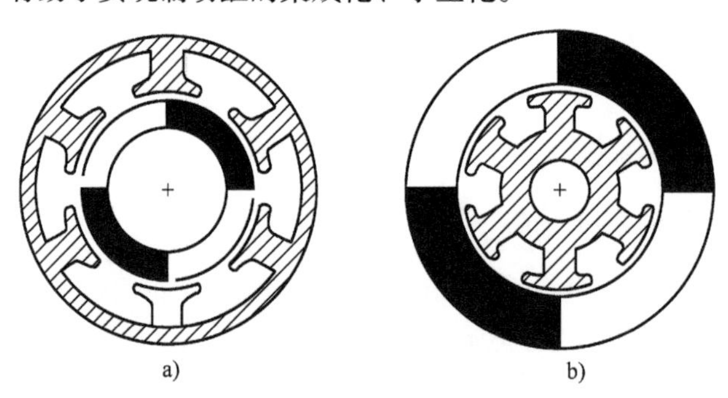

图 5.10　内转子型电动机与外转子型电动机

a) 内转子型　b) 外转子型

同样是出于使制动缸更紧凑的目的，EMB 执行机构装用的永磁无刷直流电动机多采用中空电动机的形式，这样可以将运动转化装置、增力减速装置等零部件布置于电动机内部，有助于减小制动缸的尺寸与重量。图 5.11 为大陆（Continental）公司的 EMB 制动缸样机的结构图，从图 5.11 中可以看出，由永磁体构成的电动机转子内部中空，制动缸的运动转化装置就设置在电动机转子内部，大大减小了制动缸的轴向尺寸。

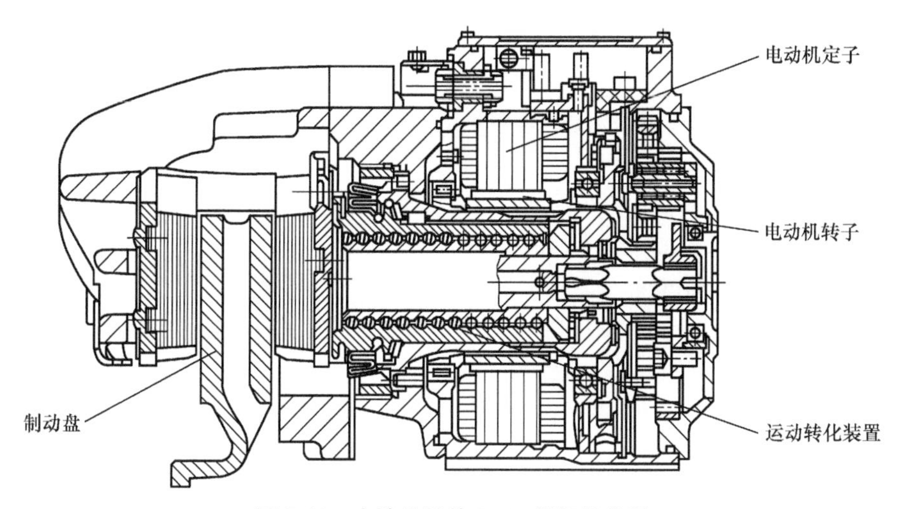

图 5.11　大陆公司的 EMB 样机结构图

5.2.2　运动转化装置

EMB 制动系统与常规制动系统最大的差别就是 EMB 的执行机构需要将电动机的转动转化为摩擦片的平动。因此，将旋转运动转化为平动的运动转化装置是 EMB 执行机构中必不可少的一部分。根据运动转化的机构不同，转化装置可以分为丝杠螺母式、连杆滑块式、电液复合式等多种形式。

1. 丝杠螺母式

丝杠螺母是将旋转运动转化为直线运动的最常用的方式之一。为了传动平稳，减小丝杠与螺母间的间隙，在工程上常用的是滚珠丝杠副，如图 5.12 所示。滚珠丝杠副由丝杠 1、循环器 2、滚珠螺母 3 和滚珠 4 组成。当滚珠丝杠传动时，螺母在横向没有位移，在丝杠和螺母螺旋槽之间放置的滚珠作为传动的中间媒介，借助循环器为闭合回路形成滚珠的循环反复运动，丝杠与螺母之间做滚动接触，丝杠相对于螺母的轴线方向做往复运动。

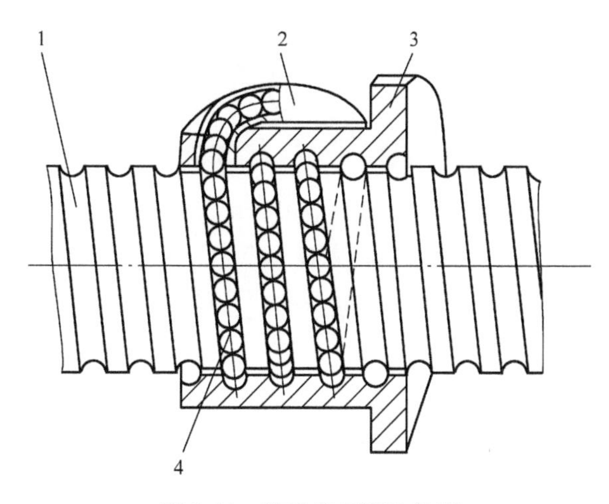

图 5.12　滚珠丝杠副结构图

滚珠丝杠副之间的滚动接触，有如下优点：

1）传动效率高。滚珠丝杠副传动的摩擦因数 μ一般在 0.0025 ~ 0.0035 之间，传动效率理论值最高可达到 98%。滚珠丝杠副的传动效率是滑动螺旋传动的 2 ~ 4 倍，能用较小的动力推动较大载荷，而功率消耗却大大减小。

2）传动精度高。在滚珠丝杠传动中，通过机电伺服系统进行反馈，能获得较高的定位精度。因为滚珠丝杠副传动摩擦小，工作时几乎没有温度变化，且丝杠尺寸稳定，可以获得稳定的进给速度和很高的定位精度。

3）同步性能好。同步性指几套同样的传动机构同时驱动几个相同的装置时，起动时同时性和运动中位移速度，都具有准确一致性的特性。因为滚珠丝杠副的摩擦阻力与运动速度无关，起动摩擦力矩与运动摩擦力矩几乎相同。因此，在传动运动时无颤动，低速运行时无爬行现象，很大程度上提高了传动的精确度，运行持续平稳。

4）传动可逆性。滚珠丝杠的逆传动效率也可达到 98%，既可以把旋转运动转化成直线运动（正传动），也可把直线运动转化成旋转运动（逆传动）。

在丝杠螺母式 EMB 执行机构的具体构型中，可以将电动机转子与丝杠连接，螺母作水平运动（图 5.13）；也可以将电动机转子与螺母连接，丝杠做水平运动（图 5.14）。由于丝杠螺母副独特的体积优势和结构简单、利于布置等优点，它作为运动转化装置在 EMB 执行机构中得到了最为普遍的应用。

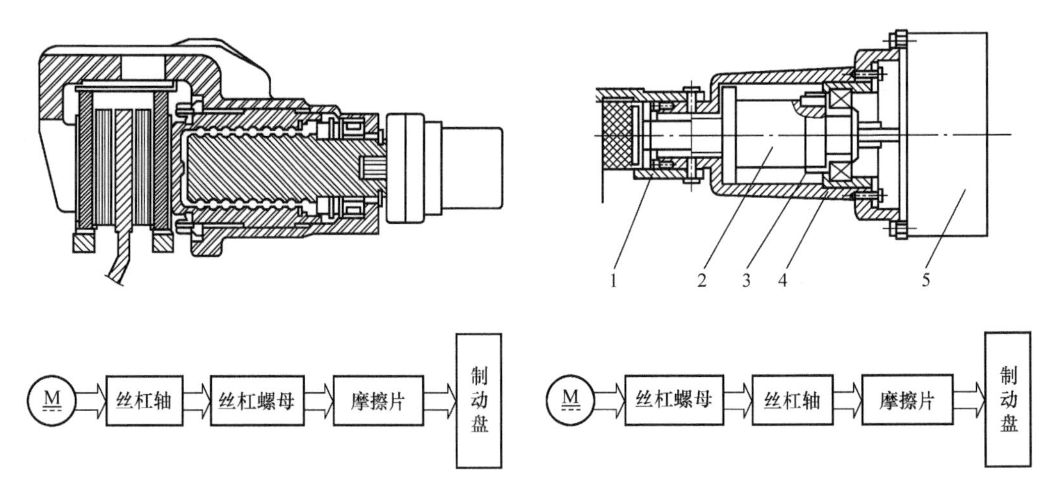

图 5.13　电动机 - 丝杠式 EMB 执行器　　图 5.14　电动机 - 螺母式 EMB 执行器

在图 5.13 中的电动机 - 丝杠式 EMB 执行器中，电动机输出轴与丝杠轴固结，丝杠螺母与摩擦片相连。当电动机工作时，通过丝杠副实现了摩擦片的水平运动。在图 5.14 中的电动机 - 螺母式 EMB 执行器中，电动机输出轴通过键与套筒连接，套筒再通过键与丝杠螺母连接。当电动机工作时，丝杠轴将摩擦片顶出或收回。

2. 连杆滑块式

连杆滑块机构是另一种将旋转运动转化为直线运动的机构（图 5.15），据此也可以设计 EMB 执行机构。如图 5.16 所示，偏心轮 2 其几何中心通过联轴器与力矩电动机输出轴连接，连杆 3 连接偏心轮与滑块 5，滑块与摩擦制动块 6 固连。在实施制动时，力矩电动机驱动，偏心轮 2 转动，通过连杆 3 和滑块 5 的传递，将制动块 6 压向制动盘 7，电动机的驱动力矩转化为制动压力。在设计时，使偏心轮的转动角度在结构的止点附近，因此整个机构具有非常大的力的放大系数。这样就可以大大减小对电动机驱动力矩、驱动功率的要求，提高了机构承受载荷的能力。在解除制动时，电动机反方向转动，机构反方向运动，制动块与制动盘松开。

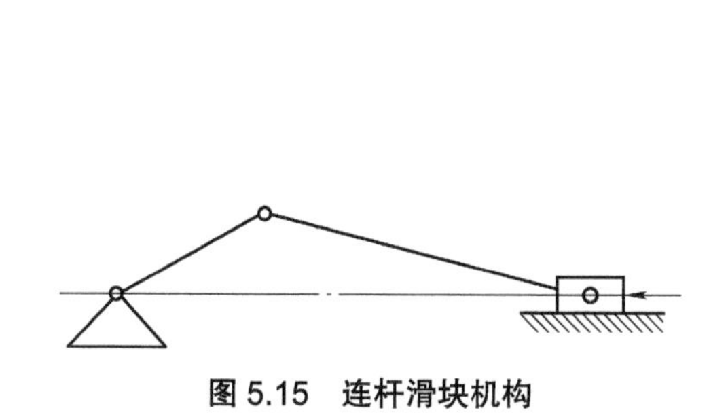

图 5.15 连杆滑块机构

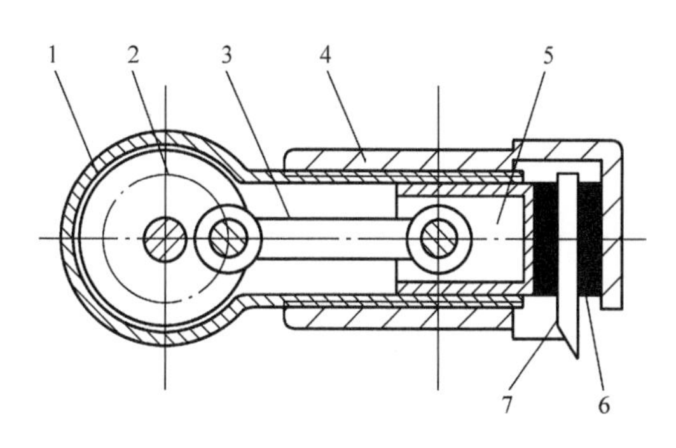

图 5.16 连杆滑块式 EMB 执行器

1—壳体 2—偏心轮 3—连杆 4—制动缸
5—滑块 6—制动块 7—制动盘

3. 电液复合式

在汽车等采用传统的液压制动系统的领域，由于不希望整车设计与布置出现太大的变化，但仍希望采用电机械制动的形式与控制逻辑，于是出现了电液复合式的制动系统。该系统保留了液压管路和传统的制动轮缸，但制动力的来源不再是人力和发动机产生的真空助力，而是和 EMB 系统一样将电动机作为制动力的来源。电动机带动制动泵工作，建立合适的液压并通过管路输送到轮缸中，产生制动力。即通过电液复合的形式将电动机的旋转运动转化为轮缸处摩擦片的平动。

天合（TRW）公司所推出的 Slip Control Boost（SCB）制动系统就采用了上述的电液复合形式，如图 5.17 所示。SCB 制动系统主要由制动主缸（MC）、电子液压控制单元（Electro-Hydraulic Control Unit, EHCU）等组成，该系统采用了一种新型的制动主缸，其前腔由 2 个并联式的制动液压腔组成，分别与前轴 2 个轮缸相连，后腔与 EHC 相连。

电子液压控制单元中集成了被动式制动踏板感觉模拟器、高压蓄能器、制动泵、三位三通电磁阀、隔离电磁阀及调压电磁阀等。其中三位三通电磁阀可实现减压、保压、增压的模式切换。在正常制动模式下，通过控制隔离阀 N/O BB、N/C BB 及三位三通电磁阀，实现制动踏板与制动轮缸的解耦，并由踏板感觉模拟器提供力感模拟，此时三位三通电磁阀在保压及增压两种模式下进行切换。由电动机带动的制动泵提供系统所需压力，并通过后轴轮缸对应的 4 个调压电磁阀实现后轮制动压力控制，同时通过前轴对应的 4 个调压电磁阀的控制，调节制动主缸中 2 个并联前腔活塞后端压力，并推动活塞实现前轴轮缸的压力控制。该系统采用新型制动主缸及 EHCU 分别代替了传统的制动主缸及真空助力器，与传统系统相比减小了尺寸，制动力来源于电动机和制动泵，实现了制动踏板与制动轮缸的解耦。

除了通过电动机与制动泵的组合产生电液复合制动系统所需的压力外，还可以通过电动机-活塞的形式实现系统的建压。这种形式的电液复合制动系统采用丝杠螺母，将电动机的旋转运动转化为活塞的平动，获得合适的系统压力。两种形式的电液复合制动系统将在第 10 章汽车实例中进行详细介绍。

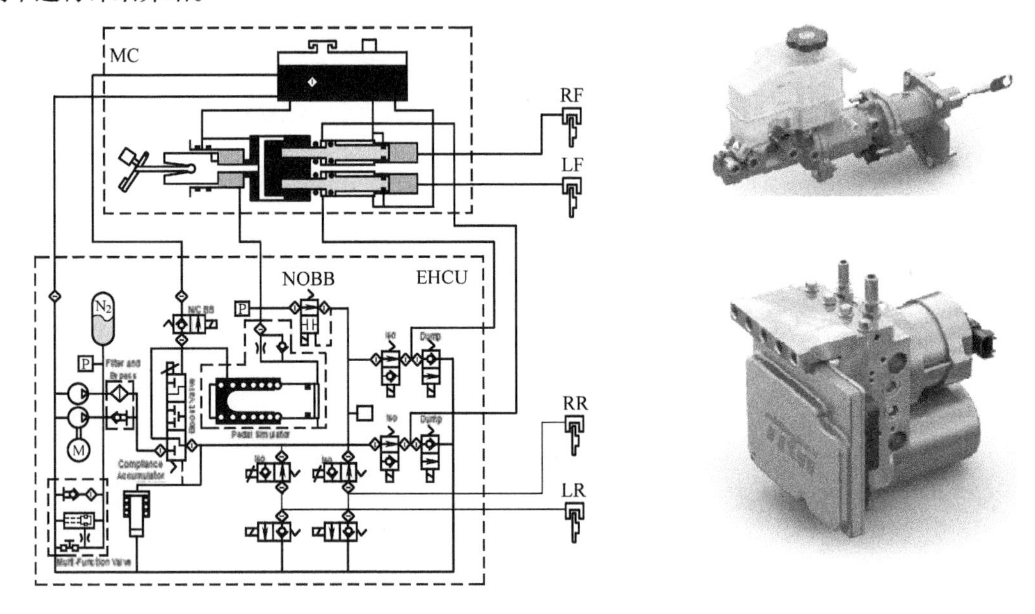

图 5.17　TRW 的 SCB 电液复合制动系统

5.2.3　减速增力装置

EMB 系统所需的推力较大，而直流无刷电动机的输出特性往往不能满足要求。减速增力装置就是将电动机输出的高转速、低转矩，经减速增力装置，达到所需的制动压力。目前，EMB 执行机构主要采用的减速增力装置包括齿轮减速器、行星轮减速器、楔块以及杠杆、连杆滑块机构等。

1. 齿轮副

齿轮副作为常见的减速装置，在 EMB 执行系统中有较多的应用。圆柱齿轮副用于电动机轴线和丝杠轴线平行的情况下（图 5.18），而锥齿轮用于电动机轴线和丝杠轴线垂直的场合（图 5.19）。

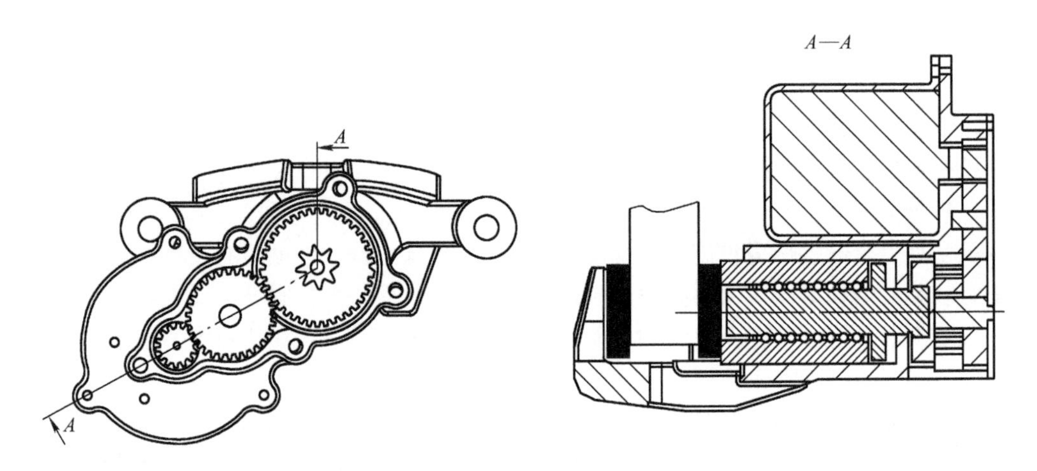

图 5.18　圆柱齿轮减速增力装置

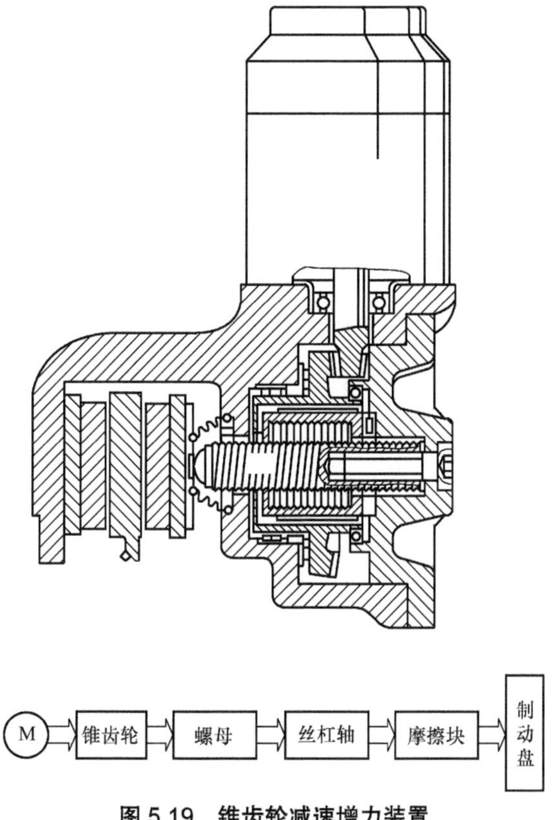

图 5.19　锥齿轮减速增力装置

图 5.18 所示的 EMB 执行机构主要由电动机、圆柱齿轮副、滚柱丝杠构成。电动机轴转动，经圆柱齿轮副进行两级减速，达到合适的转速。滚柱丝杠把旋转运动转化为直线运动，推动摩擦片压向制动盘产生制动力。图 5.19 所示的 EMB 执行机构主要由电动机、锥齿轮副、滚柱丝杠构成。电动机轴转动，经锥齿轮副进行一级减速，滚柱丝杠把旋转运动转化为直线运动，推动制动片压向制动盘产生制动力。

2. 行星轮系

从电动机到丝杠副的减速比往往比较大，可达到 20~50。而具有这种大传动比的齿轮副其尺寸一般较大。而 EMB 执行机构所在的位置要求制动器的空间尺寸必须小巧，因而有必须采用体积小、且传动比大的行星轮减速器，其原理如图 5.20 所示。

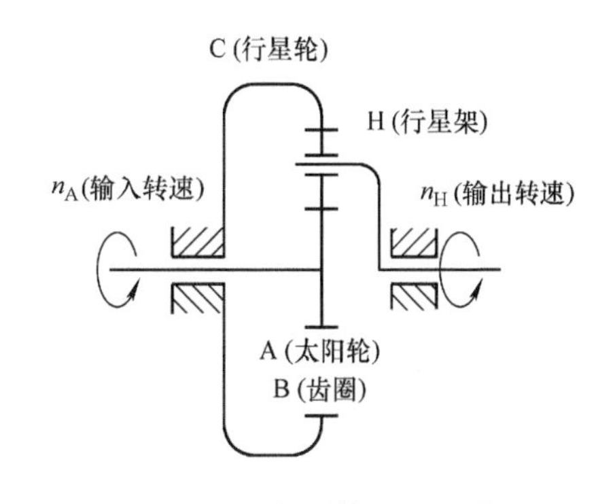

图 5.20　行星轮系原理图

$$i_{\mathrm{AH}}^{B}=1-i_{\mathrm{AB}}^{H}=1+\frac{Z_{\mathrm{B}}}{Z_{\mathrm{A}}} \tag{5.1}$$

行星轮系由太阳轮、行星轮、行星架和齿圈组成，且太阳轮与行星轮啮合，行星轮与齿圈啮合，太阳轮、行星架与齿圈同轴。作为减速器使用时，太阳轮作为输入轴，行星架作为输出轴，其减速比为式 5.1。行星轮减速器能够实现高减速比且布局紧凑、易于控制，成为各专利中最广泛用作 EMB 执行机构的减速增力装置。在 EMB 执行机构的具体构型中，可以将电动机转子与太阳轮连接，行星架与丝杠轴连接，螺母做水平运动（图 5.21）；也可以将行星架与螺母连接，丝杠做水平运动（图 5.22）。

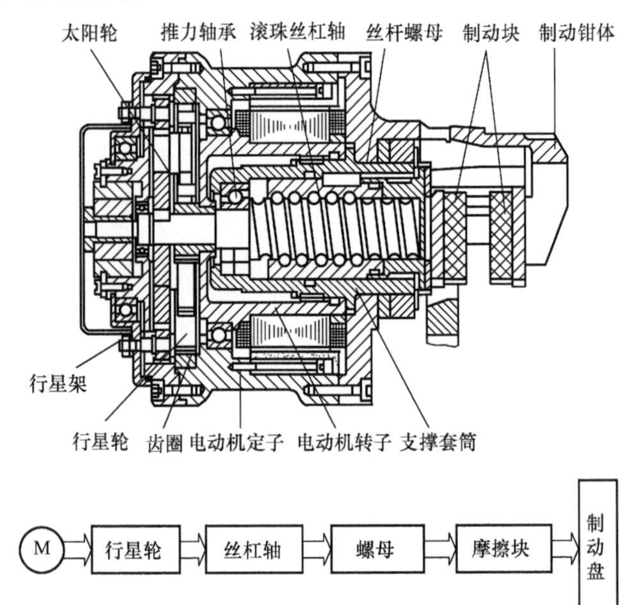

图 5.21 行星架 - 丝杠式 EMB 执行器

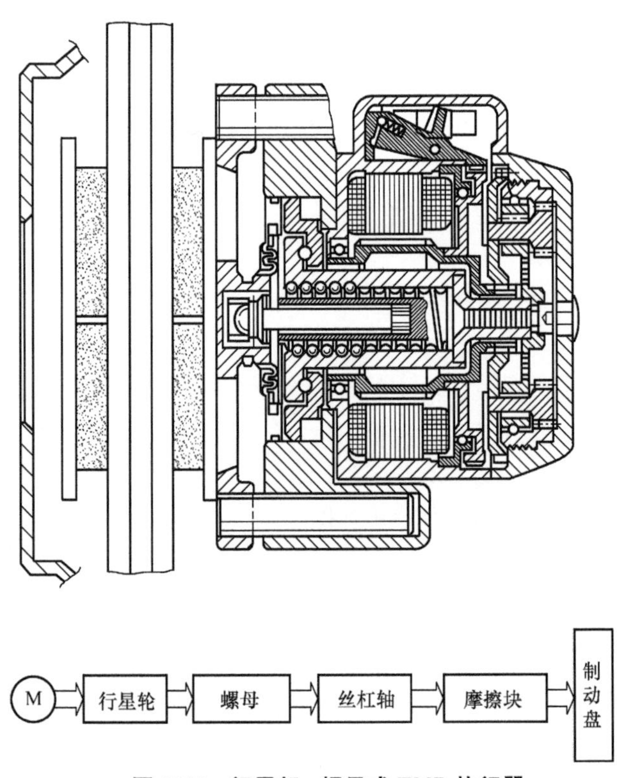

图 5.22 行星架 - 螺母式 EMB 执行器

在图5.21中的行星架-丝杠式EMB执行器中，电动机转子与太阳轮固结，丝杠轴与行星架固结，通过行星轮系的减速将电动机的转矩施加到丝杠轴上。丝杠螺母与支撑套筒间通过滑键连接，丝杠轴的转动使得螺母沿键槽水平运动，将制动块推出。在图5.22的行星架-螺母式EMB执行器中，电动机转子与太阳轮固结，丝杠螺母与行星架固结，通过行星轮系的减速将电动机的转矩施加到丝杠螺母上，丝杠轴带动制动块沿轴线平动。

3. 楔块

楔块是一种自增力机构，通过控制楔块产生相对运动，夹紧或者放松制动盘，如图5.23所示。由于制动盘运动的方向与车辆制动时楔块运动的方向相同，进一步增强了增力效果。利用楔块增力机构可以大幅降低所需电动机的功率，在减小能耗的同时，明显缩小了机构的安装体积。但由于控制难度大，制动不稳定，在一定程度上限制了这种方案的发展应用。

楔块式EMB执行机构如图5.24所示。无刷直流电动机1的输出轴通过弹性联轴器与滚珠丝杠2连接。接通电动机电源后，电动机输出轴在编码器控制下实现正转。在丝杠上安装一对角接触球轴承，使丝杠只能转动，不能横向移动，从而使螺母实现直线运动。螺母和楔块3之间用传动杆铰接。制动时，传动杆推动楔块平动，制动钳4浮动直至两侧制动力相等。传动杆的推动力为F_M，摩擦片正压力为F_N，可得式（5.2），摩擦片处的正压力得到了放大

$$F_M=\frac{\tan\alpha-\mu}{\cos\beta+\tan\alpha\sin\beta}F_N \tag{5.2}$$

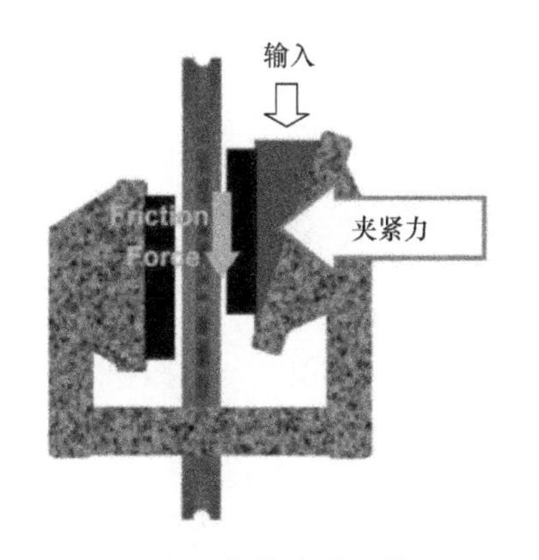

图5.23 楔块式增力装置

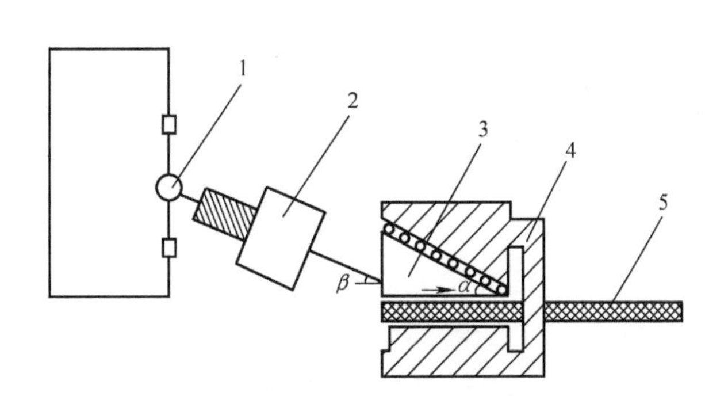

图5.24 楔块式EMB执行器

1—无刷直流电动机 2—滚珠丝杠 3—楔块
4—制动钳 5—制动盘

4. 杠杆、连杆滑块

通过在丝杆螺母与摩擦制动块间设置杠杆，可以实现一定的增力效果。图5.25所示的西门子（Siemens）公司EMB执行机构由内置电动机、滚珠丝杠、杠杆机构构成，电动机驱动滚珠丝杠将旋转运动转化为直线运动。通过杠杆支点的布置得到增力杠杆，用于增大滚珠丝杠的输出压力。该执行器取消了通常的一级齿轮减速装置，代之以杠杆增力机构，结构较为简单。另外，常用于动车组的杠杆式制动夹钳也通过杠杆实现了增力，如图5.26所示。

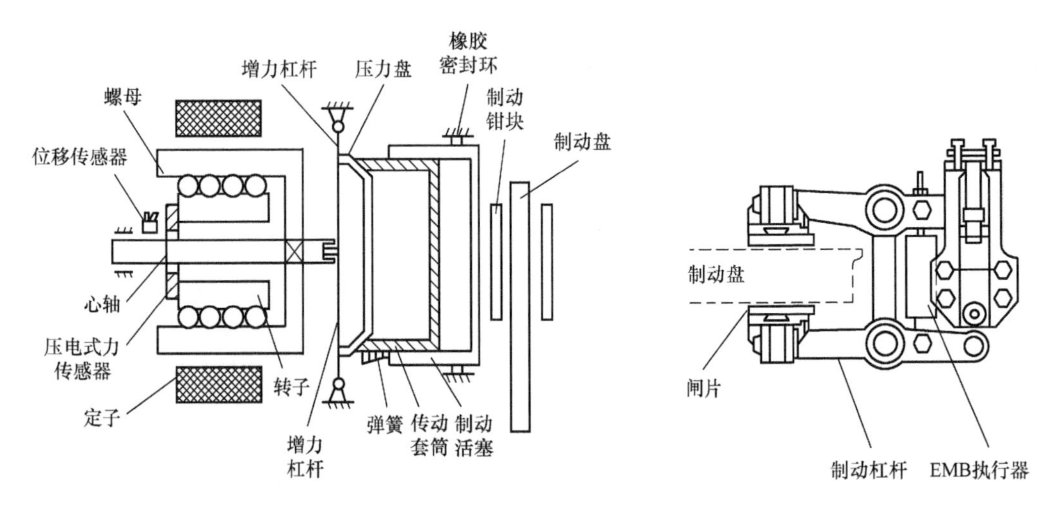

图 5.25　西门子公司的杠杆式 EMB 执行器结构图　　　　**图 5.26　杠杆式制动夹钳**

对于图 5.26 所示的连杆滑块式 EMB 执行机构，根据连杆滑块机构的运动特性，在结构止点附近力的增益系数趋向无穷大。利用这一特性，连杆滑块式 EMB 执行机构也能实现增力功能。

5.2.4　间隙调整装置

由于 EMB 执行机构是通过摩擦片的摩擦实现制动作用，像传统的制动执行机构一样，当摩擦材料消耗后需要调整摩擦副间的间隙，以实现制动动作的快速响应。在间隙补偿方面，主要存在两种方案，一种是通过纯机械结构实现自动补偿，另一种则是通过电子控制单元，当结束制动以后，使制动块回退，使之与制动盘间保持一个恰当的间隙。在本小节中介绍前一种机械式间隙调整装置，电控间隙调整则不再赘述。

在图 5.27 中的圆柱齿轮式 EMB 执行器包括壳体 9、制动钳体 4、制动盘 1、摩擦片 2、可推动摩擦片向前运动从而夹紧制动盘的动力机构、以及能自动调整运动机构与摩擦片之间制动间隙的间隙自调机构 3。间隙自调机构包括非自锁螺栓 31、内卡簧 32、推力滚子轴承 33、第一密封圈 38、第二密封圈 34、活塞缸 35、第一拉伸套筒 36 和第二拉伸套筒 37。

在长期的制动过程中，由于摩擦片与制动盘之间的摩擦使得摩擦片的厚度不断减薄，从而使得活塞缸的向前的伸长量也越来越大。通过在活塞缸的外侧设置第一拉伸套筒和第二拉伸套筒，当丝杠 7 向前作进给运动时，非自锁螺栓随之向前运动，推动活塞缸向前运动。当活塞缸在非自锁螺栓的推力作用下向摩擦片的方向做进给运动时，活塞缸可带动第一拉伸套筒向前做进给运动，从而实现了间隙补偿。

5.2.5　制动力保持装置

在如停放（驻车）制动等某些制动工况下，需要施加的制动力保持不变，为此制动执行机构需要具备制动力保持的功能。另一方面，由于 EMB 执行机构的动力来源于电动机，制动力保持装置有助于确保制动力的稳定，减少了电动机的工作时间，提高了系统的可靠性。通过利用棘爪锁或离合器的方式可以实现 EMB 执行机构的制动力保持。

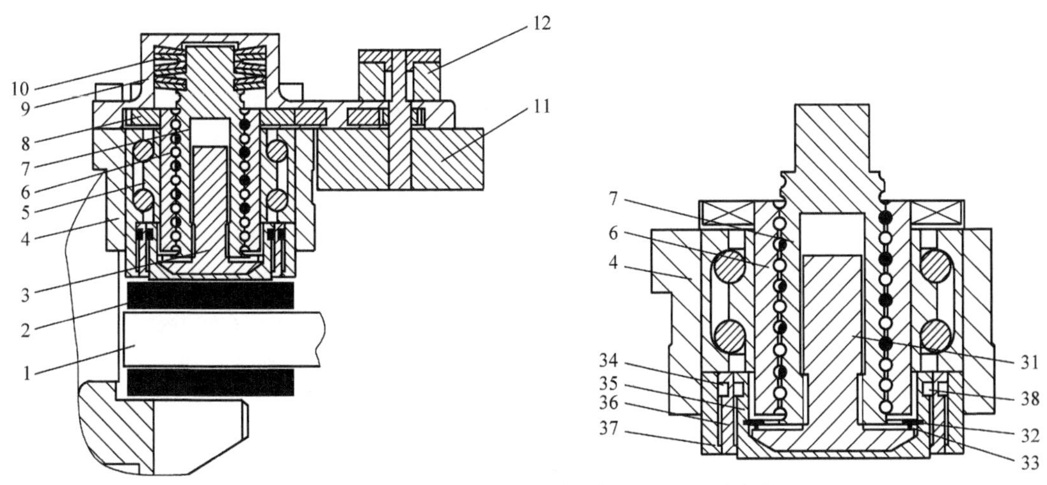

图 5.27　带有机械式间隙调整装置的 EMB 执行器

1—制动盘　2—摩擦片　3—制动间隙的间隙自调机构　4—制动钳体　5—双列推力角接触轴承　6—丝杠螺母　7—丝杠　8—减速机构　9—壳体　10—碟形弹簧　11—电动机　12—电磁离合器　31—非自锁螺栓　32—内卡簧　33—推力滚子轴承　34—第二密封圈　35—活塞缸　36—第一拉伸套筒　37—第二拉伸套筒　38—第一密封圈

图 5.28 为天合公司设计的一种结构紧凑的 EMB 执行机构，采用内置电机 15、16 带动行星轮减速机构 8~13 并通过滚珠丝杠副 4、17、18 实施制动功能，齿缘 14 与棘爪锁 7 啮合可保持制动力和实现驻车制动。

另一种方式是在电动机转子轴上设置离合器，当离合器接合时电动机输出力矩，施加制动力；当离合器分离时电动机停止工作，由离合器维持制动力矩。这种方式占用空间少，布置方便，具有很强的通用性，在各种形式的 EMB 执行机构中大量采用。图 5.29 为博世（Bosch）公司的电磁离合器式 EMB 执行机构，它主要由电动机、两组行星轮系、两组电磁离合器、滚珠丝杠构成。通过两组电磁离合器的合、分情况可以实现以下四种工况：

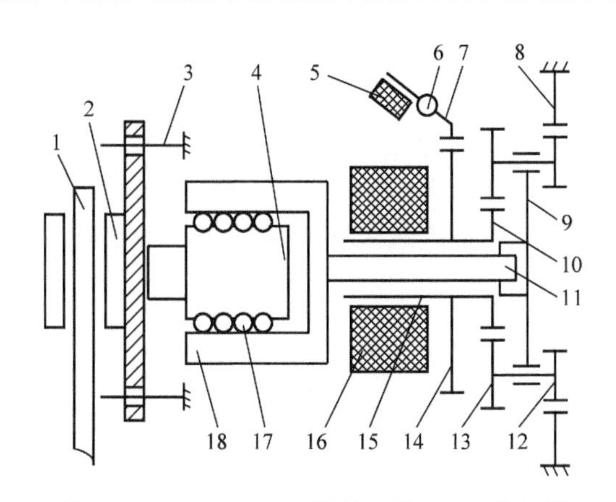

图 5.28　Continental 的棘爪锁 EMB 执行器

1—制动盘　2—摩擦片　3—定位销　4—丝杠　5—线圈　6—离合器　7—棘爪锁　8—齿圈　9—行星架　10—太阳轮　11—连接轴　12—行星轮　13—行星轮　14—齿缘　15—电动机转子　16—电动机定子　17—滚珠　18—丝杠螺母

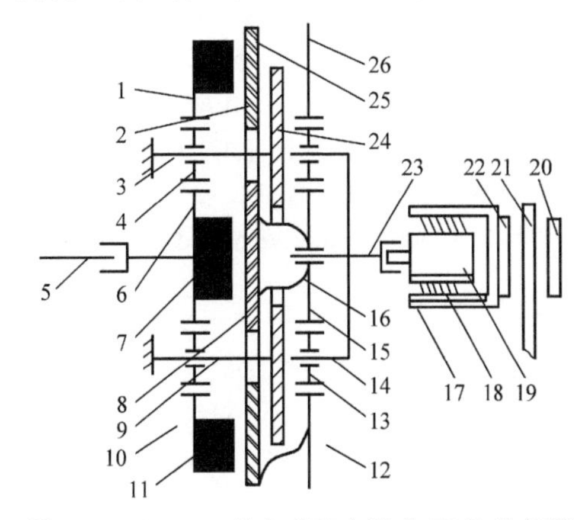

图 5.29　Bosch 的电磁离合器式 EMB 执行器

1—齿圈　2—衔铁盘　3—行星架　4—行星轮　5—电机轴　6—太阳轮　7—电磁离合器　8—衔铁盘　9—行星架　10—齿圈　11—电磁离合器　12—齿圈　13—行星轮　14—行星架　15—太阳轮　16—杯形弹簧　17—丝杠　18—滚珠　19—丝杠螺母　20—摩擦片　21—制动盘　22—摩擦片　23—传动轴　24—制动环　25—衔铁盘　26—齿圈

工况一：快速进给。电磁离合器 7 通电，吸合衔铁盘 8，电动机驱动太阳轮 15，行星架 14 带动滚珠丝杠工作。该工况减速比低，能快速消除间隙。

工况二：增力。电磁离合器 7 和 11 同时通电，衔铁盘 8 和 2 被吸合。齿圈 26 随齿圈 1 转动。此时，第二行星轮系相当于一个差速器。由于行星架 3 比行星轮 13 的直径大，行星架 14 相比于工况一同向低速转动。减速比大，转矩增大，制动力也大大增加。

工况三：卸载。电磁离合器 7 断电，电磁离合器 11 保持通电。太阳轮 15 不转动。电动机保持转动方向，通过齿圈 1 带动齿圈 26 转动，驱使行星架 14 反向转动，以撤消制动力。

工况四：驻车和制动力保持。两个电磁离合器都断电，杯形弹簧 16 使两衔铁盘 8 和 2 压紧在制动环 24 上，太阳轮 15 和齿圈 26 都止转动，行星架 14 也不再转动，滚珠丝杠机构被锁死。制动力得到保持。

参考文献

[1] CHEON J. Brake by wire system configuration and functions using front EWB (Electric Wedge Brake) and rear EMB (electro-mechanical brake) actuators[J]. SAE Technical Paper, 2010-01-1708, 2010.

[2] KIM M, OH S, KWON S. Characteristic test of the electro mechanical brake actuator for urban railway vehicles[J]. Korean Society for Precision Engineering, 2016, 7 (33): 535-540.

[3] 南京政信 . 日本制动装置的最新研发动向 [J]. 国外铁道车辆 , 2012, 5 (49): 14-17.

[4] 梁柏强 . 飞机全电制动系统伺服控制的研究与设计 [D]. 长沙：中南大学 , 2010 : 6-18.

[5] 李晖晖 , 林辉 , 谢利理 . 飞机全电制动系统电作动机构研究 [J]. 测控技术 ,2003,9 (22): 51-55.

[6] 保罗・西德曼 , 大卫・斯潘诺维奇 . 飞机的电子制动系统 [J]. 航空维修与工程 , 2007 (3): 18-19.

[7] 晁鹏翔 , 申伶 , 陶凡 , 等 . 电控机械制动系统研究 [J]. 汽车实用技术 , 2018, 20 : 138-140.

[8] 王俊鼎 . 电子机械制动控制系统的研究 [D]. 杭州：浙江大学 , 2016 : 3-17.

[9] HALASY-WIMMER G. OPERATING DEVICE FOR AN ELECTROMECHANICALLY ACTUATED DISK BRAKE : US006889800B2[P]. 2006.

[10] 张赫 . 新能源汽车电动伺服制动系统参数设计与仿真研究 [D]. 长春：吉林大学 , 2016 : 40-43.

[11] 熊璐 , 余卓平 , 张立军 . 车用电制动器 EMB 样机设计 [J]. 汽车技术 , 2005 (8): 15-18.

[12] 宋健 , 王会义 , 刘刚 . 连杆式电子机械制动（EMB）装置 200510086923.4[P].2005.

[13] KIM D H, KIM H S. Vehicle stability control with regenerative braking and electronic brake force distribution for a four-wheel drive hybrid electric vehicle[J]. Proc. IMechE Part D : Automobile Engineering, 2006, 220 : 683-693.

[14] 高国兴 . 一种电子机械制动装置 201010553721.7[P].2010.

[15] SCHUMANN F. ELECTROMECHANICAL WHEEL BRAKE DEVICE US006305508B1[P]. 2006.

[16] 王赛 . 汽车电子机械制动（EMB）系统设计及稳定性分析 [D]. 淮南：安徽理工大学 , 2017 : 1-5, 21-23.

[17] 夏利红 , 邓兆祥 . 电子机械制动执行器的摩擦力矩和能耗分析 [J]. 湖南大学学报（自然科学版）, 2018, 4 (45): 48-50.

[18] RIETH P, et al. ACTUATING UNIT FOR AN ELECTROMECHANICALLY OPERABLE DISC BRAKE US006405836B1[P]. 2006.

[19] 左斌 . 汽车电子机械制动（EMB）控制系统关键技术研究 [D]. 杭州：浙江大学 , 2014 : 3-7.

[20] 邵伟平 , 徐军 , 郝永平 . 无游梁式抽油机 EMB 执行器的 Adams 仿真及性能试验 [J]. 成组技术与生产现代化 , 2017, 3 (34): 1-5.

[21] 刘乙志 , 陈辛波 . 电子机械式制动器（EMB）执行机构原理方案的分析与设计 [J]. 机械设计与研究 , 2010.

[22] 高国兴 , 杜金枝 , 王陆林 . 一种半储能式电子机械制动器及汽车：201110336028.9[P].2011.

第6章 摩擦副及其检测方法

6.1 摩擦副技术要求及种类

摩擦副既是制动系统源力传递的输出环节，也是外界干扰反馈到制动系统的输入环节。摩擦副通过相对运动时接触表面间所产生的摩擦阻力，来调节相对运动速度或停止运动，从而达到制动器制动的目的。尽管在不同交通运输工具上摩擦副具有不同的结构型式，但是其核心都是由实现摩擦的运动件和静止件两部分组成。

6.1.1 技术要求

由于车辆或者飞机运动状态及环境条件是时刻变化的，所以摩擦副的工作条件不是固定的。摩擦副的最终目标是实现车辆或者飞机在所有可能的条件下可控地制动，以不变的摩擦副来应对千变万化地工作条件，理论上要求摩擦副要满足所有要求。但具体到某一种交通工具时，由于其工作条件的大致范围被限定，摩擦副的开发成为可能。由此出现了适用于不同交通工具的摩擦副，汽车上采用鼓式制动器和盘式制动器，轨道交通车辆采用盘形制动器和踏面制动器，飞机则几乎全部采用机轮制动器。无论何种摩擦副，从安全性这个首要角度来讲，都需要满足一定的机械性能和摩擦学性能。随着大众对环境的关注度越来越高，摩擦副的环保要求也越来越引起重视，环保性能开始成为摩擦副又一重要技术要求。

1. 机械性能

摩擦副的核心能力是为制动系统提供高而稳定的摩擦系数。按照结构决定功能，功能反映性质的思想，摩擦副材料的组成成分不仅要能提供高的摩擦阻力，而且要稳定地提供。这里的稳定包含时间上的稳定和空间上的稳定，时间上的稳定是指一副摩擦材料在整个服役周期内表现出可重复的摩擦性能，空间上的稳定是指同一型号的所有摩擦材料在相同工况下表现出一致的摩擦性能。时间上的稳定主要是提高摩擦材料的抗热衰退性能，为此有的行业将摩擦材料的热物性参数作技术要求，如规定材料的导热系数、比热容和热膨胀系数等。空间上的稳定主要是控制材料成分的百分比。尽管是同一类型的摩擦材料，不同产品的组成成分也可能千差万别，直接将材料成分的百分含量作为技术要求不太现实。目前，普遍采用的做法是控制密度，规定同一款产品的密度只能在一定公差范围内波动。稳定的摩擦系数不仅依赖材料本身，还与使用环境有关。在潮湿情况下，摩擦副表面因涉水可能会导致摩擦系数的下降，因此摩擦材料应该具备一定的抗水衰退性。衡量抗水衰退的能力，规定了摩擦材料的吸水率和吸油率，有的行业还规定了摩擦片的孔隙率。

摩擦副摩擦性能的良好发挥有赖于静止件与运动件之间的匹配关系，其中很重要的一点是两接触表面的贴合情况。一般采取的原则是运动件为刚性的、较硬的材料，而静止件为相对偏软的材料。这种软硬匹配关系一方面保证来自车轮的制动力通过摩擦副高效地传递至车体或机体；另一方面，保证接触表面贴合均匀，不至于出现局部热斑和偏磨现象，同时减少制动噪声。此外，运动件一般为制造和拆装成本相对较高的制动盘或车轮，相对较软的静止件能够延长运动件的使用寿命。为此，规定了摩擦副材料的硬度和弹性模量。

由于摩擦副需要在运动环境中，将制动源力传递至车轮产生制动力，同时需要抵抗来自车轮的反作用力，因此摩擦副运动件和静止件都必须要具备一定的强度和刚度。制动系统都希望系统响应时间短，因而静止件压向运动件是一个短时间的过程。静止件贴靠运动件瞬间的冲击力度比较大，相应地以抗冲击强度来衡量摩擦件的抗冲击能力。相比于传统气压或液压制动系统，电机械制动系统制动推力建立的时间更短，摩擦副抵抗冲击的要求会更高。由于完全舍弃了气压和液压传动介质，制动系统与地面之间正向力与反向力的波动少了一个缓冲环节，静止件面临的工作环境更加恶劣。出于对电机械制动器内部传动部件的保护，静止件也需要适当具备一定的缓冲能力。同时，摩擦的过程是一个相对滑动的运动过程，静止件必须具备一定的抗剪切强度。在整个制动过程中，静止件背面都承受来自制动缸或活塞的推力。为保证不被压溃，静止件需要具备一定的抗压缩能力。

2. 摩擦性能

摩擦副通过摩擦表面的相互作用来为制动系统提供所需的制动力，是一个典型的摩擦学系统。因此，在开发和应用过程中，摩擦副的性能应该从摩擦学角度上给予更多地考虑。摩擦性能指标一般以摩擦系数和磨损量来评价。

为了达到制动系统的效能，摩擦副在整个制动过程中的摩擦系数平均值必须保证在一定范围，由此而提出平均摩擦系数这一技术指标。平均摩擦系数是定义在瞬时摩擦系数的基础上，它指的是瞬时摩擦系数在制动距离上的积分，即：

$$\mu_{\mathrm{m}}=\frac{1}{S_2}\int_0^{S_2}\mu_{\mathrm{a}}\mathrm{d}S \tag{6.1}$$

式中　S_2——制动推力达到规定值 95% 起到停车时止的距离（m）；

μ_{a}——瞬时摩擦系数；

μ_{m}——平均摩擦系数。

为了保持制动系统效能的恒定性，摩擦系数理论上也应该保持恒定。恒定的摩擦系数能够给制动系统，特别是电机械制动系统的精确控制和智能诊断带来极大地方便。但现实情况是，摩擦系数随速度的变化是负斜率关系。实际应用过程中，仅仅是平均摩擦系数达到要求还远远不够，摩擦系数的瞬时变化还不能过大。因此，瞬时摩擦系数也要有相应的要求。

制动系统的功能除了让行驶的车辆减速或停止之外，还有一项功能就是让停在原地的车能够维持停止而不溜滑。这项功能的实现有赖于摩擦副的静摩擦作用，因此静摩擦系数也是作为摩擦副摩擦性能的重要指标。静摩擦系数越大，车辆所能停放的坡道越大。

制动系统设计和计算不可缺失的重要参数就是摩擦系数。由于摩擦系数随速度的负斜率变化关系，理论上讲要得到准确的计算结果，应该将摩擦系数的瞬时值作为计算参数。考虑到实际操作的可行性，一般都会设定一个名义摩擦系数作为设计和计算的参考值。由于摩擦副在制动源力传递过程中属于比例环节，名义摩擦系数的大小直接影响实际制动效能与理论制动效能的差距。因此，每一类摩擦副材料在使用过程中都会给定一个名义摩擦系数。

摩擦是两个接触表面相互作用引起的滑动阻力和动能损耗。动能一方面通过摩擦转换成热能并耗散到环境中，另一方面还用于摩擦副表面材料剥离做功。磨损是伴随摩擦而产生的必然结果。摩擦是制动所希望的，而磨损则是极力避免的。非正常的磨损会危及制动系统运行安全，过快的磨损速度也会降低摩擦副的使用寿命。因此，对摩擦系数提出较高要求的同时，也应该对磨损率进行控制。

3. 环保性能

近几十年来，社会和政治方面的环境意识急剧增长，对摩擦材料的发展产生了很大影响。从制动摩擦材料的发展来看，以生态学观点研究摩擦材料的实践是从替代石棉开始的。目前制动摩擦材料开发的挑战就在于，在没有恶化材料使用性能或不会提高制造成本的前提下，采用环保型摩擦材料。以环保型材料代替环境有害型材料已成为主流趋势，对于摩擦材料的开发和选用，从生态学角度应该考虑以下几个方面。

◆ 石棉成分

20 世纪 70 年代以前，传统的石棉型摩擦材料由于其价廉、耐热性好等优点，占据摩擦材料领域的主导地位。但是由于其抗热衰退性差，并且具有较强的致癌风险，所以 20 世纪 70 年代以后多国开始禁止使用石棉制品。我国在 2003 年就已经出台禁令，禁止石棉型制动摩擦片开发。尽管石棉摩擦材料不再采用，但是不能保证非石棉摩擦材料中不含石棉成分。在轨道交通领域，相关的技术标准和规范都对摩擦材料不含石棉有过明确规定。

◆ 重金属成分

石棉对人体产生危害开始促使人们对摩擦材料中的其他成分进行评估，首当其冲的就是其中的重金属成分。在轨道交通领域，已经明确了锌及其化合物禁止或不建议采用。在标准之外，有越来越多的重金属开始被纳入摩擦材料生产厂家的使用黑名单。

硫化铅因其具有很高的热稳定性，是摩擦材料中广泛存在的一种成分。但是由于其毒性，铅及其化合物在发达国家新开发的产品中已经不再使用。

镉及其化合物具有毒性已经是共识。虽然它会以极低浓度的含量存在于摩擦副原材料中，但如果不加以控制，随着磨屑的流失也会危害到人体健康。

天然锑、三硫化锑和五硫化锑与硫化铅一样，具有很高的热稳定性，在有些方面被用作石棉的代用材料。2005 年德国 MAK（最大工作空间容量化学品许可浓度）协会在商讨工作场所有害物质影响健康问题时，建议把锑及其化合物（不包括氢化物）划归为二类致癌物。三氧化锑为明显致癌的锑化合物，如果摩擦材料中不使用该物质，则在规定条件上使用的锑通过氧化，原则上不会形成三氧化锑。

铜及其合金是摩擦材料特别是粉末冶金摩擦材料的重要组成成分。铜是以离子形式或微有机物形式产生危害并以此影响食物链的。作为环境中游离铜的主要散布者，摩擦材料中的铜成分曾引起过美国有关部门的讨论。瑞典也对摩擦材料中的铜开展了进一步讨论，并对摩擦材料成分设计增加了苛刻的生态学要求。

除此之外，汞和六价铬也是危害健康的常见重金属，欧盟 RoHS 指令已经对它们的使用进行了严格限制。

◆ 制动粉尘

制动所产生的磨屑携带着材料中的各类纤维，甚至可能有重金属颗粒，一同随着大气扩散到环境中。其中悬浮在空气中的固体颗粒，就是通常所指的制动粉尘。减小粉尘对人体的伤害，可以从控制原材料和优化传播途径入手。

在设计制造阶段对原材料进行控制是最有效的手段。摩擦材料中的石棉被禁止以后，取而代之的是其他种类的纤维，包括玄武岩纤维、岩棉、矿渣棉等无机矿物纤维，气化陶瓷纤维和钛酸钾须触线（单晶质矿物纤维）等。这类纤维进入肺环境中不溶解，经过长时间织物的机械摩擦会对肺造成切口。所以这些材料在欧洲新开发的产品中均不再使用，取而代之的是生物溶解性纤维。生物溶解性纤维完全侵入肺中以后，在水环境下通过化学反应进行分解，从而不会引起长时间的刺激。

在原材料的选用无法改变的情况下，如果产生的磨屑粒径尺寸大部分在 10μm 以上，则颗粒物会较快地沉降，称之为降尘。只有粒径尺寸在 10μm 以下才会飘浮在空气中被人体吸入。因此，降低制动产生的 PM10 含量，可以减少粉尘对人体的伤害。

◆ 有害气体

有机合成材料目前已成为中低速轨道交通车辆的主流摩擦材料，汽车上所采用的 NAO（非石棉有机物）摩擦片其主要成分也是有机合成材料。合成材料有个特点就是当制动温度升高到一定程度时，摩擦材料中的有机成分就会发生热分解，产生氮氧化物、硫化物、一氧化碳和甲醛等有毒、有害气体。某些苯类和酚类气体本身带有刺激性异味，容易造成乘客恐慌。减少摩擦材料在制动过程中产生的有毒、有害气体和制动异味，也是摩擦副在开发过程中需要考虑的问题。

◆ 制动噪声

车辆和飞机制动过程中产生的尖叫声和颤振声是城市交通噪声的组成部分，它既影响乘坐的舒适性，又污染环境，损害人们的健康。随着汽车保有量和轨道交通的飞速发展，车辆噪声污染的危害性已引起人们的高度重视，降低车辆制动噪声、改善乘坐舒适性和净化城市环境是技术人员的一项重要任务。在环保意识日益增强的 21 世纪，抑制制动噪声、开发与研制环保型摩擦副，已成为车辆制造商乃至人类社会的强烈共识和亟待解决的问题。

6.1.2 种类

摩擦副是一个由运动件和静止件所组成的摩擦系统。由于不同交通工具提供的使用环境不同，摩擦副演化出不同的结构型式。对于运动件，汽车上采用制动盘和 / 或制动鼓，轨道交通车辆采用制动盘或车轮，飞机机轮采用动盘；对于静止件，汽车采用制动片和 / 或制动蹄，轨道交通车辆采用闸片或闸瓦，飞机机轮采用静盘。运动件与静止件相互配对，就形成了一套摩擦副。为了适应不同速度和负载等工况条件，每一种结构型式的摩擦副又会有多种材料选择。在设计和选用摩擦副结构和材料时，可以采用“桶孔策略”来类比。下面以盘式制动器来说明“桶孔策略”。

“桶孔策略”将流入水桶的水流速度代表热量流入制动盘，桶的水面高度代表制动盘表面最高温度。桶上孔的大小表示制动盘向周围散热的能力。桶的体积为制动盘热容量，高度是制动盘的最高持续工作温度。需要解决的问题就是如何使桶中的水不溢出。在确定制动盘时，有如下三种不同的策略。

◆ 策略Ⅰ

直径较大和较深的桶，而孔较小，见图 6.1a。这意味着在制动期间有较大的体积热容量和相对较高的最高持续工作温度，而摩擦表面的导热性一般。目前，灰铸铁制动盘代表这样的系统，而有些钢盘也满足这类标准。

◆ 策略Ⅱ

直径较小和相对较浅的桶，而孔较大，见图 6.1b。这意味着在制动期间有较小的体积热容量和相对较低的最高持续工作温度。但是制动盘有较高的导热系数，可以把热量从摩擦表面传导到其他部位，然后传递到周围，防止摩擦表面温度持续升高。铝合金制动盘就属于这一种。虽然铝合金制动盘的导热能力很强，但较低的热容量和有限的冷却能力，限制了铝合金制动盘的大规模应用。

◆ 策略Ⅲ

直径较小和更深的桶，孔的大小适中，见图 6.1c。这意味着材料有较高的最高持续工作温度，可以在更高温度下使用。大部分热量是通过辐射散发掉的，部分热量通过热传导和热对流方式散发。碳 / 碳复合材料和陶瓷材料就是其中的代表，在超过 1000℃的温度下具有高强度保持性的高温钢也可以归入这类材料。如果允许这种材料的制动盘在更高温度下使用，则配对材料以及与该制动盘连接的部件也必须考虑高温所带来的影响。

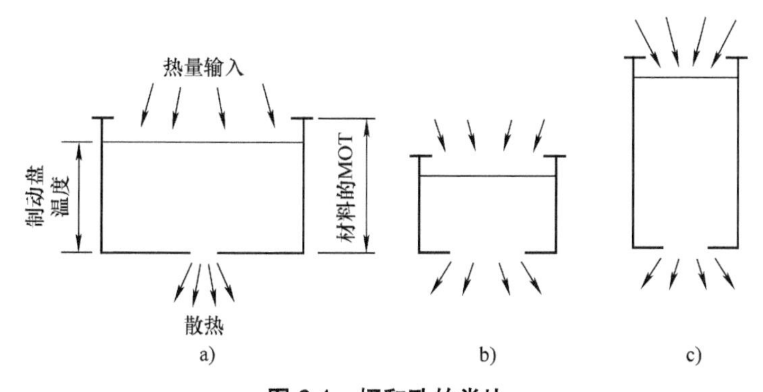

图 6.1　桶和孔的类比

a）策略Ⅰ　b）策略Ⅱ　c）策略Ⅲ

根据车辆或飞机实际工况条件，按照“桶孔策略”确定出满足使用性能的运动件。要组成一套完整的摩擦副，还必须为已确定的运动件匹配合适的静止件。由于石棉型摩擦材料具有较强的致癌风险，许多国家已经禁止使用，所以本书中不再讨论石棉摩擦材料族。汽车常见的运动件材料有铸铁制动盘、制动鼓，合金钢制动盘和陶瓷制动盘，其中铁系或钢系材料配对的摩擦材料有半金属摩擦片、NAO 摩擦片、低钢摩擦片、混合摩擦片、粉末冶金摩擦片。陶瓷制动盘一般采用陶瓷摩擦片，也有使用低钢摩擦片的。轨道交通领域根据车辆速度等级，摩擦副的型式有车轮 / 合成闸瓦，铸铁制动盘 / 合成闸片和钢制动盘 / 粉末冶金闸片三种。航空机轮上目前采用的摩擦副类型有钢 / 粉末冶金摩擦副和碳 / 碳摩擦副。

1. 汽车铁系制动摩擦副

◆ 半金属摩擦片

由于钢丝或者铁粉的热稳定性好，被用作石棉的替代物。这种铁的金属在配方中大于 50% 的摩擦片被称为半金属摩擦片。在高速车辆的使用过程中发现，半金属摩擦片会产生很高的制动温度，并因此带来剧烈磨损。由于半金属摩擦系数级别为 0.4 以下，无法满足前轴摩擦系数不低于 0.45 的要求。除此之外，半金属摩擦片在与铁系制动盘配对使用过程中，容易产生制动噪声。因而半金属摩擦片的使用有速度限制，只适合在中等质量车辆和低速车辆上使用。在美国，半金属摩擦片已经成为淘汰产品。欧洲也已经很长时间不再使用半金属摩擦片，为了使重型车辆也能使用，只能相应加大制动系统规格。

◆ 低钢摩擦片

在寻求石棉替代材料的路上，向摩擦片中添加各类有机或无机纤维来仿制石棉特性，可谓是里程碑式的举措。通过添加摩阻填料、润滑剂和金属填料的方式来开发摩擦材料，这种方法一直延续至今。由于摩擦材料中多种纤维都被质疑存在致癌作用，寻找对人体无害的生物溶解性纤维成为这类摩擦片发展的新方向。与半金属摩擦片不同，因为减少了铁含量，所以这种摩擦材料也称为低钢摩擦片。

◆ NAO 摩擦片

在开发半金属摩擦片的同时，日本也在开发与石棉类似的 NAO（非石棉有机物）摩擦片。NAO 摩擦片被认为是符合日本制动摩擦片理论的一种不含钢丝或铁粉的有机黏合材料。这种摩擦材料的摩擦系数级别也比较低，一般为 0.3 ~ 0.4。NAO 摩擦片的特点是具备低摩擦系数性能和良好的磨损性能。欧洲汽车厂商认为这类摩擦材料对于大重量、高功率和无速度限制范围内的车辆是不适用的，只有在冷态下，才是发挥其优点的范围使用。

◆ 无金属摩擦片

无金属摩擦片是与上述其他几种摩擦片不同的摩擦材料方案，这种材料多数不含有如青铜或黄铜等金属。由于缺少金属而影响其导热性能，由此也影响到整个摩擦副系统的热性能。在前轴上使用会产生严重的负面影响，极端情况下制动盘会开裂并由此引起真正的安全风险，制动夹钳也会因蓄热而损坏。除了热性能不足以外，机械强度低也是无金属摩擦片的缺点。热负荷能力低和机械负荷能力低限制了无金属摩擦片只能在后轴上使用。

◆ 混合摩擦片

考虑到低钢摩擦片良好的摩擦性能和 NAO 摩擦片良好的舒适性，结合两者的优点引发了一种新的配方族，混合摩擦片就是以该研究方向来命名的。混合摩擦片解决了 NAO 摩擦片在欧洲道路不限速工况下，由温升上升而导致的强度丧失问题，保留了低钢摩擦片高机械负荷下表现出的良好摩擦性能。同时，改善了低钢摩擦片舒适性差的问题。

◆ 粉末冶金摩擦片

粉末冶金摩擦片目前主要有铁基和铜基两种。从一般工况时的摩擦系数看，铁基的动摩擦系数明显高于铜基；在大负荷，高转速下，铜基材料好于铁基材料。铁基摩擦材料能承受重载，缺点是材料表面在制动过程中容易出现高硬度和脆性，而且有腐蚀性的白色底。铜基材料受水的影响较小，而铁基的材料在有水的条件下，动摩擦系数明显降低。铁基粉末冶金制动片在摩擦性能上优于石棉制品。这两种材料动摩擦系数均在一次正常制动后就基本恢复正常水平。它们在配方上具有极大的灵活性，其微观结构可通过工艺技术手段调节，具有广泛的综合使用性能。

2. 汽车陶瓷制动摩擦副

陶瓷制动盘是由碳纤维、碳材料和树脂组成，并在高压下压力成型。在约 1100℃的温度下对成型体进行热处理以使树脂碳化，随后在 1500℃的温度下把纯硅渗入在碳化过程中形成的气孔中。金属和在此条件的下的液态硅与碳反应形成碳化硅，即 C/C-SiC 陶瓷（在碳化硅中的碳材料增强）。用此方法制成的制动盘能够耐受 1000℃ /1200℃，寿命远远超过 300000km。陶瓷制动盘耐腐蚀、重量轻、制动噪声性能好，不仅改善了衰减特性还可以缩短制动距离。由于其制造成本高，目前只在高级轿车上使用。陶瓷制动盘的另外一个缺点就是湿态下的摩擦性能会衰减。

对于陶瓷制动盘的配对材料，目前还处在开发阶段。一个方案就是同样采用陶瓷摩擦片。但由于同种材料配对所带来的性能问题，它并不是最适宜的选择。另一个方案就是沿用普遍采用的有机复合的低钢摩擦片。这种摩擦片在热稳定性方面可达到最佳，摩擦系数也表现良好，但是磨损性能却不佳。尽管陶瓷制动盘可以在约 900℃范围内工作，但是摩擦片中的有机黏结剂却无法承受如此高的温度。为此，在摩擦片摩擦材料和支撑板之间加入一层厚度 2 ~ 4mm 的中间层复合物。该中间层的作用是隔热，后期又发展出了减振降噪的中间层，如图 6.2 所示。

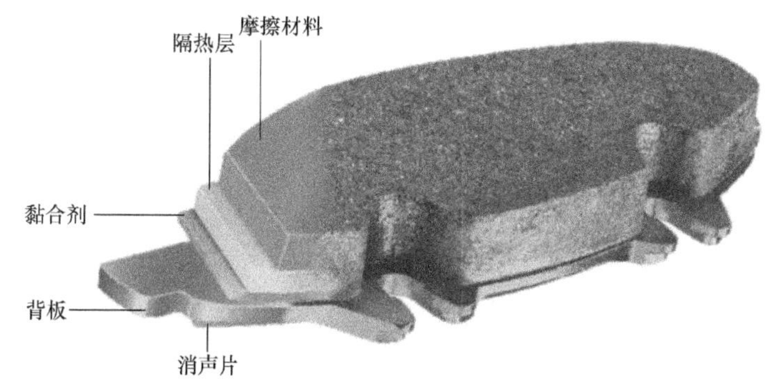

图 6.2　制动摩擦片剖面结构（见彩插）

3. 轨道交通车辆踏面制动摩擦副

踏面制动是自有铁路以来使用最广泛的一种制动方式。车轮及其配对的闸瓦共同组成踏面制动的摩擦副。作为摩擦副材料之一的车轮在车辆设计时就已确定，只需要寻找与之配对的闸瓦材料。铸铁闸瓦在踏面制动器上有过很长的使用历史，但是铸铁闸瓦在使用过程中容易产生火花，而且摩擦系数随速度升高而下降过快的特点，使其适应不了列车提速的要求。而合成闸瓦因其摩擦系数可通过配方进行调整，可以很好地满足车轮的需要，因此车轮 / 合成闸瓦摩擦副广泛使用在城轨车辆、客运列车和货运列车等中低速轨道车辆上。

4. 轨道交通车辆铸铁制动盘 / 合成闸片摩擦副

由于车轮的结构形式和尺寸大小是确定的，踏面制动的摩擦作用面积也就被限制了。为了提高踏面制动的热负荷能力，货运列车上采用了双闸瓦形式。然而，车轮钢的使用是有温度限值的，不能超过 400℃。车轮除了作为摩擦副的组成部分以外，还承担着牵引和导向等关系列车运行安全的功能。在高速列车和重载列车上，必须把车轮从摩擦副的角色中解放出来。由此，盘形制动在轨道车辆中出现了。

盘形制动是在车轴或者车轮辐板侧面装上制动盘，通过制动夹钳将闸片压向制动盘产生摩擦力。由于制动盘是专职承担摩擦副组成部分的角色，因此盘形制动摩擦副材料可双向选择，通过材料配方调整可获得期望的摩擦性能。在速度高于 80km/h 的地铁 A 型车、速度高于 90km/h 的地铁 B 型车和 C 型车，以及速度 200km/h 以内的动车组上广泛采用铸铁 / 合成闸片组成的盘形制动摩擦副。

5. 轨道交通车辆钢制动盘 / 粉末冶金闸片摩擦副

铸铁材料的散热性能比较差，加之热膨胀系数比较大，累积在制动盘上的热量会产生较大的热应力，这也是铸铁制动盘热负荷能力低的原因。对于铸铁材料的制动盘，其持续使用温度一般不超过 400℃。铸铁制动盘显然难以满足高速动车组和重载货运列车的制动需求。铸钢和锻钢制动盘应运而生，取代铸铁制动盘作为高速和重载以后盘形制动的摩擦材料。

钢材制动盘可以在 700℃范围内正常工作，而配对在铸铁盘上的合成闸片却无法适应这种高温工作环境。合成材料中的主要成分是树脂和橡胶等有机成分，当摩擦表面温度上升到 370℃左右，其中的有机成分就会发生热分解，影响到摩擦副的使用性能。粉末冶金摩擦材料的出现就很好地解决了这一问题。目前在 200km/h 以上的高速动车组，摩擦副都是采用钢材制动盘 / 粉末冶金闸片。

在目前速度下的高速列车，增加摩擦副数量，钢材制动盘 / 粉末冶金闸片还勉强能承受得住热负荷。当列车迈向更高速度时，作为安全制动方式的摩擦制动，在制动材料上或许需要向陶瓷材料寻求帮助。

6. 航空机轮摩擦副

航空机轮盘式制动装置包含制动动盘和静盘，两种制动盘交替叠装，可以形成相当大的摩擦表面。制动过程中，活塞压向制动盘，动、静盘之间发生摩擦，使得机轮产生制动减速作用。粉末冶金片一般被固定于静盘或动盘骨架上，对偶材料为耐磨铸铁，一般被浇铸于钢骨架上制作出双金属盘，构成双金属 / 粉末合金摩擦副。由于双金属制造工艺复杂，后期又改变为合金钢单金属对偶，构成钢 / 粉末合金摩擦副。最初用于航空的粉末冶金材料以铜基材料为主，但其耐高温性能和基体强度已不能满足新型飞机的使用要求。当前粉末冶金研究的重点放在铁基材料和铜铁基材料上，其动摩擦系数一般确定在 0.2~0.3 范围内。试验和使用证明，铁基或铜铁基粉末冶金 / 钢制动副比铜基粉末冶金 / 钢制动副有更高的耐高温性能和基体强度。铁基摩擦材料如能继续改进，在寿命方面还有很大的潜力。

在制动效果方面，碳 / 碳复合材料的优势和潜力最突出，它具有摩擦性能稳定、热性能优越、重量轻、且具有一定结构强度的良好综合性能，这样便有可能集摩擦功能、热库和结构功能于一体，且可用同一材料制造动、静盘。这种种材料最高使用温度可达 1700 ~ 1800℃，产品设计温度可达 800℃，热吸收能力高于钢铁材料，而热膨胀系数又低于钢铁材料，尤其突出的是材料的强度不会随温度的升高而降低。国外不但在新型飞机上广泛采用碳 / 碳复合材料，而且还将已经采用的钢制动结构进行改装，如波音 747、波音 757、波音 767、协和飞机、鸥式飞机等都改用了碳 / 碳复合材料。

6.2 热力学仿真

制动温度的获取可通过理论计算、计算机仿真和试验测量几种手段。理论计算比较复杂，且只能粗略地估算大致的温度，难以在工程实践中推广应用。计算机仿真和试验测量相结合的方法已经成为工程实践中广泛采用。

6.2.1 理论基础

制动器的功用之一是储存和 / 或散发接触面产生的热能。由于制动器结构的完整性与摩擦表面的温度有关，因此大多数理论研究的目的在于确定紧急停车制动、重复或持续制动期间所产生的温升。研究结果指出，在紧急停车制动的情况下，摩擦表面应尽可能大，以降低其温度；而对于持续制动，制动器的热容量和对流换热是主要的应对方式。也就是说，停车制动的主要设计参数与持续制动不同。理论研究还指出，对于有机合成摩擦材料，在停车制动期间产生的热量约有 95% 为制动鼓或制动盘吸收，而 5% 的热量由制动蹄或制动片所吸收。而粉末冶金摩擦材料因掺杂了很多金属材料，使得这种摩擦材料的热传导能力增强，因此可以将产生的较大部分热量传给制动蹄或制动片。下面以轨道交通车辆盘形制动器为例，来介绍有限元温度仿真方法。

6.2.2　热流密度

根据能量守恒定律，将列车运行过程中的动能损耗作为制动盘的热负荷，施加在制动盘的摩擦区域。在保证计算精度的基础上进行合理简化，可以将动能转化的热能以热流密度的方式均匀加载到制动盘摩擦环上。各速度区间内任意时刻单位轴重的动能减小量为：

$$Q=\frac{1}{2}\eta M\left(v_0{}^2-v^2\right) \tag{6.2}$$

式中　η——列车动车转化成热能的效率，主要考虑基本运行阻力等因素，一般取 0.9；

M——轴重（kg）；

v_0——制动初速度（m/s）；

v——列车任意时刻的行驶速度（m/s）。

此时，求得的热量为一根车轴上所有摩擦副共同的热量，具备到某一个制动面的热量为：

$$Q_{\mathrm{d}}=\frac{1}{2n}\eta\gamma M\left(v_0{}^2-v^2\right) \tag{6.3}$$

式中　n——每轴制动盘摩擦面数量；

γ——制动副热流分配系数。

将热量对时间求导，再除以制动盘单侧摩擦面积，即可得到各速度区间任意时刻的热流密度函数：

$$q_{\mathrm{d}}(t)=\frac{\eta\gamma Ma\left(v_0-at\right)}{nS} \tag{6.4}$$

式中　S——制动盘单侧摩擦面积（m^2）；

a——制动减速度（$\mathrm{m/s}^2$）。

6.2.3　摩擦面积的确定

制动盘的摩擦面积是指闸片在制动盘摩擦面上扫掠的总面积，包括正反两侧。制动盘单侧摩擦面积的制动公式为：

$$S=\pi\left(R_2{}^2-R_1{}^2\right) \tag{6.5}$$

式中　R_1——制动盘摩擦圆环的内半径；

R_2——制动盘摩擦圆环的外半径。

对于踏面制动和鼓式制动器，摩擦面积的概念与制动盘类似。闸片的摩擦面积即是闸片摩擦接触表面的面积。摩擦面积的示意图见图 6.3。

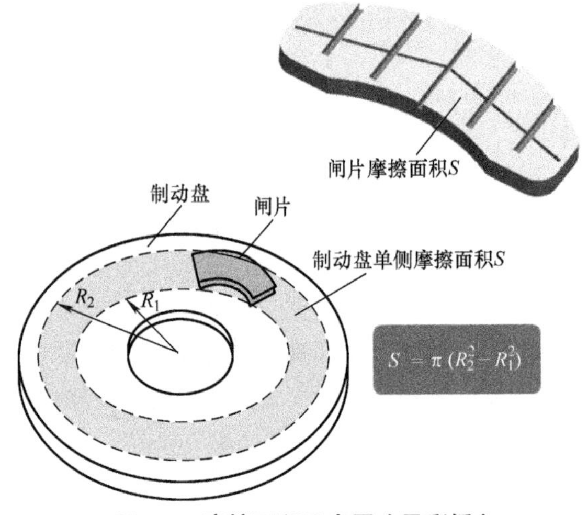

图 6.3　摩擦面积示意图（见彩插）

6.2.4　热流分配系数的确定

摩擦副之间的制动能量分配是不易预测的，热能的分配直接与摩擦副接触面的热阻有关。下面以盘形制动器来加以说明。假设传入制动盘和闸片的热量可由等效热阻网络来确定，见文献 [11]：

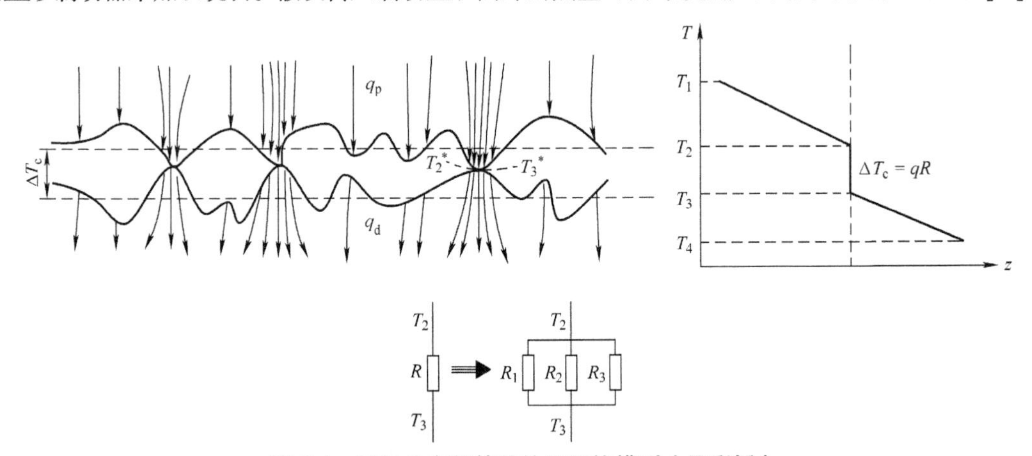

图 6.4　热阻分布及等效热阻网络模型（见彩插）

那么稳态条件下的制动能量分配可表示为：

$$\frac{q_d}{q_p}=\frac{\sum R_p}{\sum R_d} \tag{6.6}$$

式中　q_d——流入制动盘的热流密度 [J / (m^2 · s)]；

q_p——流入闸片的热流密度 [J / (m^2 · s)]；

R_p——闸片中热流传导热阻 [K / W]；

R_d——制动盘中热流传导热阻 [K / W]。

对于短时间的制动来说，闸片和制动盘可以认为是半无限大的固体。在这种条件下，对于接触面等温及产生的总热量等于制动盘和闸片吸收的热量这两项要求，可得：

$$\frac{q_d}{q_p}=\frac{\sqrt{\rho_p c_p \lambda_p}}{\sqrt{\rho_d c_d \lambda_d}} \tag{6.7}$$

式中 ρ_d——制动盘的密度（kg/m^3）；

ρ_p——闸片的密度（kg/m^3）；

c_d——制动盘的比热容 [J/（kg・K）]；

c_p——闸片的比热容 [J/（kg・K）]；

λ_d——制动盘的导热系数 [W/（m・K）]；

λ_p——闸片的导热系数 [W/（m・K）]。

用材料性能来表示产生的总热量由制动盘吸收的部分，就变得较为方便了。由于产生的总热量等于 q_d+q_p 的要求及式（6.7），可得出制动盘吸收的相对制动能量 γ 的关系式如下：

$$\gamma=\frac{q_d}{q_d+q_p}=\frac{\sqrt{\rho_d c_d \lambda_d}}{\sqrt{\rho_d c_d \lambda_d}+\sqrt{\rho_p c_p \lambda_p}} \tag{6.8}$$

对于持续制动或重复制动来说，由于较高制动温度的结果而发生了热对流交换，因此式（6.8）具有更为复杂的形式。图 6.5 所示为持续制动时热流分配的示意图。

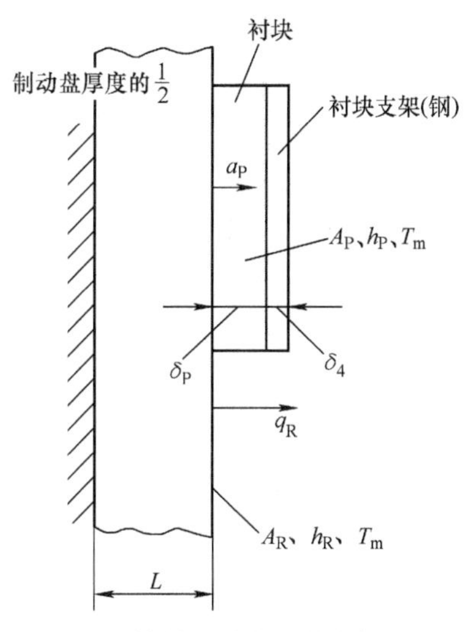

图 6.5　持续制动期间的热流分配

对于稳态情况，制动盘中将不储存能量。因此，制动盘的热阻 R_d 可由式（6.9）给出：

$$\sum R_d=\frac{1}{h_d A_d} \tag{6.9}$$

式中 A_d——制动盘的表面积（m^2）；

h_d——制动盘的对流换热系数 [W/（m^2・K）]。

制动片的热阻 R_d 为：

$$\sum R_{\mathrm{p}}=\frac{1}{h_{\mathrm{p}}A_{\mathrm{p}}}+\frac{\delta_{\mathrm{p}}}{\lambda_{\mathrm{p}}A_{\mathrm{p}}}+\frac{\delta_{\mathrm{s}}}{\lambda_{\mathrm{s}}A_{\mathrm{p}}} \tag{6.10}$$

式中 A_{p}——制动片的表面积（m^2）；

h_{p}——制动片的对流换热系数 [W/（m · K）]；

λ_{p}——制动片材料的导热系数 [W/（m · K）]；

λ_{s}——制动片底板的导热系数 [W/（m · K）]；

δ_{p}——制动片材料的厚度（m）；

δ_{s}——制动片底板的厚度（m）。

根据热流分配系数公式，制动盘的热流分配可由下式得出：

$$\gamma=1+\frac{h_{\mathrm{d}}A_{\mathrm{d}}\lambda_{\mathrm{p}}\lambda_{\mathrm{s}}}{h_{\mathrm{d}}A_{\mathrm{d}}(\lambda_{\mathrm{p}}\lambda_{\mathrm{s}}+\delta_{\mathrm{p}}h_{\mathrm{p}}\lambda_{\mathrm{s}}+\delta_{\mathrm{s}}h_{\mathrm{p}}\lambda_{\mathrm{p}})} \tag{6.11}$$

求得制动盘的热量分配比例后，剩余的热量则为闸片所吸收。

由于辐射的热量只占制动鼓或制动盘热传递的 5% ~ 10% 左右，因此在大多数制动情况中，辐射作用略而不计。然而，对于可能达到较高温度的制动器来说，比如使用粉末冶金摩擦片时，热辐射作用对热传递起显著作用，此时不能忽略热辐射产生的影响。

6.2.5 对流换热系数的预测

制动器制动盘温度的计算，需要随车速而变化的对流换热系数的相关数据。在许多情况下，只要计算某一平均车速下的对流换热系数就足够了。必须指出的是，任何表示对流换热系数的关系式仅能得出近似的结果。温度的预测和实测值之间的误差为 10% ~ 30% 时，可以认为是正常的。通常通过调整对流换热系数，直到使预测和实测的结果相一致，可以得到优异的相关性。下面以通风制动盘为例来说明对流换热系数的计算。

制动盘的对流散热分为两个过程：在制动过程中，制动盘散热处于空气受迫对流散热状态；制动结束后，制动盘散热处于自然对流散热状态。车辆整个运行过程中的对流换热系数变化趋势如图 6.6 所示。

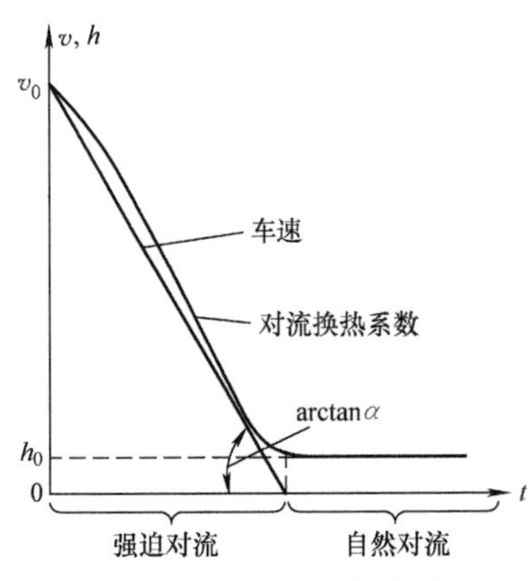

图 6.6 制动盘对流散热过程

制动过程中制动盘的对流换热属于强迫对流，根据不同部位的特点可以将散热模型按照摩擦面、外缘和散热筋三个部位来处理，如图 6.7 所示。

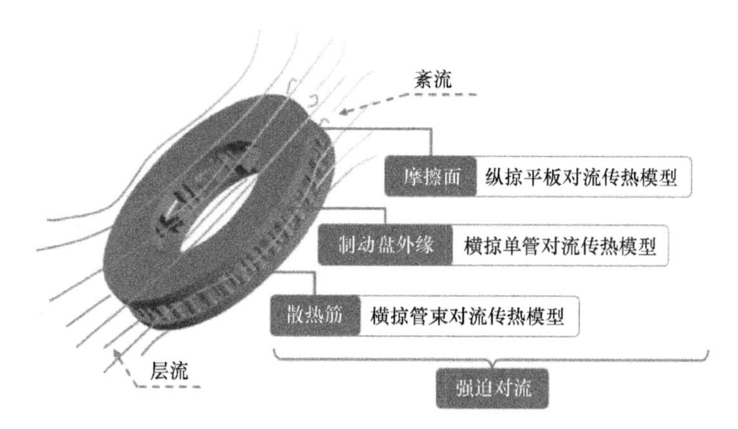

图 6.7　制动盘散热模型

空气通过制动盘摩擦面的模型可认为是纵掠平板对流传热模型，示意图见图 6.8。它的特点是来流方向和板长方向平行，如果流体在纵掠平板过程中发生了层流、紊流的转变，则流体纵掠平板的边界层的分布为：在平板前部是层流边界层，后部是紊流边界层，这样的边界层称为混合边界层。

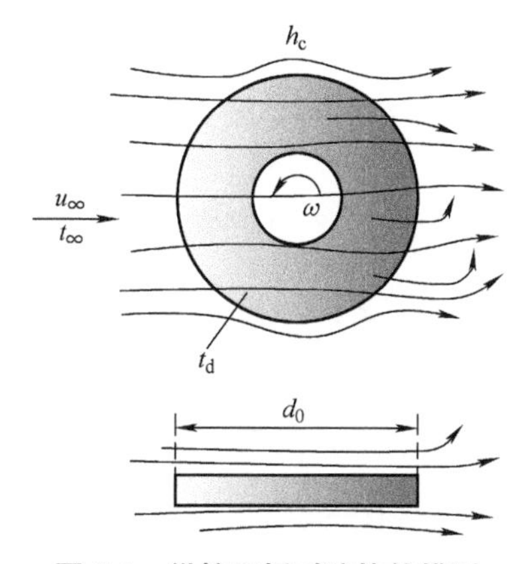

图 6.8　纵掠平板对流换热模型

与对流传热相关的特征数有雷诺数 Re、普朗特数 Pr 及努谢尔数 N_u 其意义如下：

1）流体纵掠平板的局部 Re 数 Re_{xm} 定义为：

$$Re_{xm} = \frac{u_\infty x}{\nu} \tag{6.12}$$

式中　u_∞——来流速度；

ν——流体运动黏度系数；

x——平板上某处距前缘距离；

Re_{xm}——局部雷诺数，第一个下标 x 代表局部雷诺数，第二个下标 m 表示 Re_{xm} 定义式中查取流体物理参数的定性温度 t_m，其计算方法为：

$$t_m = \frac{1}{2}(t_\infty - t_d) \tag{6.13}$$

式中 u_{∞}——大气温度（K）；

t_{d}——盘面温度（K）。

一般取流体纵掠平板层流边界层向紊流边界层转变的临界雷诺数为 5×10^5。

2）普朗特数 Pr：Pr 数表示流体流动量扩散能力和热量扩散能力的相对大小。

$$Pr=\frac{\nu}{\alpha} \tag{6.14}$$

式中 ν——流体运动黏度系数（m^2/s）；

α——热扩散系数（m^2/s）。

3）努谢尔数 N_{u}：N_{u} 是待定准则数，表示流体在贴壁处温度梯度的大小。

$$N_{\mathrm{u}}=\frac{h_{\mathrm{c}}d}{\lambda} \tag{6.15}$$

式中 h_{c}——对流换热系数 [$W/(m^2\cdot K)$]；

d——制动盘直径（m）；

λ——导热系数 [$W/(m\cdot K)$]。

根据流动雷诺数 Re 来判断流动状态，各种流动状态的喷段及特征关联式为：

① $Re_{\mathrm{m}}\leqslant5\times10^5$，$0.6<Pr_{\mathrm{m}}<50$ 流动状态为层流，

$$Nu_{\mathrm{m}}=0.664Re_{\mathrm{m}}^{\frac{1}{2}}Pr_{\mathrm{m}}^{\frac{1}{3}} \tag{6.16}$$

② $5\times10^5<Re_{\mathrm{m}}\leqslant10^8$，$0.6<Pr_{\mathrm{m}}<60$，流动状态为紊流

$$Nu_{\mathrm{m}}=0.037Re_{\mathrm{xm}}^{\frac{4}{5}}Pr_{\mathrm{m}}^{\frac{1}{3}} \tag{6.17}$$

③ 很多情况下，是层流和紊流混合存在，

$$Nu_{\mathrm{m}}=0.037\left(Re_{\mathrm{xm}}^{\frac{4}{5}}-23500\right)Pr_{\mathrm{m}}^{\frac{1}{3}} \tag{6.18}$$

由式（15）可得空气定性温度 t_{m} 下平均对流换热系数为：

层流，$Re_{\mathrm{m}}\leqslant5\times10^5$，$0.6<Pr_{\mathrm{m}}<50$：

$$h_{\mathrm{c}}=0.664\left(\frac{u_{\infty}x}{\nu}\right)^{\frac{1}{2}}Pr_{\mathrm{m}}^{\frac{1}{3}}\lambda/d \tag{6.19}$$

紊流，$5\times10^5<Re_{\mathrm{m}}\leqslant10^8$，$0.6<Pr_{\mathrm{m}}<60$：

$$h_{\mathrm{c}}=0.037\left(\frac{u_{\infty}x}{\nu}\right)^{\frac{4}{5}}Pr_{\mathrm{m}}^{\frac{1}{3}}\lambda/d \tag{6.20}$$

混合边界层：

$$h_c = 0.037\left[\left(\frac{u_\infty x}{\nu}\right)^{\frac{4}{5}} - 23500\right] Pr_m^{\frac{1}{3}} \lambda / d \tag{6.21}$$

气流通过制动盘外圆柱的模型采用横掠单管的模型，示意图见图 6.9。横掠单管的临界雷诺数 Re 为 1.4×10^5。在制动中，制动盘圆周面对流散热时，空气的雷诺数 Re 为：

$$Re_m = \frac{u_\infty d}{\nu} \tag{6.22}$$

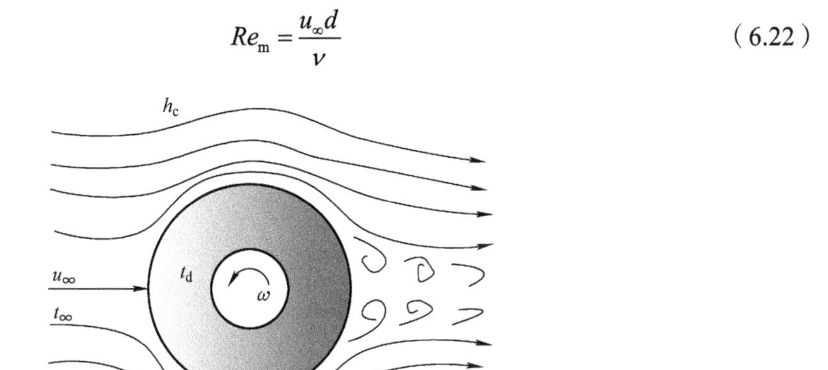

图 6.9　横掠单管对流换热模型

u_∞的计算方法为制动盘的运动为车轮随车辆的平动加制动盘自身的旋转，故盘面上来流速度 u_∞是车辆行驶速度 v 与制动盘自转切向速度 v_r 的几何合成，v 与 v_r 相互垂直，则可由勾股定理得到 u_∞：

$$u_\infty = \sqrt{v^2 + (\omega r)^2} \tag{6.23}$$

式中　ω——制动盘转动圆频率（rad/s）；

r——制动盘半径（m）。

对流换热系数为：

$$h_c = C\lambda Re_m^n Pr_m^m \left(\frac{Pr_m}{Pr_d}\right)^{\frac{1}{4}} / d \tag{6.24}$$

运行使用该式的条件为 $Pr_m = 0.7 \sim 500, Re_m = 1 \sim 10^6$。其中，常数 C、n、m 见表 6.1 和表 6.2。

表 6.1　流体横掠单管时计算式中的取值

Re_m	C	n
$1 \sim 40$	0.75	0.4
$40 \sim 10^3$	0.51	0.5
$10^3 \sim 2 \times 10^5$	0.26	0.6
$2 \times 10^5 \sim 10^6$	0.076	0.7

表 6.2　流体横掠单管时计算式中的的取值

Pr_m	m
< 10	0.37
> 10	0.36

散热筋板间的几何结构复杂，空气流速难以精确计算，所以取车辆速度近似模拟空气流速 u_∞。同时将制动的初始温度 20℃设定为实验的环境温度。

气流通过散热筋的模型可认为是横掠管束对流传热，示意图见图 6.10。管束排列方式在工程中常用的有顺排和叉排两种，管束排列方式对对流传热的影响是非常明显的。顺排时后排管子位于前排管子的尾迹中，部分管面积没有受到流体的直接冲刷，而叉排时后排管子受到前排管子来流的直接冲刷，因此管子前半部分的传热强度比顺排高，从而叉排的平均对流传热系数在其余情况相同时比顺排高。制动盘散热筋的排布比较适合用叉排方式。

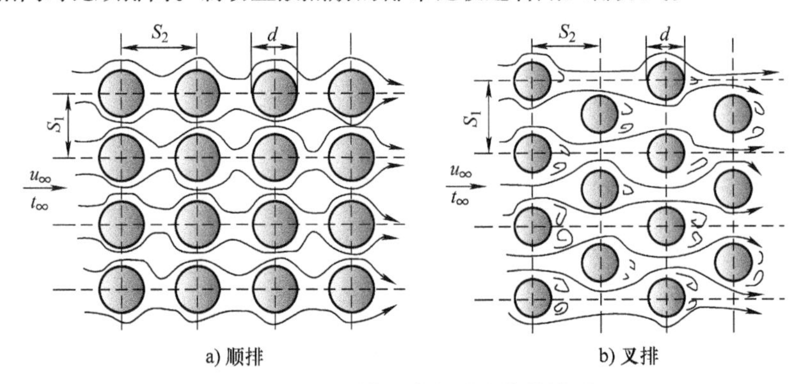

图 6.10　流体横掠管束对流换热模型

特征数关联式采用下式：

$$h_c = C_1 \lambda Re_m^n Pr_m^m \left(\frac{Pr_m}{Pr_d}\right)^k \left(\frac{s_1}{s_2}\right)^p \varepsilon_z / d_1 \tag{6.25}$$

式中　Pr_m——定性温度对应的普朗特数；

Pr_d——盘面温度对应的普朗特数；

ε_z——管排修正系数；

d_1——散热筋直径（m）；

常数 C、n、m、k、p 按表 6.3 查取。

流体横掠管束模型 C 和 n 的取值见表 6.3。

表 6.3　流体横掠管束模型 C 和 n 的取值（排数≥ 16）

排列方式	Re_m	C_1	n	m	k	p
顺排	$1 \sim 10^2$	0.9	0.4	0.36	0.25	0
	$10^2 \sim 10^3$	0.52	0.5	0.36	0.25	0
	$10^3 \sim 2\times10^5$	0.27	0.63	0.36	0.25	0
	$2\times10^5 \sim 2\times10^6$	0.33	0.8	0.36	0.25	0

（续）

排列方式	Re_m	C_1	n	m	k	p
叉排	$1 \sim 5 \times 10^2$	1.04	0.4	0.36	0.25	0
	$5 \times 10^5 \sim 10^3$	0.71	0.5	0.36	0.25	0
	$10^3 \sim 2 \times 10^5$，$s_1/s_2 \leqslant 2$	0.35	0.6	0.36	0.25	0.2
	$10^3 \sim 2 \times 10^5$，$s_1/s_2 > 2$	0.4	0.63	0.36	0.25	0.6
	2×10^5，2×10^6	0.031	0.8	0.36	0.25	0.2

两次制动之间的车辆停车阶段，制动盘上虽然没有热量的输入，却依然存在热对流现象。这种情况下的对流与车辆行驶过程中的强迫对流不同，它是一种由于空气流体温度场的不均匀所引起的流动和换热现象，称之为自然对流。不均匀的温度场会造成不均匀的密度场，由此产生的浮升力成为运动的动力。

自然对流的一个重要准则数为格拉晓夫数 G_r，它在自然对流换热中的作用与雷诺数在强迫对流中的作用相当。G_r 为流体所受的浮升力与黏性力的比值，其表达式见式（6.26）。G_r 越大，表明浮升力作用越强。

$$G_r = \frac{g\alpha_V\left(t_d - t_\infty\right)l^3}{\nu^2} \tag{6.26}$$

式中 g——重力加速度（m/s^2）；

α_V——体积膨胀系数；

l——制动盘特征长度（m）；

t_∞——大气温度（K）；

t_d——盘面温度（K）；

ν——流体运动黏度系数（m^2/s）。

一般地，自然对流换热的准则关联式可写成：

$$N_u = C(G_r Pr_m)^n \tag{6.27}$$

由此可得自然对流换热系数 h：

$$h = \frac{C\lambda\left(G_r Pr_m\right)^n}{l} \tag{6.28}$$

式中 Pr_m——定性温度 t_m 对应的普朗特数；

λ——导热系数 [W/（m·K）]。

系数 C、n 可通过表 6.4 查取。

表 6.4　自然对流模型 C 和 n 的取值

表面形状及位置	适用范围	系数		
		流态	C	n
竖平壁或圆柱	$10^5 \leqslant G_r Pr_m \leqslant 10^9$	层流	0.59	1/4
	$10^9 \leqslant G_r Pr_m \leqslant 10^{12}$	紊流	0.10	1/3
横圆管（柱）	$10^5 \leqslant G_r Pr_m \leqslant 10^9$	层流	0.48	1/4
		紊流	0.10	1/3

确定了载荷输入和边界条件以后，需要给定制动盘在初始时刻的盘面温度，一般取室温或者实际设定的初始温度值。完成上述条件，将其带入到建立的网格模型，设置计算参数即可进行计算了。

6.3 试验方法

由于摩擦副的好坏直接影响到制动系统性能的优劣，关系到交通工具的运行安全。因此，不管是新研制的摩擦副还是已在运用中的摩擦副，都必须按照规定进行一系列的性能试验，合格后方能配套到制动系统上装车或装机；装车或装机以后仍要进行试验，合格后才准投入运用；运用中还要经常按照规定进行必要的试验。按照所要达到的性能要求，摩擦副试验可分为机械性能试验、摩擦性能试验和环保性能试验。其中机械性能试验和摩擦性能试验是摩擦副要装车或装机的强制性试验，因环保性能目前尚未作为必须满足的技术指标，故环保性能试验仅作为研究性试验。

6.3.1 机械性能试验

摩擦副的机械性能试验就是摩擦副静止件的摩擦材料物理性能和力学性能参数的测量和测试。关于各项物理量的测试，相关技术标准对通用材料的试验已经有非常详尽的描述。对于摩擦材料与通用材料之间共性的部分，本书不再赘述，而仅针对摩擦材料在试验过程中需要区别的地方进行讨论。

摩擦副静止件一般称为摩擦片，在轨道交通车辆里就是闸片、闸瓦。在摩擦材料进行机械性能试验时，都不可避免需要进行试样的制取。用于产品最终评定的机械性能试验，试样必须来自产品样件，而不是单独压制的试验样件。试样的大小，位置、方向、制取过程的环境条件都必须要满足标准对相关试验项点的要求。比如，在进行冲击强度试验时，试样必须沿闸片长度方向制取；而进行抗压强度和压缩模量测试时，试样必须沿闸片厚度方向制取。制取式样过程中应避免试样过热，试样制取后应在试验环境下至少放置 24h 再进行试验，以免对试验结果造成误差。

各项性能的测试都会存在加载环节，载荷的加载面是有要求的。各项性能测试都尽可能还原实际应用的真实情况，这是测试的总原则。根据试样制取的方向，按照摩擦片实际受力面，确定测试过程中载荷的加载面。比如，对于抗压强度和压缩模量测试，加载面应该为试样的摩擦面；对于剪切强度测试，加载面为摩擦面的长度方向。

轨道交通车辆所使用的闸片或闸瓦都要进行密度测试，用以考察摩擦材料的物理结构或组成变化，评价试样的均一性。对于密度的测试，标准推荐的是浸渍法，或液体比重瓶法，或滴定法。但是，此类方法只适用于无孔材料。市场上出现的微孔型摩擦材料显然无法按照标准来进行密度试验，通常可以通过测量试样的质量和体积，直接算出密度来。

摩擦片都要进行剪切强度测试，需要注意的这项测试包括摩擦体本身的剪切强度，以及摩擦体和钢背黏结面的剪切强度两个方面。前面一项考察的是摩擦材料本身的抗剪能力，后面一项考察的是黏结剂的黏结能力。不同种类的摩擦片对剪切强度测试的内容要求不一样，有的只需要测试摩擦体与钢背黏结面的剪切强度，如汽车制动片、制动蹄和轨道交通车辆合成闸瓦。有的则需要测试摩擦体以及摩擦体与钢背黏结面的剪切强度两项内容，如高速动车组粉末冶金闸片。

6.3.2 摩擦性能试验

摩擦磨损性能是摩擦副性能中最基础也是最重要的性能，它主要指在不同制动工况条件下的摩擦磨损特性。评价摩擦磨损特性的方法有很多，但由于摩擦磨损性能的特点，在于性能依赖制动条件的不同而不同。因此，制动条件下的摩擦磨损性能检测，通常需要与制动条件相一致的摩擦磨损试验方法和设备。

1. 摩擦副材料性能试验方法

摩擦副材料性能的测试依据测试方法的不同，测试数据有所差别。从摩擦速度的变化方式，可采用两种测试方式，一种为定速摩擦试验，另一种为惯性制动试验。两种测试方法相比，定速摩擦实验机是在恒速条件下，测定的一个时间段摩擦系数的平均值，该值反映了此速度条件下摩擦性质。因此，这种方法可以考察一恒定速度条件下的摩擦磨损性能。在惯性制动条件下，惯性制动试验机的速度为一个逐渐降低的过程，所测的各种性能与实际制动条件有较好的相似性。

依据试验设备的结构和功能以及试验方法，可分为小样试验、台架试验和装机现场试验。

（1）小样试验

小样试验是以小尺寸标准试样为试验对象，按小样试验标准规范，在相应的小样试验机上进行的试验。它的试验条件选择范围较宽，影响因素容易控制，在短时间内可以进行较多参数和较多次数的试验，试验数据重复性较好，对比性较强，易于发现其规律性；小样试验具有试验简捷、设备投资与试验费用低等优点，但试验模拟条件与摩擦副工作时的实际工况有一定差距，其试验结果不足以评价制动材料在实际工况条件下的真实使用性能。小样试验的目的在于考察制动材料在特定试验条件下的材料特性，常用于新产品开发前期的配方研究与筛选试验。

（2）台架试验

台架试验是在相应的专门台架试验机上进行。选择与实际结构尺寸相同或相似的摩擦副，并模拟实际使用条件进行试验。它的目的在于选择摩擦副的合理结构、校验试验数据、考察对偶件在模拟实际工况条件下的可靠性。

相对于小样试验来说，台架试验项目和内容较多，虽然试验过程复杂、周期长，设备投资与试验费用高，但其工况模拟范围较广，模拟程度更接近于实际使用条件，对摩擦副材料性能的描述更全面，其试验数据可靠性强，容易被接受，台架试验更多地用于产品性能的最终评定和产品质量的最终验收。

（3）现场装机试验

现场装机试验是制成实际使用的摩擦副，在实际使用条件下进行试验。

2. 摩擦磨损试验台种类

根据试验台规格，可分为小样试验台、缩比试验台和 1:1 制动动力试验台。

（1）1:1 制动动力试验台

制动过程本质上是个能量转换的过程。1:1 制动动力试验台以实物为试验对象，以能量相等为原则，即实物试验对象在试验台上承受的制动能量，与其在现车上承受的制动能量相等；试验台一个制动单元的制动能量，与车辆一个制动单元的制动能量相等。试验条件与现车运用条件相同，试验台的运转速度与现车的运行速度相等。因此，试验台试验结果能够真实、准确地反映试验对象的实际性能。

1:1 制动动力试验台以实际车轮与闸瓦或制动盘与闸片为试验对象，按国际铁路联盟（UIC）标准，可进行磨合试验、持续制动试验、停车制动试验、洒水试验、静摩擦试验。

1）磨合试验。试验中将闸瓦或闸片在运转的车轮上进行磨合，直至接触面达到指定的要求（通常为 95% 以上）。试验过程为：主电动机达到预设的速度，稳速后，主电动机断电，同时通过液压站、伺服系统对闸瓦施加给定压力实现制动，直到转动停止后，泄压使闸瓦或闸片与制动面脱开，完成一次制动。间隔若干秒或者等闸瓦温度降到设定值之后，主电动机再次自动启动，过程同上，直到完成预设的制动次数，磨合试验结束。

2）停车制动试验。停车制动是列车运行中常用的制动方式，就是指使运动的列车减速至停止而实施的制动动作。按照制动力大小可分为轻停车制动和重停车制动两种。试验台能按照不同速度、不同制动力和不同制动模式进行多次循环试验。测试系统记录试验数据，并得出制动距离、平均摩擦系数、瞬时摩擦系数曲线、闸瓦和车轮温度变化曲线等指标。停车试验过程与磨合试验过程完全相同。

3）持续制动试验。持续制动试验又称坡道试验，是模拟列车在下坡时实施的制动过程，要求在整个过程中速度保持不变。试验台能按照不同速度和不同制动模式进行试验。测试系统记录试验数据，并得出瞬时制动力、瞬时减速力、瞬时摩擦系数曲线、闸瓦和车轮温度变化曲线等指标。试验过程为主电动机开机并达到预设速度，稳速后，加压制动，同时主电动机继续工作，保持车轮按预设的速度匀速运行，达到预设的制动时间后，主电动机停止工作，泄压，完成一次试验。

4）洒水试验。在停车试验的基础上，向车轮踏面或制动盘洒水，以模拟列车在雨天中的运行状态，洒水量可按要求进行调节。

5）静摩擦试验。静摩擦试验的目的是检测摩擦副的最大静摩擦系数。具体试验过程是：主轴与静摩擦装置连接固定，闸瓦或闸片加压后，通过静摩擦装置推动主轴转动（转动量极小），记录下此过程中最大的扭矩，从而计算出闸瓦或闸片的最大静摩擦系数。

（2）缩比制动动力试验台

利用 1:1 试验台测试制动性能是准确的，然而，这种试验方法投资大、试验费用高，试验周期长，因此大都用于产品的性能检测。为解决这方面的问题，在产品的研制中，常采用与实际试件具有相似关系的模型代替实际试件，用模型试验代替原型试验或实物试验，这种试验称之为模型试验。利用模型试验可大大降低研发成本，并加快研发速度。一般情况下，模型相对于实物原型往往是按一定几何比例缩小的，因此，模型试验也称为缩比试验。由于缩比试验装置体积小，制造相对容易，装卸方便，因此，较之原型试验，可大幅度减少设备投资与试验费用，减少时间和空间。

◆ 缩比试验原理

缩比试验是对 1:1 试验的模拟，为保证缩比试验结果与 1:1 试验具有可比性，缩比试验与 1:1 试验必须在各个参数上是相似的。一般来说，由于条件原因，要实现对原型试验完全不失真地模拟几乎是不可能的。因此在某种意义上，缩比试验是一种近似试验。由于摩擦材料摩擦磨损的过程及机理非常复杂，参与的因素较多。因此，在确定缩比试验参量的种类时，应主要考虑试验过程中主要起决定性作用的因素，并保证其相似条件，忽略次要的、非决定性的因素和相似条件，使缩比试验不会导致严重的偏差。

摩擦学研究表明，影响摩擦材料摩擦磨损的主要因素有摩擦副的材料特性及几何尺寸，对偶件热容量，摩擦线速度，摩擦面接触比压，摩擦面滑摩功（率），摩擦面温度，摩擦面周围温度场等。因此确定摩擦材料缩比试验模拟准则具体为：

① 摩擦副结构形式及材质的一致性，几何尺寸具有比例关系；

② 摩擦半径处的线速度、制动减速度相等；

③ 摩擦面上工作比压相等；

④ 摩擦温度升降温方式及温度变化过程相同；

⑤ 摩擦材料单位面积承受的摩擦功（率）相等；

⑥ 摩擦制动盘单位体积承受的热负荷相等。

缩比试验也采用飞轮方式模拟惯性负载。从相似性考虑，以 2 个试样双面摩擦方式模拟 1:1 试验 2 个制动闸片双面摩擦，并采用与 1:1 试验相同的试验方法与标准，其试验参数是以 1:1 试验参数为基础，按相似常数进行换算而设置。其试验项目和过程与 1:1 试验完全相同。

（3）定速摩擦试验台

定速摩擦试验台没有惯性飞轮，只能做定速条件下的摩擦试验。定速摩擦试验台的设计原理是遵循摩擦线速度相等、制动压力相等原则。试验台提供动力的电动机可以由直流电动机或三相异步交流电动机构成，通过变频器和三相异步电动机组成变频调速系统，实现无级调速。

（4）现场装机试验

制动溜放试验是求闸瓦摩擦系数的一个传统的方法。试验过程是；用机车牵引若干辆货车或客车（包括试验车），在达到预定速度后，摘开机车与车辆组之间的车钩，使机车继续运行，车辆组则由试验车施行紧急制动直至停车，然后根据测得的闸瓦压力、制动初速和制动减速度，按减速度与闸瓦摩擦系数的关系，反算出摩擦系数的数值。

6.3.3　摩擦副测温

尽管计算机仿真软件的功能越来越强大，仿真的模型也越来越真实，然而大部分的理论和模型都存在一定的假设和简化，如假定制动过程中摩擦系数不变，环境温度恒定，不考虑磨耗等，因此通过计算机数值模拟的方法获得的闸片摩擦表面温度分布并不是最真实的温度场。实际测量闸片表面温度变得不可或缺，测量的结果一方面可以为数值模拟提供准确的边界条件，另一方面可以对数值模拟的结果进行验证。

摩擦副表面温度测量属于运动物体的温度测量，测量场合比较复杂，用常规的测量手段难以得到满意的结果。目前国内外对于运动物体表面温度的测量主要有热电偶测温，红外技术测温和表面贴覆测温等几种方法。

1. 热电偶测温

热电偶测温属于接触式测温方式中的一种，其原理是材料不同的两种金属焊接在一起，当参考端和测量端存在温度差时，就会产生热电势，该热电势与温差满足一定的函数关系，通过对热电偶产生的热电势进行测量，就可以获取所需的温度。目前，我国标准化的 8 种热电偶，测量范围在 −200~1800℃，热电偶具有结构简单，响应快，适合远距离测量和自动控制的特点，自 1821 年德国物理学家塞贝克发现热电效应以来，已被广泛应用在接触表面的温度测量中，在科研和工业实践中发挥重要作用。

关于摩擦表面的温度测量，汽车行业对制动器和离合器摩擦件都有相应的规定，处理的方法一般都是对测量部位开凿通孔，预埋热电偶并固定，以距离摩擦表面一定位置的温度测量值代替表面的真实温度。

美国汽车工程师协会推荐对于制动鼓的温度测量采用热电偶，根据制动鼓内径大小，热电偶距离摩擦表面的位置也不一样。对于内径为 277 ~ 278mm 的制动鼓，热电偶距表面 2.55mm；内径为 278 ~ 279mm 的制动鼓，热电偶距表面 3.05mm; 内径为 279 ~ 280mm 的制动鼓，热电偶距表面 3.55mm。中国汽车行业规定，对于制动衬片的温度测量，将热电偶固定于开凿在衬片上的一个通孔内，偶头距离摩擦表面 1mm；对于制动鼓或制动盘的温度测量，在制动鼓宽度方向或制动盘摩擦面的中心钻通孔，将热电偶固定于孔内，偶头距离摩擦表面 0.3 ~ 0.5mm，热电偶引出线与集流环连接。

尽管该方法操作简单，工作可靠，但在摩擦表面开凿通孔，破坏了原有温度场，使得测量结果并非原有真实温度。

为减小开凿通孔对摩擦表面温度场影响，很多时候都是用盲孔来代替通孔，即用热电偶测量距离摩擦表面一定厚度位置的温度替代表面真实温度。在盲孔中预埋热电偶测温的准确性与偶头距离摩擦表面的距离有很大关系，距离摩擦表面越远，测温结果误差越大。被测物体的导热系数对温度测量结果影响也很大，当导热系数很小时，被测物体沿垂直表面的方向存在很大的温度梯度，此时盲孔中预埋热电偶测量的温度与表面温度差异很大。当试验对测温的准确性要求非常高时，就必须想办法让热电偶接触到摩擦表面，以便获得表面真实温度。

热电偶作为接触法测温的代表，在常规测温方法中是比较准确、比较稳定的一种，但涉及到运动的摩擦表面测温，如何减小它对摩擦表面温度场的破坏，是提高其测温准确性的关键。

2. 红外测温

红外测温技术属于非接触式温度测量中的一种，在运动物体表面温度的测量方面很有优势。任何高于绝对零度的物体都会对外辐射能量，辐射能量又与本身温度有关，红外测温则是根据接受被测物体辐射来测量其温度的。常用的红外测温仪器有红外测温仪和热成像仪，测温仪是对单个点的温度进行测量，而热成像仪测量的是整个面的温度。

红外测温的对象大部分是转动物体，若采用热电偶来代替红外测温，解决导线的引出方式比较困难。因此，红外测温应用在旋转件能发挥出其优势。目前，对于制动盘和闸片摩擦副的温度，比较常见的是制动盘采用红外测温，闸片采用热电偶测温。

被测物体的表面状态对红外测温影响较大，很多时候测量结果的准确度还需验证。在摩擦试验台上为验证测温结果的准确，通常采用红外测温与热电偶测温相结合的方式进行互相验证。

3. 表面贴覆测温

表面贴覆测温是将薄膜热电偶贴在摩擦面进行温度测量，属于接触测温的一种。但与其他接触测温方法相比，其对摩擦副表面温度场的破坏小很多，在科研试验中应用越来越广泛。

相比常规的热电偶测温，薄膜热电偶因其体积小，响应速度快，能够及时捕捉到表面的温度变化，对原有温度场破坏作用小，测量精度高。但薄膜热电偶的制作工艺复杂，限于现有的技术，在工程实践中应用并非最广泛。

6.3.4　环保性能试验

由于没有公开的专门针对摩擦副材料而制定的环保性能试验标准，可以根据摩擦副实际应用条件，对相近行业相对成熟的试验方法加以改进，进而用于摩擦副环保性能试验。本书从石棉成分检测、重金属检测、有害气体检测、制动粉尘测试和噪声测试几个方面对摩擦副环保性能试验展开讨论。

1. 石棉成分检测

石棉是一个比较宽泛的概念，它是指天然的纤维状的硅酸盐类物质的总称。石棉包含两大类，一类是蛇纹石类的纤维状硅酸盐矿物，如温石棉；另一类是角闪石类的纤维状硅酸盐矿物，如铁石棉、蓝石棉、透闪石、阳起石及直闪石。

对摩擦材料进行石棉检测之前，需要从摩擦体上取样，并捣成粉末。对于试样粉末的制备，要求试样要具有代表性，并且在制备的过程中要防止粉末扩散到环境中造成污染。关于石棉的检测分为定性检测和定量检测。根据 GB/T 23263—2009《制品中石棉含量测定方法》的规定，石棉含量的试验方法首先用粉末 X 射线衍射仪及偏光显微镜进行定性分析，确认是否含有石棉。然后，对于被认定为“含有石棉”的试样，根据 X 衍射分析方法，进行石棉的定量分析。图 6.11~ 图 6.13 分别为摩擦副材料中石棉含量定性分析方法和定量分析方法流程图。

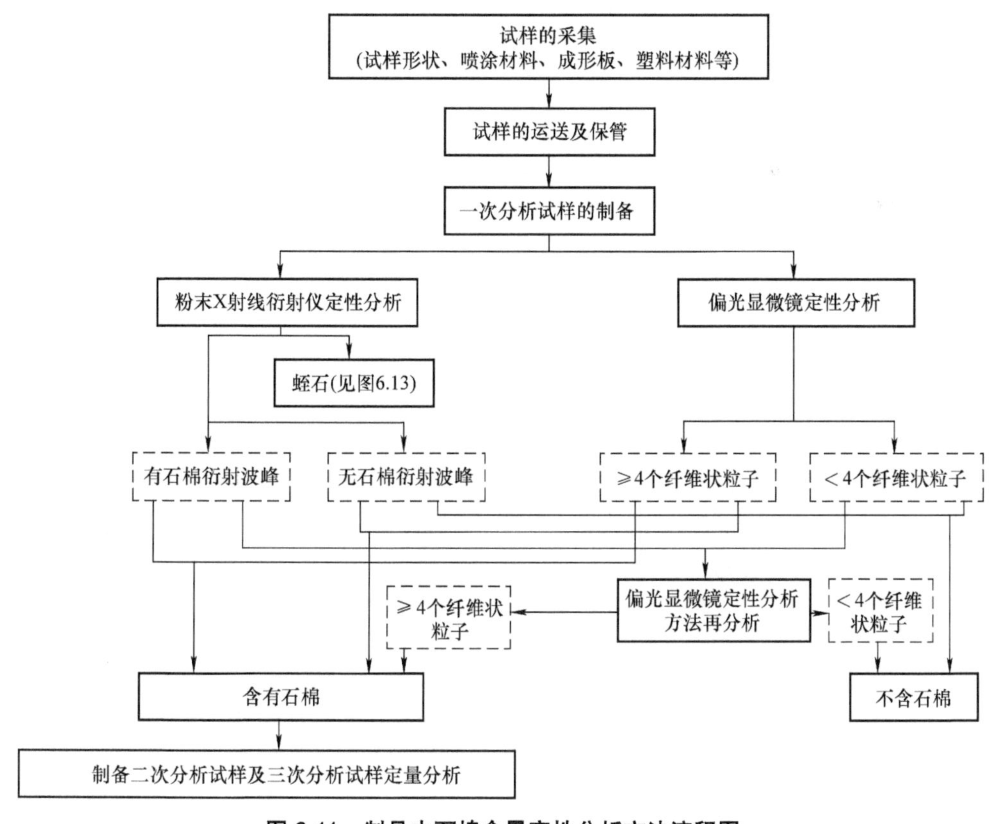

图 6.11　制品中石棉含量定性分析方法流程图

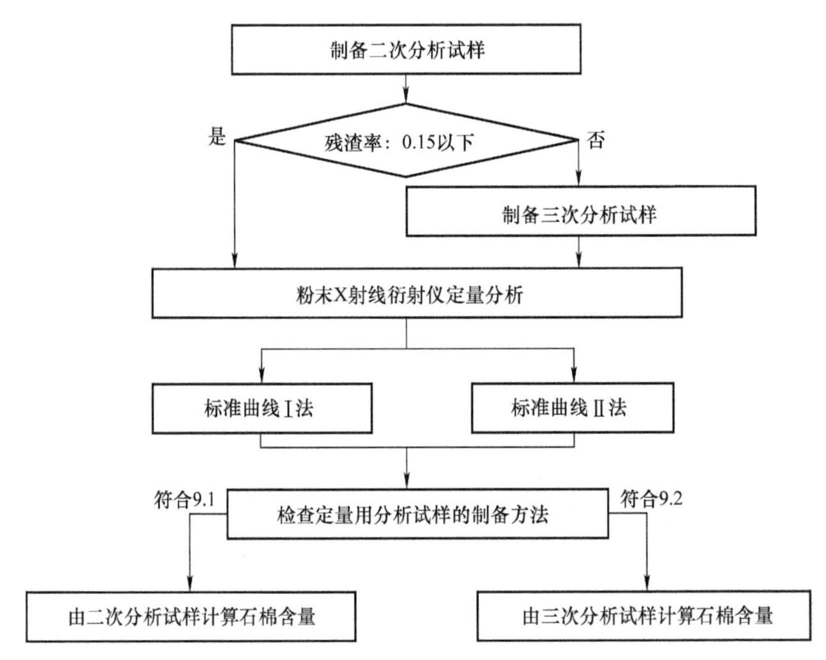

图 6.12　制品中石棉含量定量分析方法流程图

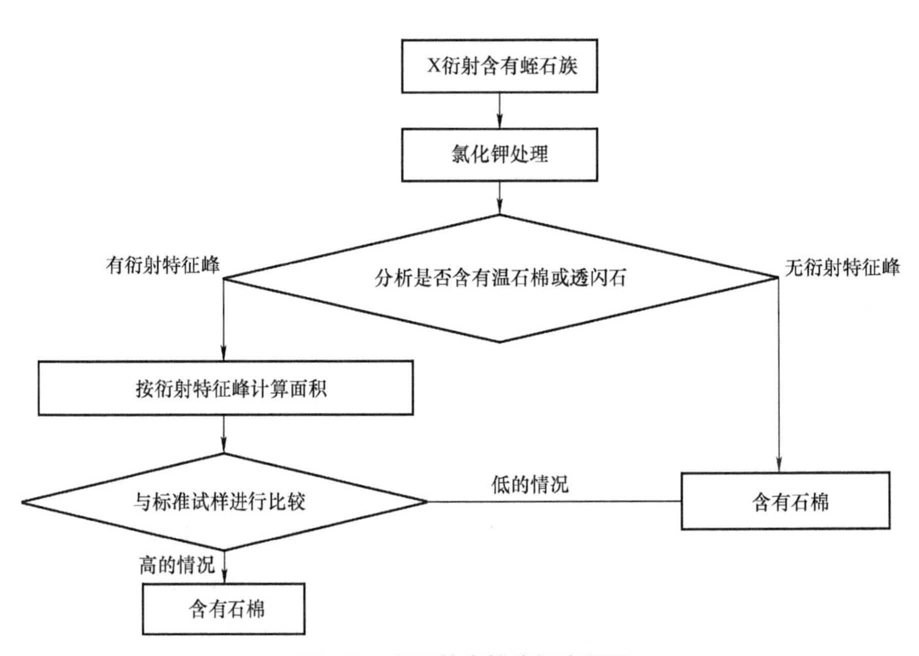

图 6.13　蛭石的定性分析流程图

定性分析中使用的偏光显微镜分散染色法是根据试样的形状及试样的折射率用颜色的变化来判断是否含有石棉；X 衍射分析方法是当 X 射线照射到石棉上，每种石棉会有自己的特征峰，根据这个特征来判断试样中是否含有石棉。石棉 X 射线衍射特征峰是由所含石棉的量决定的，所以通过分析试样的 X 射线衍射特征峰与已知含量的石棉所产生的特征峰进行对比，就可以确定制品中石棉的含量。

2. 重金属检测

与石棉成分的检测类似，重金属检测也是对摩擦材料取样检测。样品的制取和前处理可以参照 HJ/T 299—2007《固体废物 浸出毒性浸出方法 硫酸硝酸法》进行。重金属含量的测量可以按照 GB 5085.3—2019《危险废物鉴别标准 浸出毒性鉴别》附录 B 中的电感耦合等离子体质谱法。该方法的原理是将样品由载气（氩气）引入雾化系统进行雾化后，以气溶胶形式进入等离子体中心区，在高温和惰性气氛中被去溶剂化、汽化解离和电离，转化成带正电荷的正离子，经离子采集系统进入质量分析器，质量分析器根据质荷比进行分离，根据元素质谱峰强度测定样品中相应元素的含量。应用电感耦合等离子体质谱法，可以对摩擦材料浸出液中的铅（Pb）、镉（Cd）、锑（Sb）、汞（Hg）、锌（Zn）和铜（Cu）等元素进行分析。

3. 制动粉尘测试

制动粉尘的测试是将摩擦材料制动过程中产生的气体样本，按照一定的方法测定出粉尘的含量，进而推算出空气中粉尘的浓度。气体样本的制取可参照 GBZ 159—2004《工作场所空气中有害物质监测的采样规范》进行。气体中粉尘浓度的测定可以参照 GBZ 192.1—2007《工作场所空气中粉尘测定 第 1 部分：总粉尘浓度》进行。

制动粉尘测试的难点在于测试样本的选取，这一问题的本质在于什么样的样本才最具有代表性，测试的结果才最能反映摩擦材料在实际应用过程中产生的粉尘所造成的影响。这其中的涉及到的问题包括试验场地的选择、试验工况的选择、取样位置的选择以及取样时间的选择。

首先，试验场地选择实车现场还是台架试验仓甚至是缩比试验室，这关系到测试结果的真实性。与摩擦试验同样的道理，实车现场试验肯定是最真实的。但是，对于某项特定参数的研究，实验室内模拟试验显然更具有可控性，因此台架试验仓可以作为测试制动粉尘的一种选择。

其次，何种制动工况更能反映出摩擦材料产生制动粉尘的量，这也是个值得研究的问题。原则上只要是同一种工况，就可以对不同摩擦材料进行粉尘测试结果的比较，得出相对优劣的结果。但是，要从绝对角度来衡量一种摩擦材料产生制动粉尘的性能，必须要尽可能贴合实际情况。一个可行的办法就是选取摩擦副可能遇到的最恶劣的制动工况，这种工况能够更多地产生制动粉尘。

接下来，最难抉择的问题是气体采样器的分布位置和数量该如何选择。分布位置涉及到采样器在空间的三个坐标，这是个比较有难度的问题。但是确定了以真实情况下人对于粉尘的最大吸入量为目标以后，这个问题便有了解决的方法。首先，确定出实际情况下，乘客或司机距离摩擦副的最近水平位置，作为气体采样器的水平坐标值。然后，取人体呼吸入口的高度作为气体采样器的垂坐标值，采样器的最佳位置即可确定。由于制动器可能不止一个，所以最佳位置也可能是多个。这种方法确定下来的最佳位置只是理论上的，实际在台架试验仓布置时可能会受到试验场地的限制，需要根据场地实际情况对位置进行修正。

最后，采样器取样时间的选取会影响最终测试结果。GBZ 159—2004《工作场所空气中有害物质监测的采样规范》对于气体采样一般推荐 10 ~ 15min，这个时间相对于一次制动的时间已经相当长了。空气中制动粉尘的浓度是摩擦副多次制动累积的结果，因制动间隔不一样，每个时段所测得的结果是有差异的。好在台架试验可以控制试验条件，仅对单次制动产生的粉尘进行测量。这就需要试验前，对试验仓进行清洁，避免仓内原有粉尘影响测试结果。在这种情况下，只需要根据采样标准规定的最佳采样时间来采集气体即可。

4. 有害气体测试

与制动粉尘测试类似，有害气体的测试也是收集摩擦材料制动过程中产生的气体样本，按照一定方法测定出空气中所测气体的浓度。气体样本的制取可参照 GBZ 159—2004《工作场所空气中有害物质监测的采样规范》进行。每一种气体的采样方法都一样，但需要注意，有的气体是否要求特殊保存方法。测定方法依具体所要测试的气体种类而定，表 6.5 给出了几种有害气体的测试方法。

表 6.5　有害气体测试方法

气体种类	方法	参照标准
一氧化氮（NO）	盐酸萘乙二胺分光光度法	GBZ/T 160.29—2004《工作场所空气有毒物质测定　无机含氮化合物》
二氧化氮（NO_2）	盐酸萘乙二胺分光光度法	GBZ/T 160.29—2004《工作场所空气有毒物质测定　无机含氮化合物》
一氧化碳（CO）	不分光红外线气体分析仪法	GBZ/T 160.28—2004《工作场所空气有毒物质测定　无机含碳化合物》
二氧化硫（SO_2）	盐酸副玫瑰苯胺分光光度法	GBZ/T 160.33—2004《工作场所空气有毒物质测定　硫化物》
甲醛	酚试剂分光光度法	GBZ/T 160.54—2007《工作场所空气有毒物质测定　脂肪族醛类化合物》

5. 制动噪声的测试

制动噪声的测试是一个比制动粉尘和有害气体测试更加棘手的问题，除了要解决诸如测试点位置的问题外，还要保证测试过程中测得的噪声是制动摩擦产生的。交通领域关于车辆或者飞机在运行过程中的噪声测试是有相关技术标准，但不是专门针对制动的。直接使用标准规定的方法进行试验，测得的结果是运行过程中车辆整体以及环境共同的噪声，不能很好地用于评价摩擦副制动噪声。而在台架试验中，制动过程除了冷却风声的影响外，只有摩擦副发出的制动噪声。由于冷却风速是不变的，制动过程中的背景噪声也就是恒定的。在测得的制动噪声结果上考虑试验台背景噪声后进行修正，即可得到真实的摩擦副制动噪声。由于试验台的环境与车辆或飞机实际运行的环境有很大差异，试验结果比较适合不同产品之间进行相对比较。

参考文献

[1] 刘晓斌，李呈顺，梁萍，等．制动片用无石棉摩擦材料的研究现状与发展趋势 [J]. 材料导报，2013，27（1）：265-267.

[2] 中国铁道科学研究院．城市轨道交通车辆制动系统第 9 部分合成闸片技术规范：T/CAMET04004.9—2018. [S]. 北京：中国铁道出版社，2018.

[3] 中国铁道科学研究院．城市轨道交通车辆制动系统第 10 部分合成闸瓦技术规范：T/CAMET04004.10-2018.[S]. 北京：中国铁道出版社，2018.

[4] 国家铁路局．动车组用粉末冶金闸片：TB/T 3470-2016. [S]. 北京：中国铁道出版社，2016.

[5] 柯尔．汽车工程手册（美国版）[M]. 田春梅，李世雄，等译．北京：机械工业出版社，2012.

[6] 杨尊社，穆宇新．航空机轮及制动装置研制进展 [J]. 航空制造技术，2000（4）：28-29.

[7] 布勒伊尔，比尔 . 制动技术手册 [M]. 刘希恭，译 . 北京：机械工业出版社，2011.

[8] 王文霞，张弦，茆巍浩 . 汽车无石棉制动摩擦片材料研究现状 [J]. 上海第二工业大学学报，2007，24（4）：291-294.

[9] 中国铁道科学研究院 . 城市轨道交通车辆制动系统第 1 部分电空制动系统通用技术规范：T/CAMET04004.1-2018. [S]. 北京：中国铁道出版社，2018.

[10] 杨尊社，穆宇新 . 航空机轮及制动装置研制进展 [J]. 航空制造技术，2000（4）：28-29.

[11] 鲁道夫 . 汽车制动系统的分析与设计 [M]. 张蔚林，陈名智，译 . 北京：机械工业出版社，1985.

[12] 国家市场监督管理总局 . 汽车用制动器衬片：GB5763-2018. [S]. 北京：中国标准出版社，2008.

[13] 符蓉，高飞 . 高速列车制动材料 [M]. 北京：化学工业出版社，2011.

[14] 杨永军，蔡静 . 特殊条件下的温度测量 [M]. 北京：中国计量出版社，2008：3-4.

[15] SAE J661，Brake Lining Quality Test Procedure[S].Society of Automotive Engineers，1997.

[16] 机械工业部 . 汽车制动器 温度测量和热电偶安装：QC/T 556-1999. [S]. 长春汽车研究所，1999.

[17] 国家质量监督检验检疫总局 . 制品中石棉含量测定方法：GB/T 23263-2009[S]. 北京：中国标准出版社，2008.

[18] 国家环境保护总局 . 固体废物浸出毒性浸出方法 硫酸硝酸法：HJ/T 299-2007. [S]. 北京：中国环境出版社，2007.

[19] 国家环境保护总局 . 危险废物鉴别标准 浸出毒性鉴别：GB 5085.3 2007. [S]. 北京：中国标准出版社，2007.

[20] 卫生部 . 工作场所空气中有害物质监测的采样规范：GBZ 159-2004. [S]. 北京：中国标准出版社，2004.

[21] 卫生部 . 工作场所空气中粉尘测定 第 1 部分：总粉尘浓度：GBZ 192.1-2007. [S]. 北京：中国标准出版社，2007.

第 7 章　EMB 系统防滑控制

7.1　概述

所有交通运输工具都离不开制动，所有依赖黏着的制动方式都需要防滑。当轨面、路面或跑道处于比较湿滑的状态时，防滑控制可以使轨道交通车辆和汽车在制动时，以及飞机在着陆时减小车轮或机轮的打滑概率，减轻其滑行程度，保证安全的制动距离。本章先介绍黏着的相关知识，然后阐述防滑控制技术的发展历程，防滑控制系统的设计要求、系统组成、工作原理以及性能评价。

7.2　黏着

对于轨道交通车辆而言，其制动力按获取方式可分为黏着制动力和非黏制动力。黏着制动力产生过程如图 7.1 所示，轮对与钢轨接触并存在黏着作用，当轮对在制动装置（如电机或机械制动装置）传来的旋转力矩 T 的作用下，轮轨间出现相对运动的趋势时，轮对就对钢轨产生一个作用力 B'，如忽略轮对转动惯量的影响，其值 $B'=T/R$。当 B' 小于等于轮轨间的黏着力（轮轨间正压力与黏着系数的乘积）时，钢轨对轮对产生反作用力 B。这一与列车运行方向相反的外力即为制动力。B 与 B' 为相互作用力，两者大小相等，方向相反。

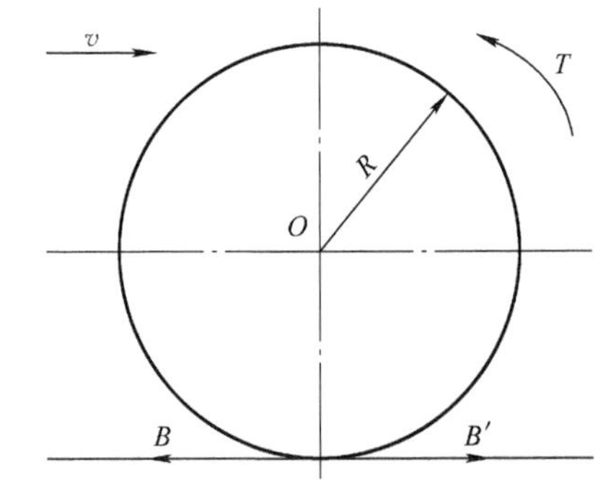

图 7.1　黏着制动力的产生示意

黏着制动力的大小受轮轨黏着力的限制，当 B' 大于轮轨间的黏着力时，轮轨间的接触状态由黏着转为滑行，由于轮轨间滑动摩擦系数小于黏着系数，因此在滑行状态时制动力 B 将小于 B'。

类似的，汽车的制动方式全部需要依赖轮胎与路面间的黏着力（汽车领域一般称为附着力）;飞机在着陆后也需要机轮与跑道间的黏着力（航空领域一般称为结合力）提供部分制动力。

黏着力与轮轨间正压力之比称为黏着系数；附着力与轮胎对路面的正压力之比称为附着系数；结合力与机轮对跑道的正压力之比称为结合系数。三者的定义和形成原理相似，但特性有所不同。由于汽车和飞机机轮制动都是轮胎 - 路面接触，这里将两者统一进行介绍，出于描述简便的目的，将汽车和飞机的这种橡胶轮胎 - 路面接触关系下的附着系数和结合系数统一称为附着系数。相对地，轨道车辆钢轮 - 钢轨接触关系则对应黏着系数。

7.2.1　黏着系数

黏着是一种复杂的物理现象，反映了车轮与轨道之间的接触状态。如图 7.2 所示，车轮与钢轨在很高的压力作用下都有少许变形，轮轨间实际上并非点接触，而是椭圆形面接触，接触区域可以分为黏着区和滑动区。轮轨接触面也不是纯粹的静摩擦状态，而是静中有微动或滚中有微滑的状态。在轨道车辆制动理论中，把这种状态称为黏着。黏着系数是表示车轮与钢轨间黏着状态的指标，体现了车辆的制动力传递给钢轨的可能程度。影响轮轨黏着系数的主要因素有接触表面的宏观几何状态，湿滑、油、落叶等轨面污染，雨雪霜、空气温湿度等气象条件，车辆速度，轴重，坡道、弯道等线路条件。图 7.3 展示了干轨和湿轨条件下黏着系数随滑移率的变化。

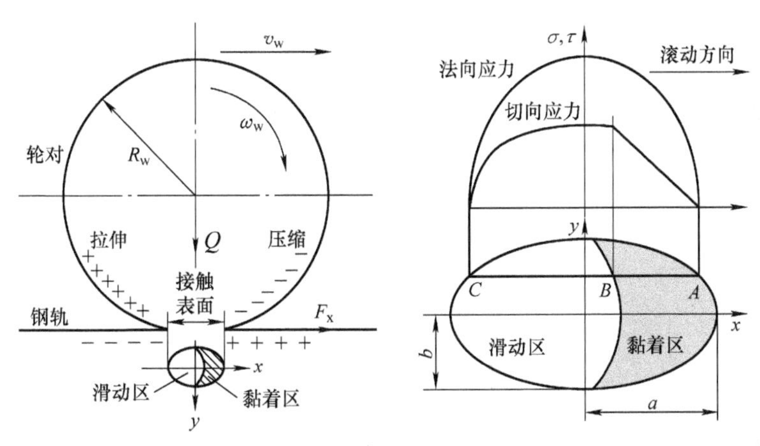

图 7.2　黏着力的形成示意

根据 TSI：2008/232/EC 条款 4.2 中制动轮轨黏着限制需求，列车的设计和制动性能计算不应假设轮轨黏着值超过以下的限制值：制动过程中，如果速度低于 200km/h，最大轮轨黏着系数不应超过 0.15。当速度达到 350km/h 时，最大轮轨黏着系数不应超过 0.1。当速度处于两者之间时，最大轮轨黏着系数进行线性插值。停放制动设计用的利用黏着系数不应高于 0.12。城市轨道交通车辆的制动利用黏着系数一般取 0.14 ~ 0.16。

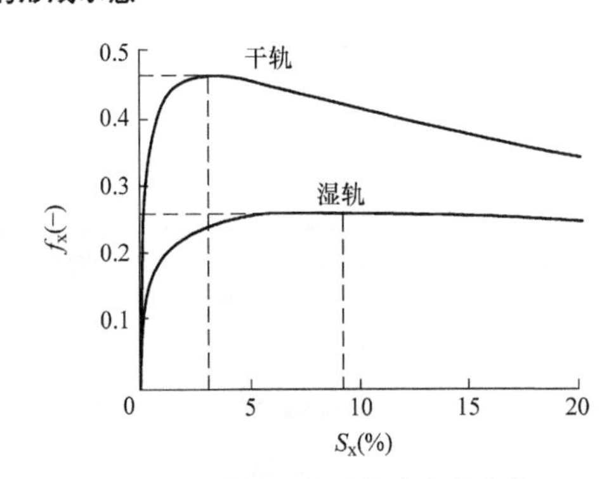

图 7.3　黏着系数随滑移率的变化

7.2.2　附着系数

汽车和飞机一般使用橡胶轮胎，轮胎与路面接触时会形成压痕区。轮胎滑移率是由滑动滑移率和形状变化滑移率（或称变形滑移率）两部分组成。形状变化滑移率是由在压痕区中在圆周负荷下环线运行、交变变形引起的，并如图 7.4 所示，其开始区为线性附着系数 - 滑移率曲线，然后随着滑移率值增加而下降并在 100% 制动滑移率时处于纯滑动。图 7.5 表示出借助 FEM 手段得到的理想的剪切力和动态耦合力情况。

如图 7.5 所示，随着制动滑移率的提高，则在支撑面中形成一个扩大的滑动区。从退出方向出发，随着剪切的增加，则在进入方向上的滑动区扩大。在达到最大滑移率之前，几乎整个接触区短暂地处在滑动状态。在地面支撑面前部分中称为附着区的部分是表明特性区。在此区域内只出现极小的滑动速度，因此存在着宏观的部分附着。

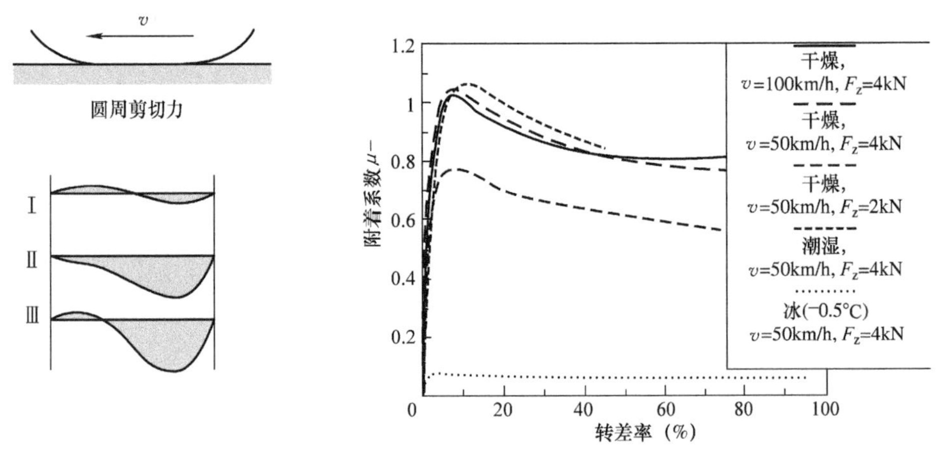

图 7.4　压痕区中的剪切力分配与制动滑移时的动态耦合力负荷

Ⅰ = 纯滚动　Ⅱ = 制动剪切力　Ⅲ = 叠加的（理想的）

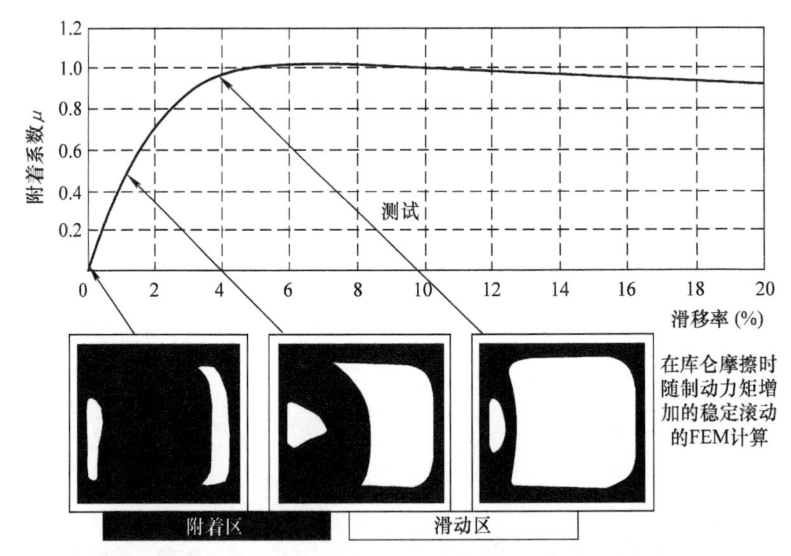

图 7.5　轮胎路面接触区及其随滑移率的变化规律（左图为进入；右图为退出）

橡胶轮胎与地面间的附着系数（结合系数）与很多因素有关，如行驶速度、滑移率、垂直载荷、轮胎充气压力、轮胎侧偏角、滑移角、轮胎新旧程度、轮胎花纹形式、路面状况等。附着系数的大小影响汽车和飞机的制动性能，制动距离与纵向附着系数有关，转弯性能和滑行方向控制能力与侧向附着系数有关。随着滑移率增大，侧向附着系数减小，特别是冰雪、积水等路面条件下，侧向附着系数更小，汽车和飞机的滑行方向极易失控。图 7.6 展示了在干燥的水

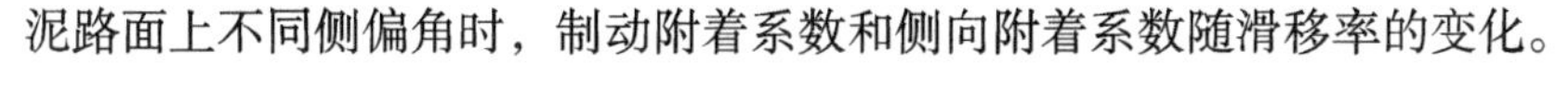

泥路面上不同侧偏角时，制动附着系数和侧向附着系数随滑移率的变化。

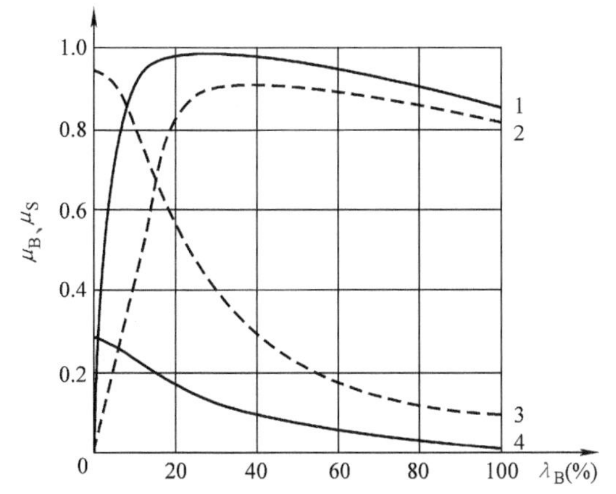

图 7.6　干燥的水泥路面上不同侧偏角时制动附着系数和侧向附着系数随滑移率的变化

1—在侧偏角 α=2° 时的制动附着系数　2—在侧偏角 α=5° 时的制动附着系数　3—侧偏角 α=5° 时的侧向附着系数　4—侧偏角 α=2° 时的侧向附着系数

λ_B—制动滑转率　μ_B—制动附着系数　μ_S—侧向附着系数

相同轮胎的附着系数 - 滑移率曲线形状与路面类型和表面特性有关。图 7.7 表示了几种路面的曲线，利用附着系数随滑移率的增大先增大到一个最大值，然后下降到滑移率 100%（即抱死状态）时的附着系数。附着系数最大值一般处在 8% ~ 25% 的滑移率范围。在一些短波路面上，如圆石铺砌的路面，附着系数最大值向滑移率高的方向推移（见图 7.7 中的 55 干燥曲线）。图 7.8 表示出了一种轮胎型号在车 30km/h 时对于不同路面及干、湿路况下的最大可能附着系数 μ_{max} 和抱死时的附着系数 μ_g（也就是滑动摩擦系数）。由此可以看出，摩擦因数散布在宽的范围中。在所有干燥路面上，最大附着系数可达 1.0 ~ 1.2，潮湿路面则有另外的情况。圆石铺砌路面的附着系数只有 0.4，沥青和混凝土路面可达 0.7 ~ 0.8，而对于特殊路面，如在赛道上或飞机跑道，就是潮湿条件下也能有 0.9 ~ 0.95 的高附着系数。

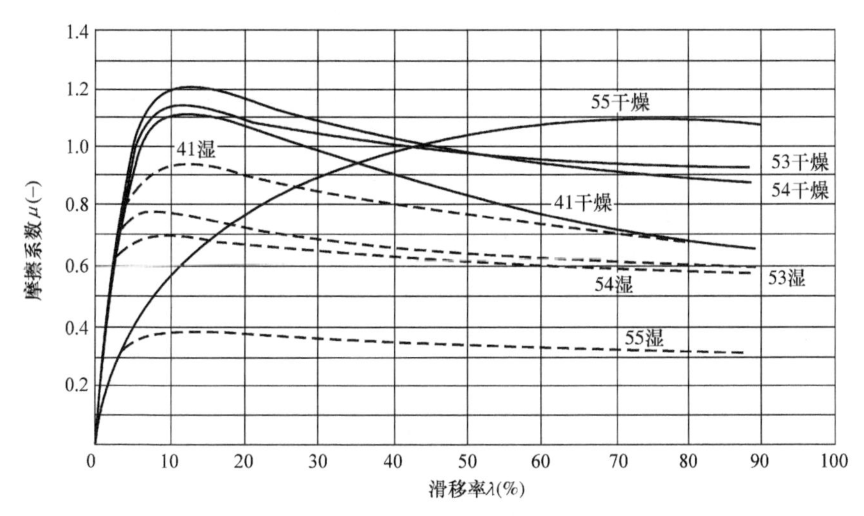

图 7.7　不同干、湿路面几种附着系数 - 滑移率曲线举例

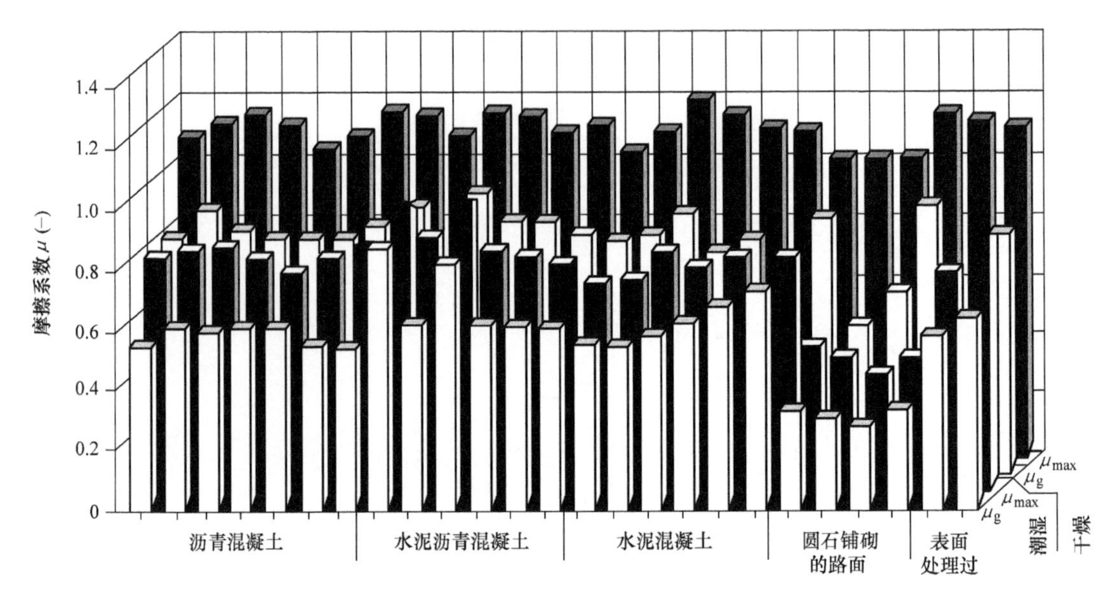

图 7.8　几种干、湿路面附着系数最大值和抱死附着系数

7.3　防滑控制技术发展历程

20 世纪初期人们就开始了防滑控制技术研究。防滑控制装置最早得到成功应用是在铁路机车上。当铁路机车的制动强度过大，出现车轮抱死滑移的现象时，车轮往往不能平稳运动而产生强烈的噪声和振动，轻则影响车轮和铁轨的寿命，重则出现危险的事故。为了避免这种现象发生，1908 年在铁路机车上安装了防抱死装置，并意外地发现制动距离也缩短了。早在 1936 年，德国博世（BOSCH）公司将电磁传感器用于测量车轮转速。当传感器探测到车轮抱死滑移时，调节装置启动，调节制动管路压力，这一思路一直延续至今。随后，1948 年美国的 WestinghouseAirBrake 公司开发了铁路机车专用的防滑装置。该装置利用装在车轴上的转速传感器测出车轴的减速度，然后通过电磁阀控制制动气压，实现防滑装置的自动控制。

飞机着陆时往往速度很高，如果此时制动强度过大，出现轮胎抱死现象，则可能发生轮胎磨损严重，从而出现破裂的危险局面。如果路面附着力系数较低，或者说路面较滑时，轮胎滑移将难以保证飞机直线行驶、保持一定的转向能力等的基本要求。为防止这些危险工况发生，防滑装置于 1945 年前后被尝试用于飞机上。先是德国人 Fritz Ostwald 的设计思想被美国政府用在喷气式飞机上。接着是 1948 年波音公司生产的 B-47 飞机上安装了 HydroAire 公司的防滑装置产品。从 20 世纪 50 年代开始，GoodYear 和 HydroAire 等公司分别开发出各具特点的防滑装置。这一时期防滑装置的特点是采用了初期的电子计算机，使防滑性能得到了很大的改善，以至于业界规定所有的民航飞机都必须安装防滑装置。

这一时期也是防滑装置由飞机向汽车上移植的时期。如 1951 年，GoodYear 航空公司在载货汽车上试装了飞机用防滑装置。1954 年，美国福特公司首先把法国生产的民航机用防滑装置应用在林肯牌轿车上。这些尝试虽然均以失败告终，但揭开了汽车应用防滑装置的序幕。汽车防滑控制系统一般称为 ABS（Anti-lock Brake System，防抱死制动系统），ABS 是现代汽车制动系统的关键部件之一，它是用来在汽车制动过程中防止车轮完全抱死，提高汽车在制动过程中的方向稳定性和转向操纵能力，缩短制动距离的一种安全装置。

经过长期坚持不懈的努力，1958年Dunlop公司开发出了用于载货汽车的ABS，美国福特公司最终与KelseyHayes公司合作，于1968年成功开发了车用ABS装置。于是，车用ABS装置的研究与开发受到各国研究部门及政府的支持。但随后十多年间，ABS装置的研究与发展却处于一个低谷时期。这是因为这一时期的ABS控制器采用的是分离元件的电子线路式模拟计算机。由于电子元件多、体积大，再加上汽车速度的提高，所研制的ABS功能仍然较差、可靠性也较低，不能满足汽车的使用要求。

20世纪70年代中后期开始，由于电子技术的发展，ABS控制器采用了大规模集成电路式的计算机。这种数字计算机不易受干扰，稳定性高、运算速度快，使得ABS的可靠性显著改善，功能也得以完善，装用ABS的汽车既能充分利用制动过程中的路面附着力系数，又能避开车轮制动时抱死滑移所产生的危险工况。加之汽车行驶速度的提高，致使制动时车轮抱死滑移成为行车安全的重大隐患之一，这也促使了ABS使用日益广泛。20世纪70年代末，欧洲开始批量生产用于轿车和商用汽车的ABS。

进入20世纪80年代，车用ABS装置在理论上与实践上都逐渐走向成熟。ABS控制器的硬件在采用数字式电路的基础上，采用了微处理器，输入、输出也朝着与汽车其他电子元件集成化、网络化的方向发展，精密液压元器件的制造技术也走向成熟。在软件上，ABS的控制逻辑向多元化方向发展，诸如最优控制、变结构控制及模糊控制得到了应用。计算机技术的发展又使ABS向纵深扩展，发展出驱动防滑ASR系统（Acceleration Slip Regulation）等。

7.4 防滑控制系统设计要求

7.4.1 一般原则

轨道交通车辆、汽车和飞机都主要应用依赖轮轨或轮胎路面之间黏着力（或附着力、结合力）的制动方式，在低黏着状态下，防滑控制要能否根据黏着状态的变化，实时、有效地调整制动力，从而达到保护轮对或轮胎不会擦伤或拖胎，充分利用黏着，达到较短制动距离。防滑控制系统是制动性能和安全性的重要保证，设计的一般原则是：

1）发生滑行时，防滑控制系统能进行有效抑制，当黏着恢复后，能尽快恢复制动力，避免车轮或机轮抱死和擦伤，保证制动距离。

2）在不同的外部条件和车辆参数下都能有效地进行防滑控制。

3）防滑系统的动作不能使备用电池的电量低于最低制动要求（施加一定制动压力，维持一定时间，并能重复一定次数）所需的电量，当备用电池电量低于设定值时，防滑系统应禁用。

7.4.2 轨道车辆防滑设计要求

轨道车辆领域的防滑控制系统设计一般需要参考相关标准规范的要求，主要包括铁路标准TB/T3009—2019和国际铁路联盟标准UIC541-05：2016、欧洲标准EN15595：2018、跨欧高速铁路系统车辆子系统的互通性技术规范TSI：2008/232/CE，以及动车组、地铁等车型的相关试验规范等。

关键要求包括以下这些。

1）相同制动方式和速度等级下，轨面黏着降低状态的制动距离比干燥轨面的制动距离延长不得超过 25%。

2）200km/h 以上速度等级的列车，滑行轴速度低于列车速度 40km/h 的时间应不大于 5s。

3）防滑器的设计速度应高于车辆的最高运行速度 V_{max}，当 $V_{max} \leqslant 200$km/h，应高于其 20% 以上；当 $V_{max} \geqslant 200$km/h，应高于其 10% 以上。

4）当车辆速度不大于 3km/h，除静止试验以外防滑器不应改变制动压力。

5）防滑器应确保制动压力连续降低的时间不大于 10s。

6）EN15595-2011 中有一些规定：制动距离最小延长，轮对最小损伤，轨道最小损伤，需要额外的轴速监控装置监测车轮抱死，车速 6km/h 以上时防滑系统处于可用状态。

7）TSI 还有一些规定：最大速度高于 150km/h 的列车应装有防滑系统，使用踏面制动的列车，当其设计的利用黏着系数高于 0.12 时应装有防滑系统；不使用踏面制动的列车，当其设计的利用黏着系数高于 0.11 时应装有防滑系统，防滑控制在紧急制动常用制动工况下都要起作用；动力制动的单元，WSP 应能控制动力制动力，如 WSP 系统不能使用，则动力制动应予以禁止或限制，以便要求的黏着限制高于 0.15；WSP 系统设计应按照 EN 15595：2018 clause 4 进行设计及根据 EN 15595：2018 clauses 5 and 6 中定义的方法论验证；如果一个单元配有 WSP，在与其他单元编组时应进行试验。WSP 系统相关部件需要根据标准 4.2.4.2.2 中紧急制动功能需求进行安全分析。

7.4.3 汽车防滑设计要求

根据相关法律法规的要求，2005 年 2 月以后汽车必须强制性安装 ABS。装有 ABS 的汽车制动时，ABS 直接控制的车轮（依据自身的运动状态来调节其制动压力的车轮）不能抱死滑移，但允许有短暂的车轮抱死，也允许车速低于 15km/h 时车轮抱死。评价 ABS 的主要指标是转向能力、稳定性和最佳制动距离。由此对 ABS 提出下述要求：

1. 设计要求

1）在调节制动过程中，汽车转向能力和行驶稳定性必须得到保证；

2）即使左右车轮的附着力系数不相等，无法避免的转向反应应尽可能小；

3）必须在汽车的整个速度范围内进行调节；

4）调节系统应该最有效地利用车轮在路面上的附着性，这时保持转向能力的考虑优先于缩短制动距离的目标；

5）调节装置应极快地适应路面传递能力的变化；

6）在波状路面上给以任意强的制动，汽车都能被完全控制住；

7）调节装置必须能识别出覆水路面，并对此做出正确的反应；

8）调节装置只能附加在常规制动装置上，如果出现损坏，安全通路必须自动断开调节装置而不出现不良作用，这时常规制动装置必须能全功能工作；

9）所有这些对调节装置的要求，在所有路面上用所有各自汽车允许的轮胎都必须得到满足。

2. ABS 的质量准则

高质量的 ABS 必须有高的可靠性、广泛的适应性及良好的性能。评判 ABS 应该遵循的质量准则概述如下。

（1）良好的行驶稳定性

为使汽车有良好的行驶稳定性，ABS 必须在汽车制动时使后轮具有足够大的侧向抵制能力，以抵抗足够大的外界侧向力，不致于发生后轴侧滑的不稳定制动工况。

（2）良好的转向能力

ABS 在汽车制动时，应使转向轮具有足够大的侧向控制力，而不致于发生侧滑，且转向轮不抱死滑移，保持汽车有良好的转向能力。

（3）高附着系数利用率

汽车装用 ABS 制动时，应有高的附着系数利用率，即合理的利用轮胎与路面间的潜在附着力。在一般情况下，装用 ABS 的汽车应具有良好的制动效能，即较短的制动距离和较高的制动减速度。

（4）舒适性良好

在汽车制动时如 ABS 对制动压力控制得不理想，发生严重的过制动或欠制动现象，会使汽车发生前后窜动的现象，制动舒适性很差，而且制动效能也不佳，这是不允许的。汽车行驶条件复杂多变，振动冲击大。ABS 的工作环境恶劣，且 ABS 又是制动系的一个组成部分，因此，ABS 必须具有高的可靠性，必须满足苛刻的汽车使用条件的要求。

3. 附着系数利用率要求

装用 ABS 的汽车在附着系数均匀的路面上制动时，附着系数利用率不得小于 0.75。装用 I 类 ABS 的汽车在左、右车轮位于不同附着系数的路面上制动时，附着系数利用率也要足够大。附着系数利用率的定义及其测试方法见相关标准方法。

4. 对道路条件突变的适应性

装有 ABS 的汽车制动过程中，路面附着力系数突变，附着力系数由高（$\phi \geqslant 0.5$）到低（$\phi 2<\phi 1$，$\phi 1/\phi 2 \geqslant 2$）或由低到高，ABS 直接控制的车轮不得抱死，且制动减速度应急速变化。一般讲，要求制动行驶中通过附着力系数突变分界线的车速在 50km/h 左右。

5. 产生电器故障可解除 ABS 的工作

如前所述，ABS 电器出现故障，如 ABS 继续参与工作，可能对制动压力进行误调节，这是十分可怕的。因此 ABS 电气系统一旦出现故障，必须能迅速终止 ABS 的工作，而 ABS 的调节器必须使常规制动管路畅通。

7.4.4　飞机防滑设计要求

防滑控制系统应与制动装置设计相协调一致，安装要求应符合飞机制造厂与制动系统生产厂双方的技术协议。防滑控制系统设计应按 GJB 3063—2008《飞机起落架系统通用规范》、GJB 2879—2008《飞机机轮防滑制动控制系统通用规范》、HB 6080—1986（(航空机轮防滑制动控制系统通用技术条件》进行。国外的标准和文献 MIL-B-8075D：1971、AIR 804、ARP 1070：2019、AIR 1739B：2016、AS 483A、ARP 862：2002、AIR 764B 可供设计参考。

防滑控制系统应具有比其他制动系统更高的可靠性。其设计应使得系统单个元件的失效不会导致制动能力和飞机方向控制的完全丧失。当供给防滑控制系统的电源失效或系统中任一元件有故障时，则防滑控制系统应能提供警告信号给飞行员，并能自动转换到另一种制动状态，保证制动和方向控制能力。

防滑控制系统应有充分的功能保护措施，如接地保护、交叉保护等。飞机在潮湿或冰雪覆盖的机场或在强侧风条件下着陆时，应有足够的防滑和操纵能力。

为保证使用安全和维护方便，防滑控制系统应有检测功能（机上和地面）。

所有用点水式着陆，且着陆速度超过 185km/h 的飞机必须装有防滑制动控制系统。如承包商经验证认为不必加该系统，则需经协商并经有关部门批准。

7.5 EMB 防滑控制系统组成及原理

电机械防滑控制系统（图 7-9）组成主要包括安装于轴端的速度传感器和集成于制动控制装置中的防滑控制器，其执行器与制动控制的执行器一体化，即电机械制动器。速度传感器用于采集速度信号，防滑控制器负责判断滑行并产生防滑控制信号，电动机械制动器作为执行器根据防滑控制信号改变电动机的输出转矩，从而改变作用于车轮上的摩擦力矩以消除滑行。（EMB 无防滑控制器，必须与 BCU 一体）

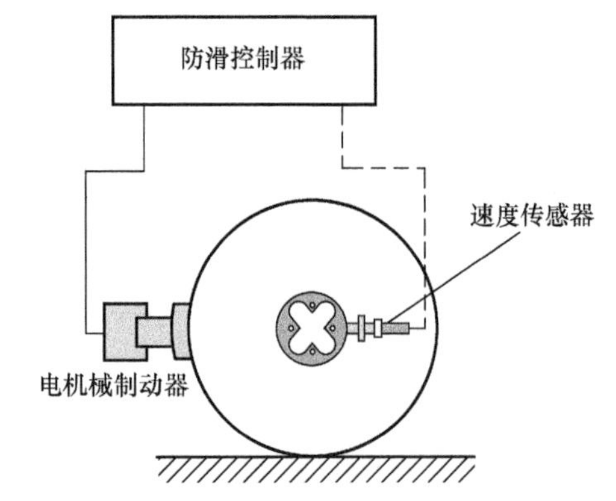

图 7.9　防滑控制系统组成

电机械制动防滑控制原理如图 7.10b 所示，控制器根据制动指令的要求以闭环方式控制电机械制动器施加制动压力，同时监控车轮转速，当检测到出现滑行时，控制电机械制动器改变压力输出，待滑行解除、黏着恢复后仍按制动指令要求的压力施加。而如图 7.10a 所示，空气或液压制动系统一般需要增加独立的防滑电磁阀，以实现防滑过程中输出压力的调节，需要防滑时防滑电磁阀隔断上游的制动压力，调节下游的制动压力以实现防滑。由于电机械制动系统的响应速度和控制精度一般显著优于空气制动系统，也略好于液压制动系统，电机械制动系统为防滑控制提供更好的条件。

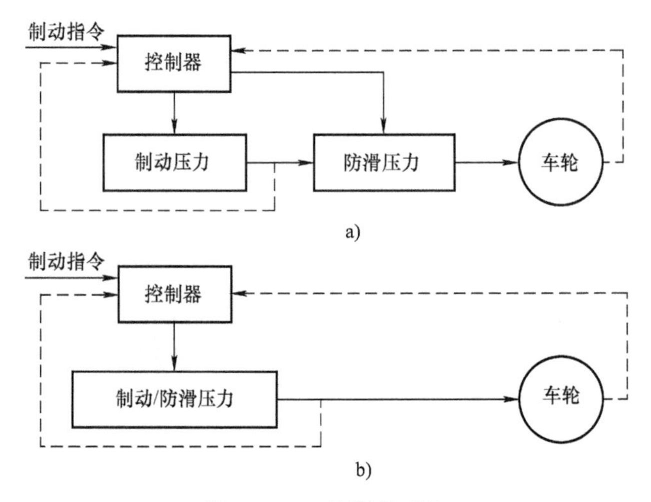

图 7.10　工作原理对比

a）空气或液压制动系统防滑控制原理　b）电机械制动系统防滑控制原理

7.5.1 速度传感器

防滑控制中需要用到的速度信号包括被控车轮的转速和载运工具的平动速度，以此可以计算出滑移率。其中平动速度的测量方式有很多种，但目前仍以基于车轮转速的确定方法为主，因此这里主要介绍转速传感器。

转速传感器有多种形式，其中最常用的有电磁感应式转速传感器、磁敏式转速传感器和光电式转速传感器三种。

1. 电磁感应式转速传感器

电磁感应式传感器采用电磁感应原理，在被测轴端安装一个软磁性铁质齿轮，齿轮与被测物体同轴旋转，在齿轮的外圆周安装探头。如图 7.11 所示，探头由一个圆柱形永磁体铁心与线圈组成，线圈绕在铁心上，当齿轮的齿对着探头时，铁心的磁通变大，当齿轮的齿槽对着探头时，铁心的磁通变小。当齿轮旋转时，铁心的磁通周期变化，在探头磁通增大时线圈输出正脉冲，在探头磁通减小时线圈输出负脉冲，经整形放大器输出近似方波或正弦波脉冲信号。探头每转过一个齿就输出一个方波脉冲，脉冲频率与齿轮转速成正比。图 7.11 中齿轮为 20 齿，若转速为 80r/s，输出脉冲频率为 1600Hz，这就是转速测量的原理。

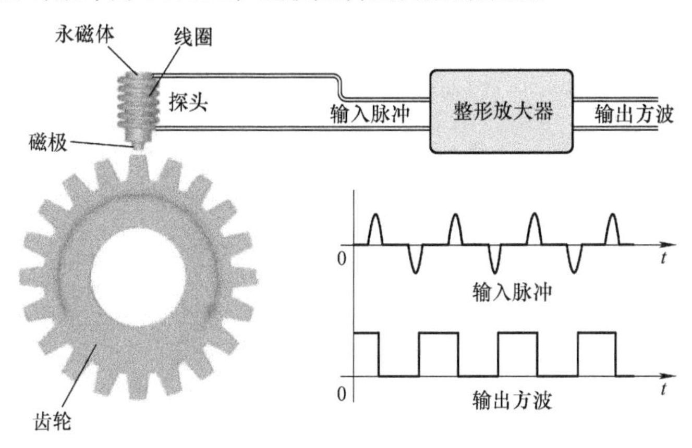

图 7.11 电磁感应式转速传感器原理示意

电磁感应传感器的优点是简单，对温度变化等环境条件要求不高，无需提供电源，工作稳定可靠。电磁感应传感器的缺点是无法测量低转速，因为速度很低时，探头磁通变化率太小，线圈感应电势太小，不能正确测量；当然速度太高超出工作频率范围也无法工作。采用磁敏式传感器可以解决这个问题。

2. 磁敏式转速传感器

磁敏式转速传感器采用磁敏元件制成，常用的有霍尔式和磁敏电阻式。霍尔式转速传感器基于霍尔效应原理工作，当齿轮旋转产生磁场强度的脉动，引起霍尔电势的变化从而产生转速信号。磁敏电阻式则是利用磁敏电阻的电阻值随外加磁场变化而变化的特性制成。磁敏元件还有巨磁阻元件，与上述使用方式类似，同样可组成速度传感器。

磁敏元件的主要缺点是随环境温度影响较大，采用补偿电路可以适应一定宽度的温度范围，但要达到高温与极低温还要采取一些控制环境温度的措施。

3. 光电式转速传感器

光电式转速传感器是固态的光电半导体传感器，它由带孔的转盘和两个光导体纤维，一个发光二极管，一个作为光传感器的光电晶体管和放大器组成。发光二极管透过转盘上的孔照到光电晶体管上实现光的传递与接收。转盘上间断的孔可以开闭照射到光电晶体管上的光源，进而触发光电晶体管和放大器，使之像开关一样地打开或关闭输出信号。

光电式传感器有一个弱点，它们对油或污物在光通过转盘传递的干涉十分敏感，所以光电传感器的功能元件通常需要密封得很好。

4. 转速测量方法

转速测量都是采用对转速传感器输出波形脉冲进行计数的原理，常用的计数方法有测频法和测周期法。测频法是指将转速传感器输出信号整形放大送入频率计数器，在给定的标准时间间隔内读出脉冲数，进行换算得出被测信号的频率（见图 7.12）。测周法就是通过测量转速传感器所产生的相邻两个转速脉冲信号的时间来确定转速（见图 7.13）。实际运用中一般将二者结合起来使用，高速段采用测频法，低速段采用测周期法。

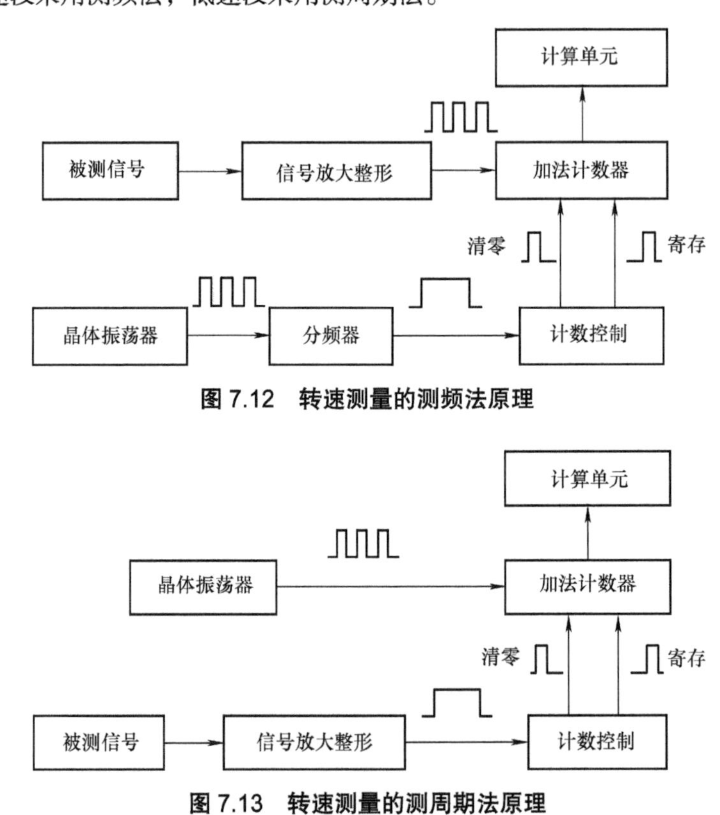

图 7.12　转速测量的测频法原理

图 7.13　转速测量的测周期法原理

7.5.2　防滑控制器

防滑控制器是防滑控制系统的核心部件，一般由微处理器芯片和输入输出等外围电路集合而成，电机械制动系统的防滑控制器一般集成于电子制动控制单元中。

防滑控制器的功能简单来说就是根据传感器的输入信号产生防滑控制的电信号，基本功能有：

1）速度测量，对车轮或机轮转速传感器的输出信号进行处理和测量；

2）滑行检测，根据传感器信号判断车轮或机轮当前的转动状态，做出滑行产生、滑行解除、抱死等判断；

3）滑行控制，根据滑行检测的结果采用相应的控制方法，输出电信号直接驱动电机械制动执行器或给出执行器的目标输出值；

4）状态监测与故障诊断等，监测防滑控制系统运行状态，诊断并上报故障信息。

7.5.3 防滑控制原理

防滑控制包括滑行检测和滑行控制两部分。常用的滑行检测判据有速度差、减速度和滑移率。

速度差和滑移率的计算离不开载运工具的平动速度，即参考速度（也称基准速度），理想的基准速度应为载运工具的真实速度，但滑行工况下取得这一速度比较困难，所以通常采用其他方法近似。

轨道车辆制动时一般选用最高轴速度作为基准速度。全轴滑行的特殊情况，设定一假想第 5 轴速度，以 4 个实轴速度和 1 个假想轴速度共 5 个速度中的最高轴速度，作为本车制动滑行检测的基准速度。根据 EN 15595—2011 的规定，基准速度不应超过真实的列车速度，也不应低于真实列车速度的 75%。

飞机着陆后的制动过程中，正常情况下，防滑控制系统一般使用 ADIRU（Air Data Inertial Reference Unit，大气数据惯性基准组件，民机一般装有三部）提供的水平加速度确定基准速度，如果 3 部 ADIRU 都失效，一般取主起落架中的最大轮速值作为基准速度。

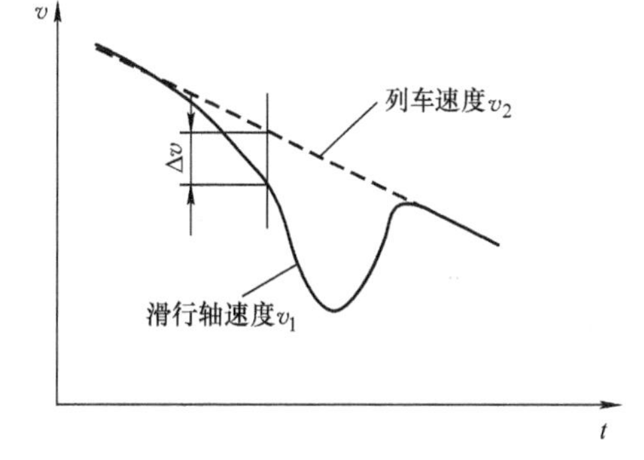

图 7.14 速度差检测

1. 速度差检测

当某一轴的转速与基准速度之差超过某一值时，认为该轴发生滑行，施加防滑控制（图 7.14）。

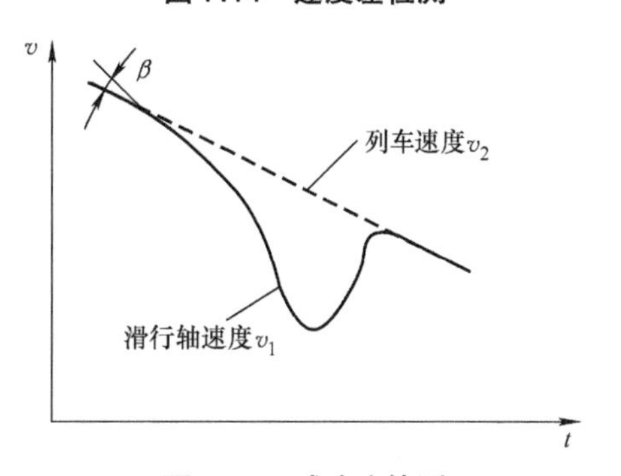

图 7.15 减速度检测

2. 减速度

当各轴以接近的速度同时发生滑行时，速度差无法有效判别，此时需要采用减速度作为判据，当减速度超过设定值时也要施加防滑控制（图 7.15）。

3. 滑移率

由于黏着系数与滑移率相关并随速度变化，因此速度差判据的取值也应随速度变化，因此也就有了滑移率作为第三种判据。滑移率一般可按式（7.1）计算：

$$\lambda=\frac{v-\omega r}{v}\times 100\% \tag{7.1}$$

式中 v——车速，即车身或机身的平动速度；

ω——轴速或轮速；

r——车轮或机轮的转动半径。

当检测到滑行后，需要控制电机械制动器改变其输出力的大小，根据上文所述的判据决定此刻力的状态以施加控制，力的改变包括增大、保持和减小三个状态。如图 7.16 所示，当防滑控制器检测到条件 A 时即判断发生滑行，立即控制电机械制动器输出力减小，当检测到条件 B 时即控制输出力保持不变，当检测到条件 C 时认为黏着恢复，滑行状态解除，控制输出力增大。这一动作过程一般称为一个防滑周期，一个周期内可能发生多次制动力的减小、保持或增大，实际防滑中不断重复上述过程，直至黏着条件真正恢复。

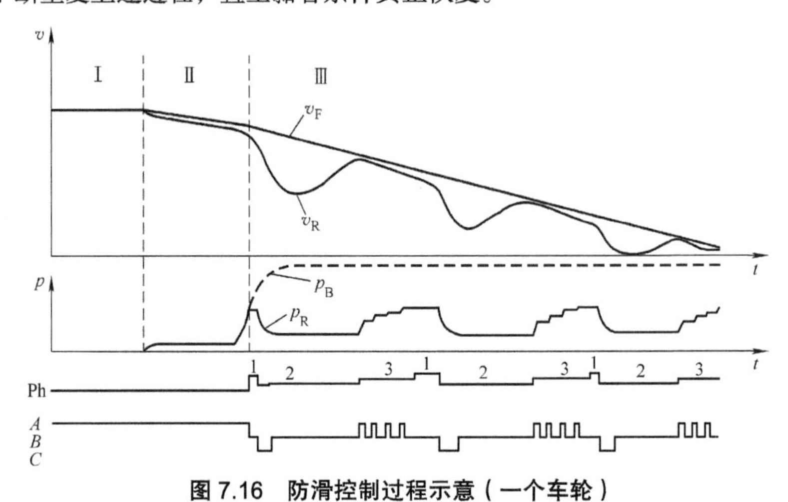

图 7.16 防滑控制过程示意（一个车轮）

t—时间 p—压力 v—速度 Ph—相位 Ⅰ—未制动行驶 Ⅱ—部分制动 Ⅲ—ABS 制动 v_F—汽车速度 p_B—操纵压力 v_R—车轮圆周速度 p_R—车轮制动缸压力 A—压力建立 B—压力保持 C—压力降低

汽车的防滑控制需要与车轮行驶状况相匹配，一般对前桥两个车轮分别进行控制，后桥车轮则采用“低选”原则，即有严重抱死危险的一个后轮决定两个后轮的制动压力大小。这虽然会减小后桥车轮上的制动力充分利用，但有利于建立较高的侧向力，从而提高汽车行驶稳定性，通过专门开发的控制算法，ABS 电控单元可适应各种特殊的路面和行驶状况，如水路面、不同附着系数的路面、弯道行驶、汽车甩尾过程、使用备用车轮等情况。

4. 新型控制方式

上述基于单一速度差、减速度、滑移率或其组合判据的防滑控制方式又称为基于逻辑门限值的防滑控制。除了这一传统方法外，近年来发展出的新型控制方式主要是滑移率控制，即将车轮或机轮的滑移率动态地控制在黏着系数（附着系数）最大值所对应的滑移率附近，以最大限度地利用黏着。

如图 7.17 所示，在制动力矩比较大的制动工况中，随着制动力矩的增大，黏着力矩逐渐增大，当滑移率达到一定值时黏着力矩达到峰值。当控制系统测量到该峰值后就会降低制动力矩，并把此时的滑移率作为防滑控制的滑移率上限。随着制动力的下降，滑移率逐渐降低，黏着力矩降到峰值以下，此时制动力矩再次增大，把此时的滑移率作为防滑控制的滑移率下限。只要制动过程还在继续，并且黏着条件不足以提供需要的制动力，那么系统会持续这样的循环，保持滑移率接近最优值。

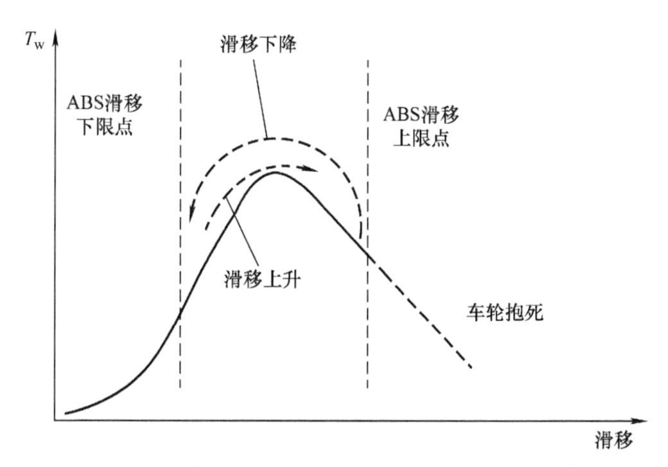

图 7.17　滑移率防滑控制时制动力矩与滑移率的关系示意

对于编组成列运行的轨道车辆而言，采用滑移率控制可以人为地使钢轮、钢轨间保持一定的相对滑移，除提高利用黏着外，还可以起到清除污垢改善轨面条件的作用，可以改善后续轮对的黏着条件。

7.6　防滑控制性能评价

防滑控制系统的性能好坏需要通过一些量化指标进行评价，对电机械制动系统而言，适用的指标主要包括以利用黏着或制动距离、制动压力衡量的黏着利用率指标，以及反映防滑过程中电动机功耗的防滑功耗指标。

7.6.1　黏着利用率

可以利用黏着系数与理论最大黏着系数之比，来定量描述防滑过程中对黏着的利用程度。该比值越大，说明黏着利用率越高，防滑控制性能越好。式（7.2）反映了制动防滑过程中某一时刻的瞬时黏着利用率，式（7.3）表示了防滑控制全程的平均黏着利用率。

$$\eta = \frac{\mu_{实际}}{\mu_{理论}} \times 100\% \tag{7.2}$$

$$\eta = \frac{\int_{t_0}^{t_1} \mu_{实际} \mathrm{d}t}{\int_{t_0'}^{t_1'} \mu_{理论} \mathrm{d}t} \times 100\% \tag{7.3}$$

式中　η——黏着利用率；

μ——黏着系数（下标分别表示实际值和理论最大值）；

t_0——滑行开始时刻；

t_1——滑行结束时刻。

实际运用中，轨道交通领域一般以理论最短制动距离与实际制动距离之比[式（7.4）]来定量描述防滑过程中对黏着力的利用程度，即防滑效率，该比值越大，说明黏着利用率越高，防滑控制性能越好。但由于理论黏着系数在现实中很难获得，故实际运用时最短制动距离一般通过其他方式近似计算，包括基于减速度线性假设的计算、基于防滑阶段N个减速度主峰值的平均加速度法、最大黏着的包络线法等。但这些方法各有优劣，在准确度及使用便捷性中均会存在一定的局限性。更普遍使用的方法，是采用初始滑行时的减速度计算理论最短制动距离。根据防滑效率的定义，防滑效率的计算可以式（7.5）来近似。对于仿真环境而言，由于可以通过模型设置获取黏着系数，通过两次积分得到理论最短制动距离，黏着利用率也可以用式（7.6）表示。

$$\eta=\frac{S_{理论}}{S_{实际}}\times 100\% \tag{7.4}$$

$$\eta=\frac{S_{理论}}{S_{测量}}\times 100\% \approx \frac{\frac{v_1^2}{2a_1}}{S_{测量}}\times 100\% \tag{7.5}$$

式中 v_1——初始滑行时的列车速度；

a_1——初始滑行时的减速度。

$$\eta=\frac{\int_{t_0}^{t_1} v\mathrm{d}t}{\int_{t_0'}^{t_1'}\left(v_0-\int_{t_0'}^{t_1'}\mu_c g\mathrm{d}t\right)\mathrm{d}t}\times 100\% \tag{7.6}$$

式中 v_0——仿真制动初速；

μ_c——仿真设置的理论动态最大黏着系数；

g——重力加速度。

在飞机机轮制动领域，上述以制动距离计算的黏着利用率也称为距离效率，即从开始制动到停止制动时间内理想制动距离与实际制动距离之比。除此之外还有以压力计算的制动效率，又称压力效率。压力效率可用面积法计算，如式（7.7）所示，压力效率等于试验时制动压力包络线和实际防滑工作时压力变化曲线与横坐标轴（时间或速度）之间的面积比（图7.18）。此处制动压力指电机械制动器作用于摩擦副而产生的压力。

$$\eta=\frac{A}{A_0}\times 100\% \tag{7.7}$$

式中　A——制动压力变化迹线与横坐标轴之间所围面积；

A_0——制动压力变化迹线的包络线与横坐标轴之间所围面积。

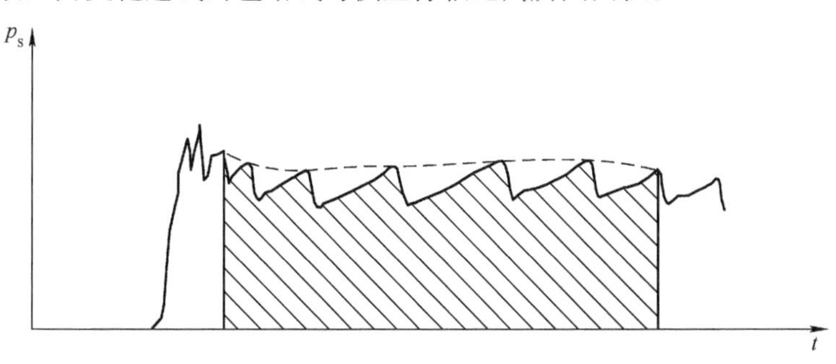

图 7.18　防滑过程中制动压力变化曲线

7.6.2　防滑功耗增加率

由于防滑控制方法的不同，电机械制动器在调节防滑时的制动力时电动机的输出功率和工作时间也就不同，因此防滑过程的功耗可以作为评价指标之一。电机械制动系统的功耗不应因防滑控制而有明显增加，即防滑时的电动机功耗应小于制动时的电动机功耗或功耗增加率 [式（7.8）] 在一定限值内：

$$\eta = \frac{\int_{t_0}^{t_1} P_{防滑} - \int_{t_0'}^{t_1'} P_{制动}}{\int_{t_0'}^{t_1'} P_{制动}} \times 100\% \tag{7.8}$$

参考文献

[1] POLACH O . Creep forces in simulations of traction vehicles running on adhesion limit[J]. Wear，2005，258（7-8）：992-1000.

[2] [4] 布勒伊尔，比尔 . 制动技术手册 [M]. 刘希恭，译 . 北京：机械工业出版社，2011.

[3] 布雷斯，赛福尔特 . 汽车工程手册：德国版 [M]. 魏春源，译 . 北京：机械工业出版社，2012.

[5] 周志立，徐斌，卫尧 . 汽车 ABS 原理与结构 [M]. 北京：机械工业出版社，2005.

[6]《飞机设计手册》总编委会 . 飞机设计手册：第 14 册 . 起飞着陆系统设计 [M]. 北京：航空工业出版社，2002.

[7] 孙和平 .M/T 法高精度数字测速器参数选择及设计 [J]. 电气传动自动化，1998，20（4）：82-85

[8] 孙峰 .TFX_1 型防滑器的测速系统 [J]. 铁道机车车辆，1997（3）：48-50.

[9] 于德伟，岳刚，王芹凤 . 动车组速度传感器检测装置研制 [J]. 农业装备与车辆工程，2014，52（10）：68-70.

[10] 王新祥 . 高速动车组速度传感器解析 [J]. 科技创新与应用，2017（5）：84.

[11] 王业泰，王群，朱飞 . 高速列车防滑系统及试验分析 [J]. 中国科技信息，2018.

[12] 付龙飞 . 飞机防滑制动系统的非线性控制技术应用研究 [D]. 西安：西北工业大学，2017.

[13] 姜祥禄，蔡永丽 . 地铁车辆 EP2002 制动系统防滑保护 [J]. 电力机车与城轨车辆，2008，31（4）.

第8章 可靠性

可靠性（Reliability）是指产品在规定条件下和规定时间区间内完成规定功能的能力，其概念最早来源于航空领域。在第二次世界大战前，飞机已经成为一种广泛应用的交通工具，但空中飞行事故不断增加。因此，美国航空委员会在1939年出版的《适航性统计学注释》中，首次提出飞机由于各种失效造成的事故率不应超过0.00001/h，相当于飞机在1h飞行中的可靠度为0.99999。而我们现在所用的“可靠性”定义，则是在1952年美国的一次学术会议上提出来的。20世纪50年代，可靠性理论正式兴起和形成，并有了更广泛的含义，我们现在常说的可靠性通常还包括了可维修性（Maintainability）、可用性（Availability）、安全性（Safety）等。铁路行业还提出了相应的RAMS需求，即指可靠性、可用性、可维修性和安全性。本章所说的“可靠性”是指更广义的可靠性。

8.1 制动系统可靠性与安全性

8.1.1 评价指标

制动作为载运工具最后的安全保障环节，其“可信任程度”自然应该得到关注。作为产品的质量属性，可靠性与性能同等重要，二者密不可分。而由于制动系统的特殊性，甚至可以认为，一个制动系统满足关乎生命财产安全的功能安全要求，比满足性能指标（制动力、制动距离、制动减速度等）要求更重要。

对制动系统可靠性与安全性的评价应该从两个方面入手：

- 定性评价，系统的设计是否遵循故障导向安全原则；
- 定量评价，根据系统结构及其部件计算得到的具体的可靠性指标，是否满足行业标准的要求。

故障导向安全原则来自于铁路行业，是铁路设计的最根本的安全原则。铁路信号器件、部件和系统的输出可以划分为正常、安全侧故障、危险侧故障三种输出。在发生故障时，通过符合故障导向安全原则的技术手段，使之只有安全侧输出，即系统结构是容许损伤的。故障导向安全逻辑，是一种在1和0中取值概率不对称的二值逻辑。这一安全原则在铁路以外的行业也有应用，在飞机机轮制动系统和汽车制动系统有关的行业标准中均有体现。标准GJB 450A—2004《装备可靠性通用要求》中，“可靠性定性要求”条目提到的冗余设计、降额设计则是符合故障导向安全原则的设计方式。

可靠性定量要求通常应包括任务可靠性和基本可靠性要求，以及储存可靠性和耐久性方面的要求。具体的评价参数可分为以下四类：

1）基本可靠性参数，如反映使用要求的平均维修间隔时间（Mean Time Between Maintenance，MTBM）、用于设计的平均故障间隔时间（Mean Time Between Failure，MTBF）等；

2）任务可靠性参数，如平均致命性故障间隔时间（Mean Time Between Critical Failure，MTBCF）、任务可靠度 $R(t)$ 等；

3）耐久性参数，如使用寿命（首次翻修期、翻修间隔期限）、储存寿命等；

4）储存可靠性参数，如储存可靠度等。

理论上，可靠性评价参数是理想的设计指标，但可靠性计算采用的是统计学方法，需要知道众多有关变量在极小概率尾区的统计分布，而常规子样试验的估计值对此是没有绝对意义的。因此人们常常否定可靠性分析的定量意义，铁路 RAMS 规定最初在欧洲采用时，曾经被作为合同上的质量保证对象，很多制造商由于赔偿和保证请求而破产。但是，可靠性观点对解释、评估、指导、改进结构设计是有重要作用的。表 8.1 列出了部分制动系统可靠性设计和评价的参考标准。

表 8.1　载运工具制动系统的可靠性要求参考标准（部分）

领域	标准号	标准名称
轨道交通车辆	EN 50126—1：2017	Railway applications-The Specification and Demonstration of Reliability，Availability，Maintainability and Safety（RAMS）-Part 1：Generic RAMS Process
	EN 50126—2：2017	Railway applications - The Specification and Demonstration of Reliability，Availability，Maintainability and Safety（RAMS）-Part 2：Systems Approach to Safety
	EN 50128：2011	Railway applications-Communication，Signaling and Processing Systems-Software for Railway Control and Protection Systems
	EN 50129：2018	Railway applications-Communication，Signalling and Processing Systems-Safety Related Electronic Systems for Signalling
	IEC 62278：2002	Railway Applications Specification and Demonstration of Reliability，Availability，Maintainability and Safety（RAMS）
	GB/T 21562—2008	轨道交通 可靠性、可用性、可维修性和安全性规范及示例
	GB/T 21562.2—2015	轨道交通 可靠性、可用性、可维修性和安全性规范及示例 第 2 部分：安全性的应用指南
	GB/T 21562.3—2015	轨道交通 可靠性、可用性、可维修性和安全性规范及示例 第 3 部分：机车车辆 RAM 的应用指南
	GJB/Z 91—1997	维修性设计技术手册
汽车	ISO 26262：2018	Road vehicles-Functional safety
	GB 21670—2008	乘用车制动系统技术要求及试验方法
	GJB 899A—2009	可靠性鉴定和验收试验
飞机	HB 5648—1981	航空机轮和刹车装置 - 设计规范
	GJB 3063A—2008	飞机起落架系统通用规范
	GJB 450A—2004	装备可靠性通用要求
	GJB 1184A—2010	航空机轮和刹车装置通用规范
	GJB 899A—2009	可靠性鉴定和验收试验

1. 可靠性（reliability）

可靠性是指产品在规定条件下和规定时间区间（t_1，t_2）内完成规定功能的能力。具体包括以下几项：

- 规定应用及环境下所有可能的系统失效模式；
- 每个失效发生的概率，或者每个失效出现的概率；
- 失效对系统功能的影响。

常用的可靠性度量参数主要为可靠度 $R(t)$ 和平均故障间隔时间 MTBF。

1）可靠度：产品在规定条件下和规定时间区间（t_1，t_2）内完成规定功能的概率；

2）平均故障间隔时间 MTBF：相邻两次故障之间的平均工作时间。

在不变故障率的前提下，可靠度 $R(t)$ 与平均故障间隔时间 MTBF 的关系如式（8.1）所示。

$$R(t) = \mathrm{e}^{-\frac{1}{\mathrm{MTBF}}t} \tag{8.1}$$

轨道交通车辆和汽车通常会对制动系统提出可靠度、平均故障间隔时间和使用寿命的要求。除了上述三项度量参数之外，飞机机轮制动系统通常还会关注平均无故障间隔次数（Mean Cycle Between Failure，MCBF）和储存期限，具体可参考标准 GJB 1184A—2010《航空机轮和制动装置通用规范》。

2. 可维修性（maintainability）

在规定的条件下，使用规定的程序和资源进行维修时，对于给定使用条件下的产品在规定的时间区间内，能完成指定的实际维修工作的能力。具体包含了：

- 执行计划维修的时间；
- 故障检测、识别及定位的时间；
- 失效系统的修复时间（计划之外的维修）。

制动系统一般被要求提供平均修复时间（Mean Time to Repair，MTTR）。平均修复时间 MTTR 是描述产品由故障状态转为工作状态时，修理时间的平均值。轨道交通运营方还会关注在运营过程中车辆的平均停机时间（Mean Down Time，MDT）。飞机机轮制动系统根据维修等级的不同，规定了相应的平均修复时间 MTTR 限值，具体可参考标准 GJB 1184A—2010《航空机轮和制动装置通用规范》。

3. 可用性（availability）与安全性（safety）

可用性是指在要求的外部资源得到保证的前提下，产品在规定的条件下和规定的时刻或时间区间内处于可执行规定功能状态的能力，或者说在一定时间内维持功能时间的比例。在航空航天领域，可用性是随着维修性理论的发展和维修性工程的应用而出现的一个概念，它与可靠性、可维修性和运营维修有关。制动系统的固有可用性和运营可用性可以由式（8.2）和式（8.3）计算得到，系统本身的固有可用性与可靠性和可维修性度量参数有关，在运营阶段的运营可用性则与可靠性和运行维修度量参数有关：

$$\text{固有可用性}=\frac{\text{平均故障间隔时间MTBF}}{\text{平均故障间隔时间MTBF}+\text{平均修复时间MTTR}} \tag{8.2}$$

$$\text{运营可用性}=\frac{\text{平均故障间隔时间MTBF}}{\text{平均故障间隔时间MTBF}+\text{平均停机时间MDT}} \quad (8.3)$$

可用性除了以上述可靠性和可维修性内容为基础，还包含了运营和维修内容：

- 系统生命周期内全部可能的工作模式和必要维修；
- 人为因素问题。

安全性是指免除不可接受的风险影响的特性。它因各国的法律标准不同而有不同的具体要求。铁路行业常用的安全性度量参数有平均故障间隔时间、危害率 $H(t)$。但更可行的安全性分析工作是定性的，是基于可靠性、可用性以及可维修性分析，贯穿着整个设计阶段的，最后在系统交付前，根据系统的设计特点和安全要求完成最后的安全分析报告。关于安全性分析工作的详细内容见 8.1.2 小节。因此，铁路行业通常将 RAMS 分为 RAM 部分和 S 部分。

可用性与安全性相互关联，对安全性要求和可用性要求之间的共性和特性要进行合理归纳，通常安全性要求比可用性要求更严格，如传感器信号的可用（信号有效）和安全完整（信号有效且无错误）。若要同时满足这二者要求，可能带来系统高成本、高复杂度、高维修工作量等问题，因此这是一个权衡设计的过程。只有满足了可靠性和可维修性的所有要求，并控制正在进行的、长期的维修、运营活动及系统环境才能达到运行期间的安全性和可用性目标。

在进行 RAMS 管理工作时，除了根据各自行业的标准进行，还可以参考表 8.2 中所列的可靠性、可维修性、安全性标准体系，由于可用性与可靠性、可维修性、安全性关联较大，无显著独立的标准体系，所以在此不单独列出。

表 8.2　可靠性、可维修性、安全性参考标准（部分）

	标准号	标准名称
可靠性	GJB 450A—2004	装备可靠性工作通用要求
	GJB 451A—2005	可靠性维修性保障性术语
	GJB 813—1990	可靠性模型的建立和可靠性预计
	GJB/Z 299C—2006	电子设备可靠性预计手册
	GJB 841—1990	故障报告、分析和纠正措施系统
	GJB 899A—2009	可靠性鉴定和验收试验
	GJB/Z 102A—2012	军用软件安全性设计指南
可维修性	GJB/Z 91—1997	维修性设计技术手册
	GJB 368B—2009	装备维修性工作通用要求
	GJB 451A—2005	可靠性维修性保障性术语
	GJB 1909A—2009	装备可靠性维修性保障性要求论证
	GJB 2072A—1994	维修性试验与评定
	GJB/Z 57—1994	维修性分配与预计手册
安全性	GJB 900A—2012	装备安全性工作通用要求
	GJB/Z 102A—2012	军用软件安全性设计指南

8.1.2　分析和设计方法

按照可靠性工程理论，制动系统的分析和设计可以采用的可靠性方法有可靠性建模、可靠性预计、故障树分析、事件树分析、故障模式及影响性分析等。由于可靠性工程的广泛发展，可靠性和安全性理论已被引入各行各业，各领域均有了自己的行业标准 / 规范，对可靠性和安全性根据产品特点提出了一套规范化的方法。其中，铁路行业的系统生命周期管理流程较为全面，本节重点介绍它的流程。

系统生命周期是指从系统的构思开始，到系统不能再使用而退役或淘汰的时间内所发生的活动。在铁路行业进行 RAMS 需求管理，就是以系统生命周期为基础，从制动系统的设计到投入运营，再到回收停用，每一阶段都按照相关管理流程进行。该工作可以实现体系化的性能管理，确保必要的系统性能。系统生命周期可以划分为 14 个阶段，如图 8.1 所示。类似的，汽车行业也有这一概念，如图 8.1 所示，ISO 26262 系列标准中就给出了一套完整管理方法、流程、技术手段和验证方法，被称为安全管理生命周期，其框架如图 8.2 所示。航空领域的产品设计虽未明确采用“系统生命周期”的概念，但行业标准 / 规范中规定的一系列流程也体现了这一概念，包括概念设计、设计确认与验证、质量一致性检查等。并且伴随着整个研制周期，还有一整套安全性评估的流程方法（SAE ARP4761），如图 8.3 所示。图 8.3 中的安全性评估过程，从左到右与典型研制周期阶段对应。

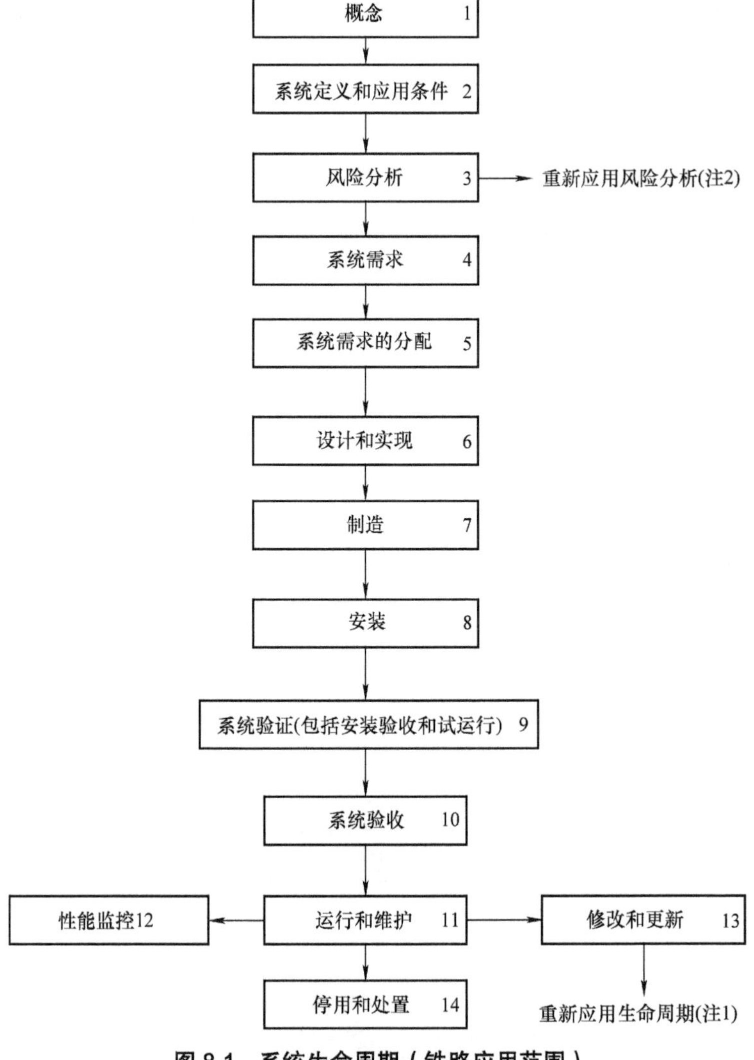

图 8.1 系统生命周期（铁路应用范围）

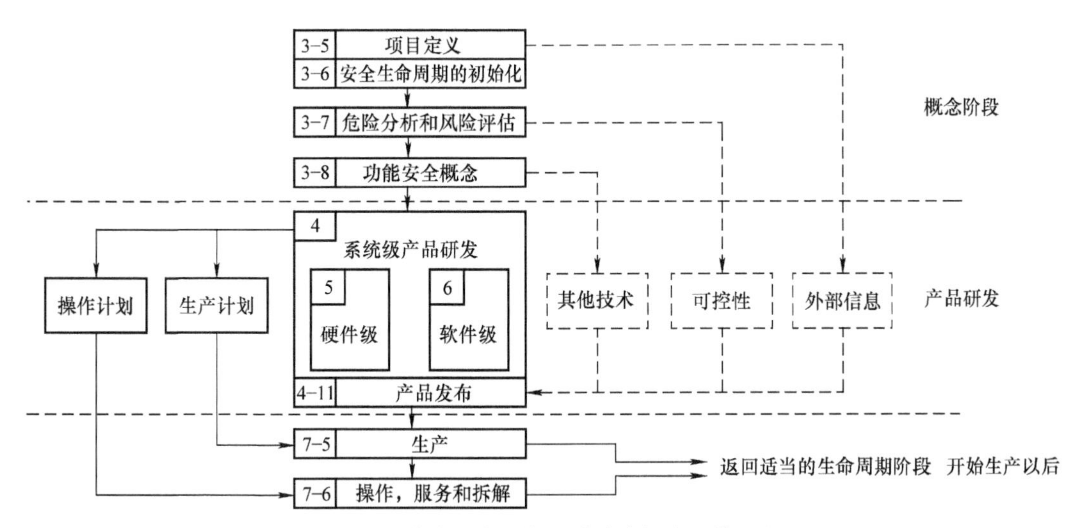

图 8.2　安全生命周期（道路车辆应用范围）

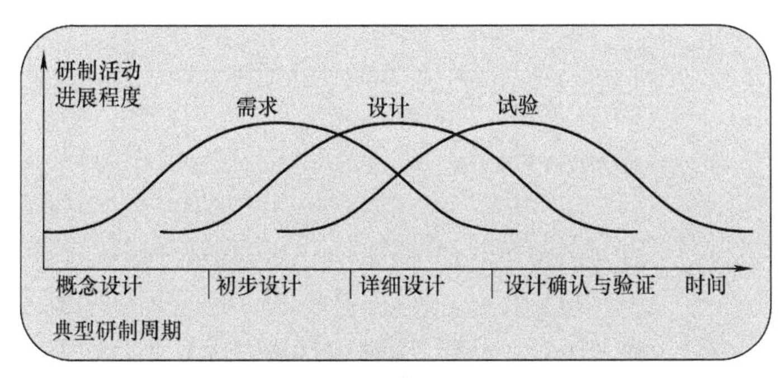

a)

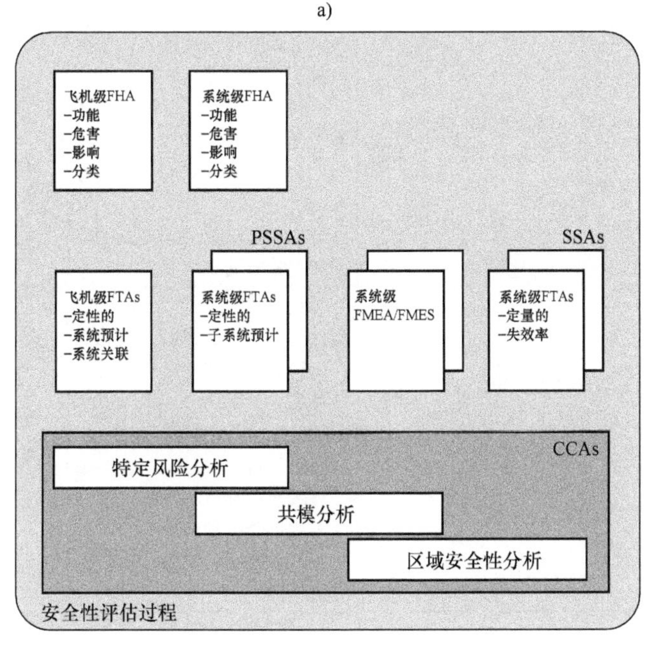

b)

图 8.3　安全管理过程（飞机应用范围）

a）典型研制周期　b）安全性评估过程

在表 8.3 中，以铁路行业制动系统的系统生命周期为例，介绍了在各阶段需要进行的主要 RAM 的任务和安全性任务。更一般的描述可以参考标准 EN50126：2017《Railway applications-The specification and demonstration of Reliability, Availability, Maintainability and Safety（RAMS）》和 GB/T 21562—2008《轨道交通 可靠性、可用性、可维修性和安全性规范及示例》。其他交通工具的流程也与此类似。

表 8.3 制动系统的系统生命周期主要阶段任务

生命周期阶段	本阶段的一般任务	本阶段的 RAM 任务	本阶段的安全性任务
1. 概念	确定制动系统的用途和范围 可行性分析	回顾先前的 RAM 性能 类比同类型制动系统的 RAM 性能 确定参考的 RAM 要求	回顾先前的安全性能 类比同类型制动系统的安全性能 确定参考的安全要求
2. 系统定义和应用条件	确定制动系统任务剖面 确定运行环境和维护环境 确定运行和维护策略 系统生命考虑，包括生命周期费用问题	评估过去的 RAM 经验数据 确定 RAM 目标 进行初步 RAM 分析	评估过去的安全经验数据 确定安全目标 进行初步危害分析 定义容许风险准则
3. 风险分析	确定与制动系统有关的危害		确定导致危害的事件 确定危害事件的顺序、发生频度和严酷性 建立危害登记册 完成风险评估
4. 系统需求	明确描述制动系统的所有要求（包括 RAMS 要求） 明确制动系统论证和验收准则	明确系统全面的 RAM 要求 建立 RAM 规划和管理	明确系统全面的安全要求 建立安全规划和管理
5. 系统需求分配	明确子系统和部件要求 明确子系统和部件论证和验收准则	建立系统可靠性模型（包括关键子系统和部件） 进行子系统和关键部件的可靠性分配 明确子系统和部件 RAM 要求 明确子系统和部件 RAM 论证和验收准则	明确子系统和部件安全要求 明确子系统和部件安全论证和验收准则
6. 设计和实现	完成设计和开发 完成设计分析和测试 完成设计验证 进行后勤保障资源设计（包括维护和培训）	通过复核、分析、测试和数据评估实施 RAM 规划，包括： 完善系统可靠性模型 可靠性分配 可靠性分析和预计 应力分析 可维修性分析和预计 可用性分析和预计 进行故障模式及影响性分析（FMEA）	进行故障树分析 / 量化风险评估 完善危害登记册
7. 制造	制动系统产品制造和测试	完成环境应力筛选 完成 RAM 证明计划 进行故障报告与修正措施系统（FRACAS）管理	完善安全分析报告（包括危害登记册，故障树分析 / 量化风险评估） 完成系统安全报告

（续）

生命周期阶段	本阶段的一般任务	本阶段的 RAM 任务	本阶段的安全性任务
8. 安装	装配制动系统	开展维护人员培训 建立备件和工具供应方案	完善危害登记册 更新安全计划
9. 系统确认（包括安全验收和试运行）	装车试运行 解决各种失效和不兼容性	完成 RAM 证明报告	完成失效报告与安全评估工作
10. 系统验收	实施验收程序	评估 RAM	评估安全性
11. 运行和维护	长期装车运行 进行计划内维护 进行计划内培训	进行以可靠性为中心的维修	进行以安全为中心的维护 完善危害登记册
12. 性能监控	收集、分析、评估运营数据	收集、分析、评估 RAM 数据 进行故障报告与修正措施系统（FRACAS）管理	收集、分析、评估安全性数据
13. 修改与更新	实施系统修改与更新	进行变更的 RAM 分析 更新 RAM 分析报告	进行变更的安全性分析 更新故障树分析 / 量化风险评估 更新危害登记册
14. 停用和处置	编制停用和处置计划 执行停用和处置		建立安全计划 实施安全计划 进行危险分析和风险评估，完善危害登记册

对上述系统生命周期阶段进行归纳，可以概括为需求提出、设计实现、制造及验证、投入使用和停用回收五个阶段：

（1）需求提出

提出全面的制动系统要求，包括 RAM 要求和安全性要求，进行可靠性建模和可靠性分配，危险分析和风险评估。

（2）设计实现

制动系统功能的设计和实现，进行 RAM 分析和安全性分析，常用的方法有可靠性建模、可靠性参数计算、可靠性预计、故障树分析、故障模式及影响性分析等。

（3）制造及验证

制动系统产品制造及试验验证，进行可靠性环境试验、疲劳试验等。

（4）投入使用

制动系统装车、投入使用，收集运营数据用于更新 RAM 分析和安全性分析报告。

（5）停用回收

制动系统停用回收，系统生命周期结束。

系统设计时，通常将 RAM 任务和安全性任务分开，原因在前文已经论述。由表 8.3 也可看到，安全性评估工作是贯穿着整个设计阶段的，最后在系统交付前，根据系统的设计特点和安全要求完成最后安全分析报告，并且在运营阶段还需继续更新安全性报告。安全性评估工作在不同载运工具上具体执行时有差别，但整体思想一致。例如，表 8.4 和表 8.5 是某轨道车辆制动系统供货方需要提供安全性评估表格，供货方需要识别制动系统相关的潜在危害，完成危害登记并持续更新，同时列举将会被采用的设计、运营安全原则、工业守则或法例，以评估系统设计是否符合相关的安全要求和设计特点。

表 8.4　某轨道车辆制动系统供货方危害登记册

危害编号	系统	子系统	位置	危害类别	可能成因	影响组别	后果	原定风险			建议减轻措施	剩余风险			危害管控单位	状况	修改日期
								频率	严重性	风险等级		频率	严重性	风险等级			

表 8.5　某轨道车辆制动系统供货方安全原则及规范要求的符合性评估

编号	系统	子系统	零部件	行为守则 / 法律 / 规格书要求参考条款	相关设计 / 操作安全原则	设计阶段（文件 / 图纸）的结束证据	试验和调试阶段（若适用）结束证据（试验记录参考资料等）	一致状况	备注

系统生命周期还有一种“V”型表示方法，如图 8.4 所示。它主要体现的是需求与验收的整体关系，标准 EN50126-2017《Railway applications-The specification and demonstration of Reliability, Availability, Maintainability and Safety（RAMS）》中对此已有详细的介绍，在此不再赘述。

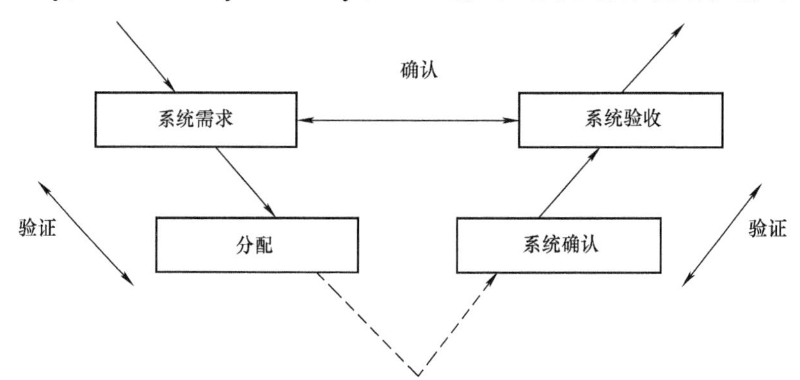

图 8.4　生命周期的“V”型表示

8.1.3　安全完整性等级评价

安全完整性（Safety Integrity Level，SIL）是指在所有规定的条件下系统在规定时间内实现所需安全功能的可能性。相应地有安全完整性等级，在不同安全法规中，对于特定 SIL 等级需满足的条件也有所不同。依照欧盟的机能安全标准，定义有 4 种 SIL 等级，分别是 SIL 1、SIL 2、SIL 3 及 SIL 4。SIL 4 是最可靠的，SIL 1 是最不可靠的。SIL 等级越高，代表设备正确执行安全机能的机率越高。

SIL 等级的概念直接产生于 IEC61508 标准，IEC61508 旨在规定常规系统运行和故障预测能力两方面的基本安全要求。它提供的是基础标准，使其可直接应用于所有工业领域。同时，它也可以指导其他领域的标准，使这些标准的起草具有一致性（如基本概念、技术术语、对规定安全功能的要求等）。铁路行业的 SIL 等级就来源于此，并发展出了标准 EN50126、EN50128

和 EN50129，以满足铁路行业的特殊需求。列车制动系统具有常用制动、紧急制动等功能，由于不同制动功能的特性，通常对其 SIL 等级有不同的规定。四个 SIL 等级的规定如表 8.6 所示。

表 8.6 SIL 等级规定（铁路应用范围）

等级	每小时故障几率 PFH	风险降低因数 RRF
SIL 1	10^{-5}-10^{-6}	10^{5}-10^{6}
SIL 2	10^{-6}-10^{-7}	10^{6}-10^{7}
SIL 3	10^{-7}-10^{-8}	10^{7}-10^{8}
SIL 4	10^{-8}-10^{-9}	10^{8}-10^{9}

汽车行业则衍生出了汽车安全完整性等级（ASIL，Automotive Safety Integration Level），在标准 ISO26262 中有规定：ASIL 等级的评估主要考虑三个方面，包括严重性 S（Severity）、暴露可能性 E（Exposure）和可控性 C（Controllability）。严重性主要是指当危害事件发生后，对濒临危险的人——包括造成危害事件的车辆上的驾驶员和乘客，以及处于危险之中的骑自行车的人、行人和其他车辆中的人造成的伤害程度。暴露可能性是指危害发生的可能性大小。可控性则是评估躲避某种制定危害的可能性。严重性、暴露可能性和可控性的等级分类如表 8.7~表 8.9 所示。通过对这三项参数进行等级评定以后，就可以评估得到 ASIL 等级，ASIL 等级分为 ASIL A、ASIL B、ASIL C、ASILD，从 ASIL A 到 ASILD 依次升高。

表 8.7 严重性分类

分类	S0	S1	S2	S4
描述	无伤害	轻度和中度伤害	重度和危害生命的伤害（死亡可能性小）	威胁生命的伤害（死亡的可能性大）和致命伤害

表 8.8 暴露可能性分类

分类	E0	E1	E2	E3	E4
描述	几乎不可能	非常低的可能性	低可能性	中可能性	高可能性

表 8.9 可控性分类

分类	C0	C1	C2	C3
描述	非常容易控制	容易控制	正常控制	很难控制或者不可控制

8.2 EMB 系统可靠性与安全性设计

无论是在哪一种交通工具上，电机械制动技术都是一项革新的技术，因此其可靠性与安全性必然备受关注。另一方面，由于电机械制动技术本身的优越性，包括高度电气化以及由此带来的智能化，又为提高其自身的可靠性和安全性提供了基础。由于在 8.1 节中已经介绍了一般制动系统可靠性与安全性设计的方法，因此本节将不再详细介绍这部分的内容，而是根据电机械制动系统本身的特点，提出其可靠性与安全性设计中需要注意的要点，并将介绍故障预测与健康管理（PHM，Prognostic and Health Management）在电机械制动系统上的应用。

8.2.1 可靠性与安全性设计要点

虽然电机械制动系统取消了气压 / 液压管路，减少了由于泄漏引起的故障，降低了系统的维修量，但其采用的驱动电动机和机械增力机构也具有其自身的失效特性。而且由于其工作逻辑与传统制动系统有区别，因此在系统功能设计上也相应产生了新的要求，例如标准 GB 21670—2008《乘用车制动系统技术要求及实验方法》中规定，当电控传输装置发生故障时，不应违背驾驶员意图而进行制动，这与气压 / 液压制动系统要求是完全不同的。因此，在电机械制动系统的设计过程中，除了需要遵照原有的行业标准 / 规范进行，还需要注意以下几个要点。

1）两个“可靠性”：机械部件的设计满足负荷要求，即结构可靠性；整个系统的设计满足制动功能可靠性。

2）故障导向安全逻辑：由于系统实现了全电气化，需要在设计时注意如何在部件失效时使系统导向安全侧，例如前文提到的汽车电控传输装置发生故障时，不应违背驾驶员意图而进行制动；或者列车车载供电断电时，制动装置的供电问题等。

3）可用性与完整性：电机械制动系统的传输控制均依赖于电信号，应在系统结构设计上考虑如何尽可能保证信号的高可用性和高完整性。

4）架构容错和结构损伤容限：因为系统部件之间并非统计独立，局部破坏会引起应力的重新分配，即使结构设计的寿命充分长，但若破坏发生后扩展较快，并且会影响其他部件，扩大危害的影响范围，则这种可靠性设计也是不合理的。电机械制动系统应具有容错设计和结构损伤容限，防止局部破坏的扩大、传播。

5）环境应力：电机械制动装置的电机安装于列车轮对 / 汽车车轮 / 飞机机轮上，工作环境复杂，需要注意振动冲击的影响，并且由于产品的电气化特性，应注意防电磁干扰的设计。

6）以可靠性为中心的维修理论（Reliability Centered Maintenance，RCM）应用。该理论旨在以最少的资源消耗保持装备的固有可靠性和安全性。电机械制动系统由于功能需求，相比传统制动系统，本身装备了更多传感器，在进行维修计划制订时应考虑这一系统特性，充分利用已配备传感器的信号，进行实时故障监测和老化故障预测，采用基于状态的维修策略，不仅能提高系统的可靠性、可用性和安全性，还能降低运营维护成本。

8.2.2 故障预测与健康管理

故障预测与健康管理系统是一种具有故障检测、故障隔离、增强的诊断、性能检测、故障预测、健康管理、部件寿命追踪等能力的系统。

电机械制动系统是一个机电一体化的系统，已有的试验和运营数据表明系统最常出现的失效形式是退化。一个长服役时间的电机械制动系统可能有一些零部件已经发生退化，但系统整体还未出现明显危害性失效，并且还能满足性能要求；但更多时候，这样的电机械制动系统可能已经完全退化，无法满足系统可靠性要求。因此，应用于电机械制动系统的故障预测与健康管理系统具有的功能应至少包括：实时故障检测、退化检测及退化等级评估、失效元件检测与隔离、寿命预计。由于电机械制动系统已搭载许多传感器（电机位移传感器、力矩传感器、轮速传感器等），其 PHM 系统应能充分利用已有的传感器信号进行故障检测。图 8.5 所示的就是一种适用于电机械制动的 PHM 系统搭建过程。其核心为失效模式的识别和检测方法，表 8.10 列出了一些相应部件的失效模式和检测方法供参考。

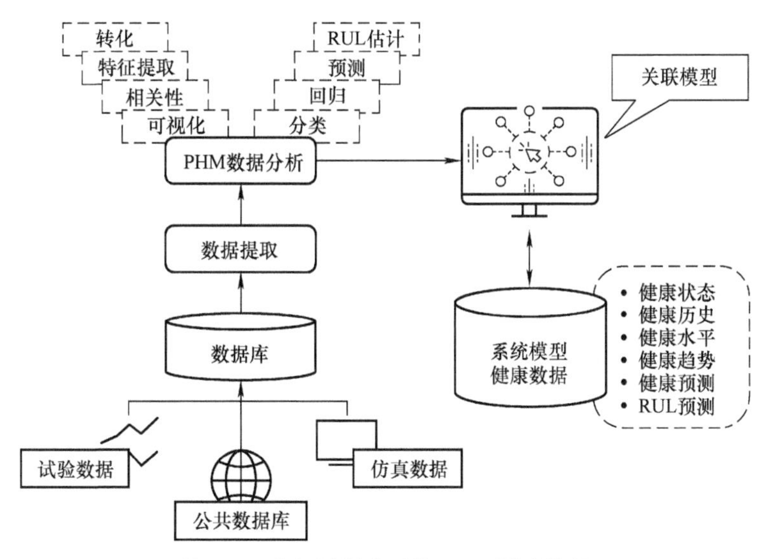

图 8.5 电机械制动系统 PHM 搭建流程

表 8.10 电机械制动系统部件失效模式和检测方法

类别	部件	失效模式	检测方法
电子	控制器	电子滤波器失效	混合
		功率损失	数据驱动
		连接器失效	混合
		传感器失效	混合
机械 & 电气	电动机	轴承抱死	数据驱动
		机轴断裂	混合
		线圈短路	基于模型
电气	定子	绕组接地	基于模型
		绝缘退化	数据驱动
		线路磨耗	数据驱动
电气	电路	电路短路 / 开路	混合
		绝缘退化	混合
		线路磨耗	数据驱动
电气	供电	电路短路 / 开路	混合
		供电不连续	混合
电气	连接器	退化	混合
		接触不良	数据驱动
机械	齿轮箱	疲劳损伤	数据驱动
机械	滚珠丝杠	轴承抱死	基于模型
		卡滞	数据驱动
传感器	传感器	信号偏移	基于模型
		信号漂移	数据驱动
		信号噪声	数据驱动
		信号传输不连续	数据驱动
传感器 & 机械	编码器	绕组接地 / 接触不良	基于模型
		绝缘退化	数据驱动
		线路磨耗	数据驱动

8.3 EMB 系统可靠性试验方法

可靠性试验是指为调查、分析和评价产品可靠性而进行的各种试验，其目的是通过试验结果分析故障机理，评估产品可靠性水平，发现产品可靠性的薄弱环节，提出有针对性的改进意见，以便提高产品的可靠性。在实际中，可靠性试验一般是指：从一批产品中随机抽取一定数量有代表的产品组成一个样本，其中样本中的个体又称为样品，样品的个数称为样本量，将此样本放在使用（或模拟）环境下进行寿命试验，观测每个样品的失效（故障）时间，分析产品每个失效发生的原因，最后对可靠性试验数据进行统计分析，获得这批产品的可靠性评价结论。

可靠性试验类型很多，可以采用多种方式对可靠性试验进行分类，如按试验目的划分，可以分为工程试验和统计试验；按试验场所划分，可分为使用现场试验和实验室试验；按试验项目可分为环境试验、筛选试验及寿命试验。由于可靠性试验时间、物力成本较高，因此产品的可靠性试验安排应尽可能合理地结合不同试验，制定综合的试验计划，以避免重复试验，节省时间、物力。本节将介绍几种典型的可靠性试验和试验的综合安排。

8.3.1 工程试验和统计试验

工程试验的目的在于暴露产品的设计缺陷，并采取纠正措施加以排除（或使其出现率低于允许水平）。试验对象为研制样机，试验由承制方进行。在试验过程中，如产品出现故障，应及时对故障原因进行分析，并采取有效纠正措施，以消除故障机理，修复后继续进行试验，同时承制方还应做好记录。承制方的故障报告、分析和纠正措施系统（FRACAS）应符合 GJB 450A-2004《装备可靠性通用要求》和 GJB 841—1990《故障报告、分析和纠正措施系统》的规定。工程试验包括环境应力筛选试验及可靠性增长试验。

1. 环境应力筛选试验

环境应力筛选试验是为发现和排除不良零部件、元器件、工艺缺陷以及防止早期失效，在环境应力下所做的一系列试验。典型的环境应力包括随机振动应力、温度循环应力及电应力等。

2. 可靠性增长试验

可靠性增长试验是为暴露产品的薄弱环节，有计划、有目的地对产品施加模拟实际环境的综合环境应力及工作应力，以激发故障，分析故障和改进设计与工艺，并验证改进措施有效性而进行的试验。可靠性增长试验是产品研制阶段的重要试验项目之一，也是实现产品可靠性增长的一个正规途径。

对于电机械制动系统这种新型的研发产品，由于缺乏前期数据支撑，容易产生设计缺陷，因此需要通过反复的可靠性增长试验，在系统研制阶段发现设计薄弱环节，以进行设计的再改进。可靠性增长的基本过程如图 8.6 所示。

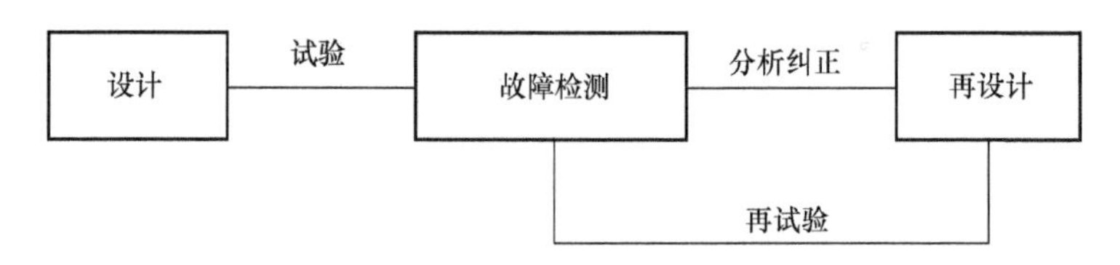

图 8.6 可靠性增长过程

统计试验包括可靠性测定试验和可靠性验证试验，试验对象为批产品。

（1）可靠性测定试验

可靠性测定试验是为确定产品的可靠性特性或其量值而进行的试验，其目的不在验收，而是为了得到产品当前的可靠性水平，以判断离要求水平还有多大的距离。

（2）可靠性验证试验

可靠性验证试验是为了确定产品的可靠性特征量是否达到所要求的水平而进行的试验，它又分为可靠性鉴定试验和可靠性验收试验：可靠性鉴定试验是为验证产品设计是否达到规定的可靠性要求，抽取有代表性的产品在规定的条件下所进行的试验；可靠性验收试验是为验证批生产产品是否达到规定的可靠性要求，在规定条件下所进行的试验。

8.3.2　使用现场试验和实验室试验

使用现场试验是指产品在实际使用状态下所进行的可靠性试验，许多大型产品的可靠性试验都是在现场使用状态下进行的。从原理上来说，这种试验最能反映产品的实际可靠性水平，但是试验场所范围广，所需时间长，试验的组织管理工作繁重，并且由于使用环境不可控，对探索产品内在的失效规律有干扰。所以更常进行的是实验室试验。

实验室试验是指在实验室内模拟产品在实际使用条件下进行的可靠性试验。这种试验所施加的环境条件和大小都是一致的，并受到人工控制，试验管理简便，投资小，有重复性。但是实验室试验不可能完全模拟现场使用环境条件，因此通常选择那些对产品可靠性有影响的环境条件进行模拟，如温度、电压、振动等。根据样品的失效情况进行划分，可以将实验室试验划分为完全可靠性试验、定时截尾可靠性试验和定数截尾可靠性试验。

完全可靠性试验要求将投试样品试验到全部失效才结束试验。这种试验虽然可以获得完整的试验数据，统计推断结果更为可靠，但是需要很长时间，因此一般情况下不予采用。

定时截尾可靠性试验只要求试验进行到事先规定的时间久停止，这时样品的失效个数是随机的，可能部分失效，可能没有失效样品，也可能完全失效。因此，为了不使样品的失效数过多或过少，恰当地规定试验停止时间是进行定时截尾可靠性试验的关键。

定数截尾可靠性试验只要求试验进行到指定的失效个数停止，这时试验的停止时间是随机的。虽然定数截尾可靠性试验获得的样本量是固定的，便于试验数据的统计分析，但因为试验时间是随机，为试验计划的制订带来了困难。如何不使试验时间过长，恰当地规定失效个数，是进行定数截尾可靠性试验的关键。

除上述几种实验室试验，还有混合截尾可靠性试验、随机截尾可靠性试验等。

8.3.3　长期寿命试验和加速寿命试验

可靠性寿命试验的目的是了解产品的寿命特征量、失效规律、平均寿命以及在寿命过程中可能出现的各种失效模式。通过可靠性寿命试验可以对产品的可靠性水平进行评价，并通过过程中所获得的数据和相关信息进行分析并反馈到相关部门，及时采取必要的措施。寿命试验应在生产过程比较稳定，剔除了早期失效产品后进行。根据施加的应力分类，可靠性寿命试验可以分为长期寿命试验和加速寿命试验。加速寿命试验是指在超过正常应力水平下，对样品进行的寿命试验，此类试验主要有三种类型：恒定应力加速寿命试验、步进应力加速寿命试验和序进应力加速寿命试验。

对于制动系统，通常考虑振动、温度应力，而电机械制动系统还应该考虑电应力。电机械制动系统的可靠性寿命试验，不仅可以作为产品质量验证的依据之一，分析试验数据得到的失效模式、失效规律、失效特征量，还能作为 PHM 系统的故障诊断输入。

8.3.4 可靠性试验的综合安排

由于可靠性试验时间、物力成本较高，因此产品的可靠性试验安排应尽可能合理地结合不同试验，制定综合的试验计划，以避免重复试验，节省时间、物力。

例如：

1）从元器件、部件到子系统、系统产品，每一级别的生产都应进行环境应力筛选试验，可以包括冲击、振动、离心、温度、湿度、沙尘、盐雾、核辐射、电磁干扰等等。环境应力筛选试验可以排除产品早期故障，一方面有利于提高批产品的可靠性，另一方面可以提高后续可靠性增长、可靠性验证试验的效率和意义。

2）可靠性测定试验和可靠性增长试验可以结合进行。因为可靠性测定试验是承制方为了了解产品目前的可靠性水平、评估距离要求水平的距离而进行的试验，而可靠性增长试验是为了暴露产品薄弱环节、进一步改进设计而进行的试验，二者根本目的是一致的。

3）可靠性测定试验、可靠性验证试验和可靠性增长试验都需要在环境应力筛选试验后进行。经过了环境应力筛选试验，产品排除了早期故障，产品故障率趋于稳定，这样在后续的可靠性试验中才可以反映出产品的固有可靠性，这也是耗费了大量人力物力的可靠性试验的重要意义所在。

电机械制动系统是一种新型的制动系统，与传统气压 / 液压制动系统有较大差别，许多已有的可靠性数据不再适用。因此产品研制环节就应注意进行可靠性增长试验，以及时暴露薄弱环节并改进设计；在产品验证环节合理制定寿命试验方案，选取合理的抽样方式，有效地获得产品的寿命特征量、失效规律、平均寿命以及在寿命过程中可能出现的各种失效模式。

参考文献

[1] 张志华 . 可靠性理论及工程应用 [M]. 北京：科学出版社，2012.

[2] 左斌 . 汽车电子机械制动（EMB）控制系统关键技术研究 [D]. 杭州：浙江大学，2014.

[3] 诸德培 . 飞机结构的可靠性和完整性 [C]// 中国航空学会 . 飞机、发动机疲劳寿命学术讨论会 . [s.n.]，1986.

[4] 时本状介 . 制动系统的 RAM 分析 [C]// 佚名 . 中日轨道交通车辆制动技术论坛 . [s.n.]，2008.

[5] 刘建侯 . 功能安全技术基础 [M]. 北京：机械工业出版社，2008.

[6] 曾声奎，PECHT M G，吴际 . 故障预测与健康管理（PHM）技术的现状与发展 [J]. 航空学报，2005，26（5）.

[7] AZAM M，GHOSHAL S，BELL J，et al. Prognostics and Health Management（PHM）of Electromechanical Actuation（EMA）Systems for Next-Generation Aircraft[C]// AIAA. AIAA Infotech@Aerospace（I@A）Conference. [s.n.]，2013.

[8] 何国伟，许海宝，等 . 可靠性试验技术 [M]. 北京：国防工业出版社，1995.

[9] 《电气工程师手册》委员会 . 电气工程师手册 [M]. 北京：中国电力出版社，2008.

第9章 轨道交通实例

在轨道交通车辆领域，电机械制动是一种非常新的技术。由于轨道交通车辆不同于其他交通工具，本身具有质量大，需要编组等特点，给电机械制动技术的普及带来了一些难度。不过随着技术的发展，未来电机械制动必将在轨道交通车辆领域被广泛的接纳和应用。

9.1 中国 EMB

9.1.1 概述

我国轨道交通领域电机械制动机目前没有商用产品，只有试验样机。上海六辔机电科技公司联合同济大学自 2014 年起开始电机械制动技术的研究、系统开发及样机研制。该公司研制的第四代电机械制动夹钳样机（图 9.1），搭载青岛四方的下一代地铁参展了 innotrans2018 柏林展。

图 9.1 第四代电机械制动样机

试验证明，该电机械制动机的响应速度比起气制动系统大大加快。图 9.2 为该电机械制动机对阶跃信号与正弦信号的响应。制动力能够响应 1Hz 的正弦目标曲线，如此快速的响应，是空气制动系统不可能做到的。

9.1.2 系统构架

列车制动系统采用微机控制的电机械制动系统，其组成主要包括电机械制动控制装置和电机械制动夹钳。原则上，电机械制动控制装置与原制动系统网关阀的安装接口保持一致，每个制动控制装置控制4套电机械夹钳单元，其中每车设置一个网关制动控制装置，具备MVB接口，与列车总线进行通信。电机械夹钳单元采用轮盘安装的形式，接口与原系统空气夹钳进行匹配设计。电机械制动系统拓扑示意见图9.3。

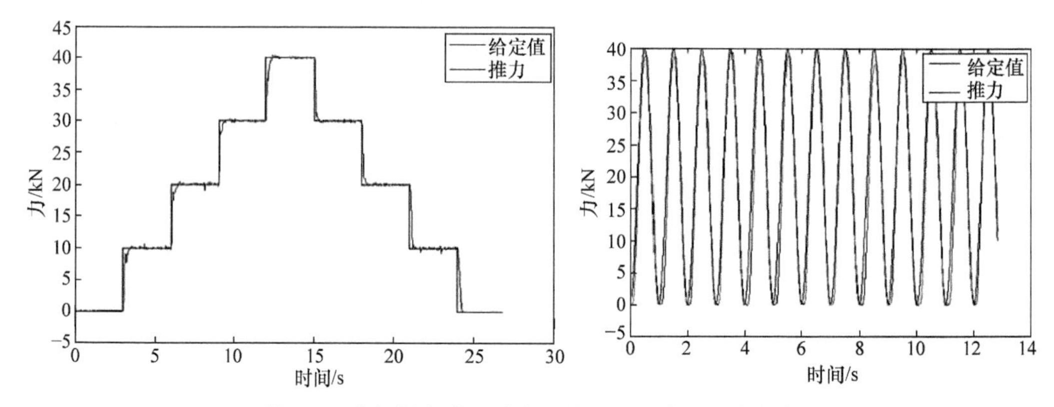

图 9.2　电机械制动机对阶跃信号和正弦信号的响应

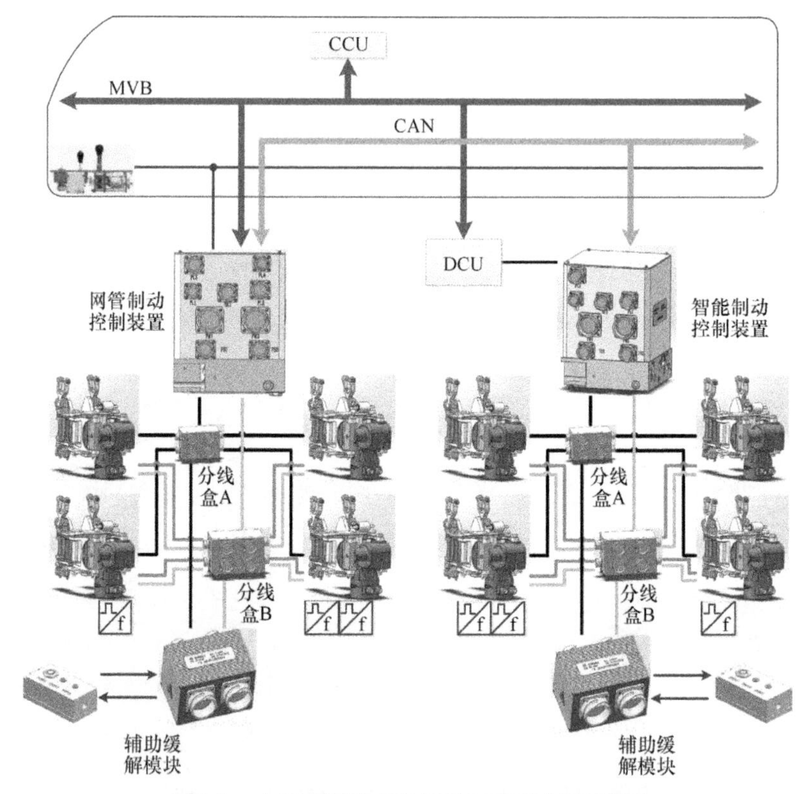

图 9.3　电机械制动系统拓扑示意图（见彩插）

按照4编组车辆TMC1-M1+M2-TMC2的编组配置，电机械制动系统的网络架构如9.4所示，其中“网关制动控制装置”为带MVB接口的网络制动控制装置，“智能制动控制装置”为本地制动控制装置，二者之间通过CAN总线进行联系，每个CAN网段包含两辆车的4个制动控制装置节点。

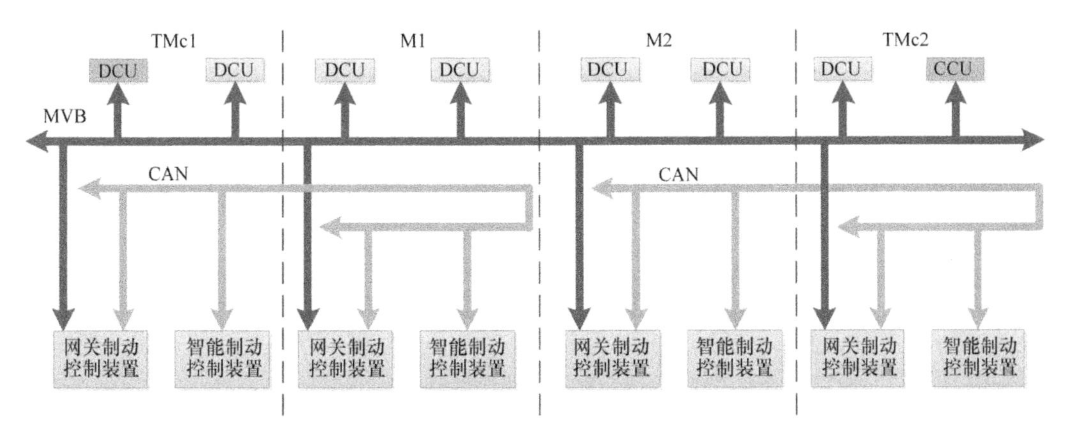

图 9.4　制动系统网络架构（见彩插）

电机械制动系统主要包含电机械夹钳单元、制动控制装置和辅助缓解装置三大部件。制动控制装置包括网关制动控制装置和智能制动控制装置。如图 9.5 所示，每个制动控制装置主要包括 EBCU 板卡组、电机械控制单元板卡组、气路部分（指与空簧的电气接口）、锂电池及电源管理板卡等。

电机械夹钳单元包括电机械制动缸和基础制动装置，基于原空气制动夹钳单元接口进行匹配性设计，由电机械制动缸替换原空气制动缸。电机械夹钳单元如图 9.6 所示。

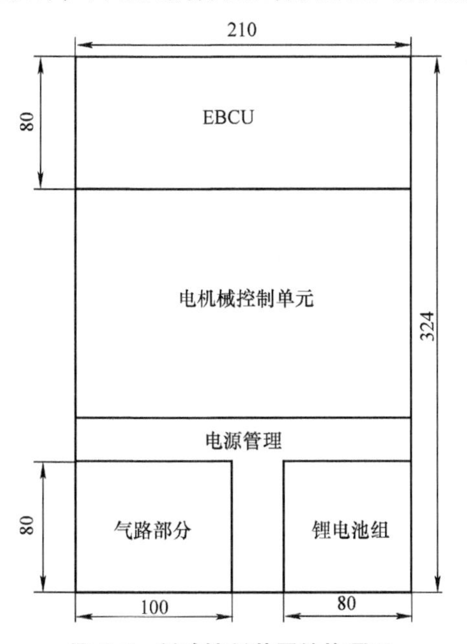

图 9.5　制动控制装置结构原理

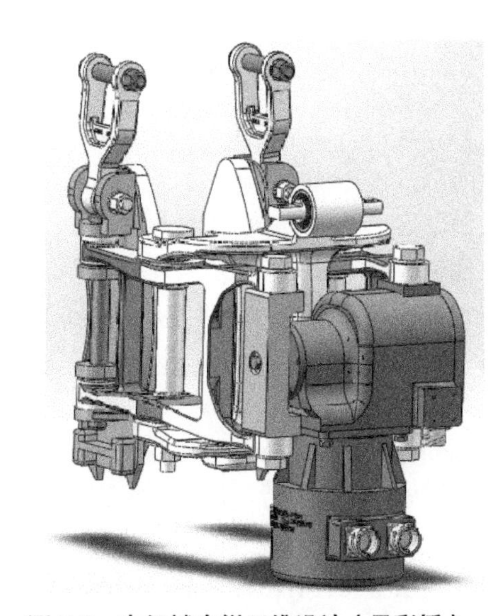

图 9.6　电机械夹钳三维设计（见彩插）

辅助缓解模块用于手动缓解及制动隔离功能的实现，可通过安装于车厢内的隔离 / 缓解按钮及安装于车辆底架的辅助缓解模块，操作每个转向架停放制动的缓解及实现制动隔离。手动缓解状态下，电动机的输出力允许超过断电锁死机构的最大锁止力。辅助缓解模块与制动控制装置具有互锁功能。

每个转向架设置一套辅助缓解模块，其连接关系如图 9.7 所示。

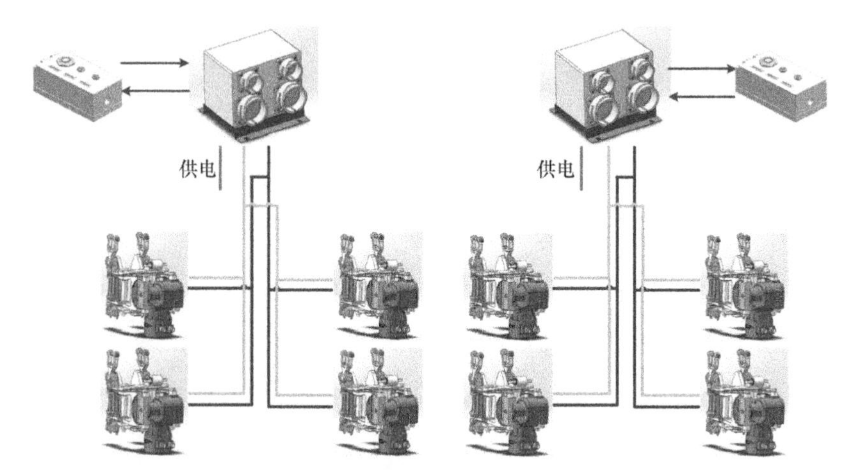

图 9.7 辅助缓解模块连接关系（见彩插）

9.1.3 系统功能

该套电机械制动系统能够实现现有气动制动系统的全部功能，机械、电气接口等可以直接匹配。

（1）常用制动

常用制动时，制动控制装置接收司控器或 ATO 等发出的制动指令，根据目标减速度和载重等相关车辆参数，计算所需制动力。常用采用电制动和摩擦制动复合的制动模式，电制动力优先施加，摩擦制动在电制动力不足的情况下进行补充。常用制动通过硬线、MVB、CAN 进行信号的传输。

（2）紧急制动

紧急制动作用方式为失电有效，采用纯摩擦制动的制动方式。紧急制动通过电机械控制单元中的紧急控制模块进行制动力的施加与防滑动作，具备空重车调整和防滑功能，且其一旦触发，在车辆完全停止前不能被取消。

（3）保持制动

具有保持制动功能，列车停稳后，制动系统自动施加能确保超员情况最大坡道下保证列车不发生溜滑的制动力。启动牵引力克服保持制动的制动力后，保持制动缓解。

（4）停放制动

停放制动通过司机室停放制动施加按钮触发，电机械制动单元内置断电锁死机构，失电保持，能够在停放制动施加后使制动力得到保持。

（5）闸片间隙智能调整与磨耗在线监测

电机械制动单元具有闸片间隙智能调整与磨耗在线监测功能。

（6）辅助缓解

电机械制动系统通过辅助缓解模块和隔离 / 缓解按钮实现对每个转向架电机械制动力的隔离和缓解。

（7）载荷调整

电机械制动控制装置可输入两路 AS 压力，通过载荷传感器测量并换算为车重。在空气簧破裂或载荷传感器输出小于空车车重信号时或载荷传感器输出大于超员车重信号时，则按超员计算。车辆的载荷信号在列车静止时采集，当列车速度大于一定值时（或采集车门关闭信号）

将停止采集，以免受到列车运行过程中的动态影响。

（8）冲动控制

当制动控制装置接收到制动指令信号时，此功能可使制动力的输出平滑，保证列车纵向加速度变化不大于 $0.75m/s^3$。

（9）防滑控制

电机械制动系统能够对轴速、车速在线监测，对滑行进行综合考虑，确保列车滑行后能够尽快回复再黏着。

（10）远程缓解

远程缓解通过司机室远程缓解按钮施加，非制动状态下，在激活端司机室按下远程缓解按钮后可缓解对应转向架的制动力，并完成间隙调整。

（11）救援回送

安装电机械制动系统的车辆出现故障，可以用机车连挂实现救援回送。车上制动控制装置采集列车管压力并控制车辆制动与缓解。救援回送过程中，车辆不需要供风。

（12）故障诊断

具有状态监测、故障诊断与报警、数据存储与上传功能，能够实时检测制动不缓解、制动力不足、车轮抱死等重大故障。

9.1.4 EMB 制动缸结构

该电机械制动制动缸的结构如图 9.8 所示。电机械制动制动缸包括连接件、螺母、滚珠丝杠、花键轴和壳体、旋转变压器、推力轴承、电动机等部件，具有结构小巧，夹紧力大，响应快速、力矩波动小等优势。

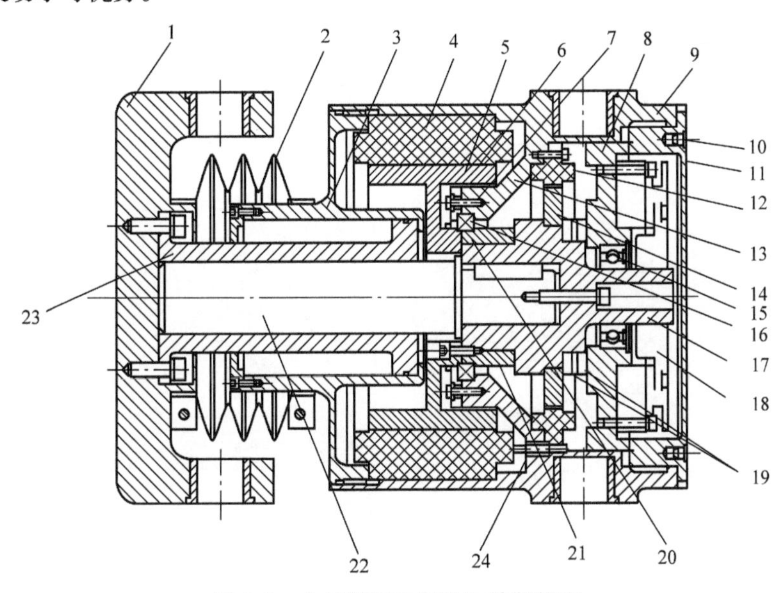

图 9.8　电机械制动制动缸的剖视图

1—连接件　2—防尘套　3—导向壳　4—电动机定子　5—电动机转子　6—前端盖　7—第二凹槽　8—推力板
9—壳体　10—扳手孔　11—盖板　12—旋转变压器定子　13—壳体向内侧设有的延伸段　14—旋转变压器转子
15—推力轴承　16—滚子轴承　17—花键轴　18—失电制动器　19—自润滑板　20—第一凹槽
21—花键套　22—滚珠丝杠　23—螺母　24—线缆护套

制动缸工作原理如下所述。制动时，电动机转子得电旋转，进而带动花键套、花键轴和滚珠丝杠转动，滚珠丝杠螺母副把转动转为平动，从而实现制动缸的伸缩，在此过程中，旋转变压器测量电动机的角度数据并将信号反馈至电动机的控制器，从而控制电动机使滚珠丝杠伸缩距离的大小。制动缸伸出，其推出力的反作用力通过连接件、螺母、滚珠丝杠、花键轴和推力轴承传递给传力板。电动机断电时，失电制动器也同时断电，迫使传动轴快速停转。

9.2 日本鹿儿岛交通局 1000 型超低地板路面电车

日本铁道综合技术研究所获得国土交通省的国库资助，进行了“轻量型车辆用制动装置的开发”。鹿儿岛交通局 1000 型超低地板路面电车，在世界首次带采用了重车调整的电器指令，电气机械式制动系统，基础制动装置为踏面式电动弹簧制动装置（EBI）。在转向架上设有 8 套电动弹簧制动装置，实现了制动系统无风化，取消了空气压缩机、风缸、空气配管等，使低地板减少的安装控件也能装下各机器设备。图 9.9 为电机械制动系统，它装在低地板路面电车的最右侧转向架上。

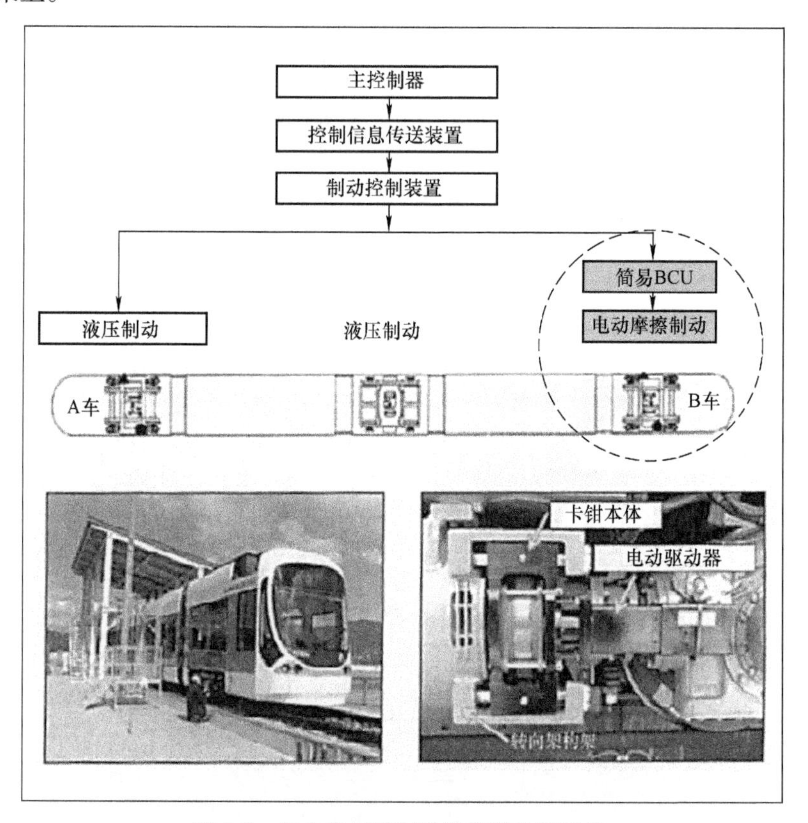

图 9.9 日本电机械制动的安装位置示意

常用制动，紧急制动时，电动弹簧制动单元内部的电动机、联轴器、滚珠丝杠使闸瓦动作，施加制动或缓解；停放制动是释放电动弹簧制动单元内部被压缩的弹簧并使之作用的装置。弹簧制动指令及其动力源与电动机并不是一个系统，由制动单元本身就能确保双重系统。每个车轮都有各之独立的制动装置，因此提高了车辆安全性。

9.2.1　日本 EMB 结构

电机械制动除源动力电动机外，还必须有将电动机的旋转力转换为直线运动的推压力的装置。日本鹿儿岛 1000 型超低地板路面电车采用了丝杠实现了旋转运动和直线运动之间的转化，螺旋运动在转矩作用下就可以旋转，利用相当于楔子的梯度导程角（升角）效应，将电动机提供的转矩转换成直线方向的力（轴向力）。

其次，电机械制动必须要拥有增力减速的机构，以增大制动力。日本鹿儿岛 1000 型超低地板路面电车电机械制动机采用了“内接摇动式减速器”的方式，图 9.10 为其工作原理。该减速器采用齿轮减速增力机构，为缩小减速器的体积，设计了偏心行星轮与太阳轮相啮合的结构，如果由偏心体按角速度（w_1）输入旋转运动，则与偏心体固定在一起的行星轮一边与太阳轮内接，一边进行摇动运动，成为输出轴的太阳轮以角速度（w_2）与输入轴同方向地旋转，进而实现减速。采用这种减速器既可获得必要的减速比，也使得将该减速器内置到与电动机同轴的旋转轴上的小空间内成为可能。

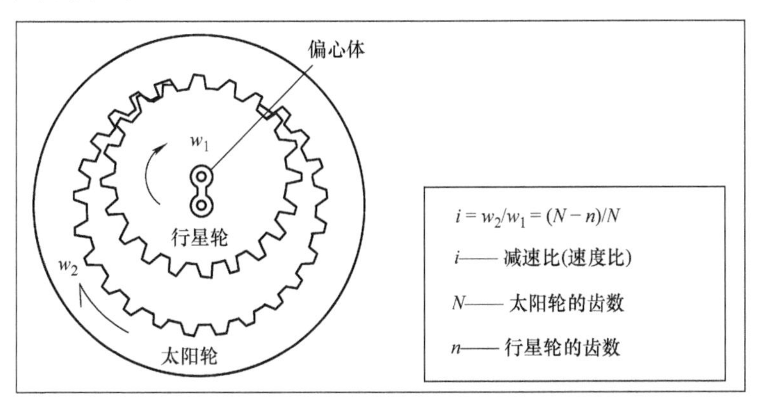

图 9.10　内接摇动式减速器原理

图 9.11 为使用了前述的推力转换机构与减速器的电动制动装置的基本结构。该装置结构上是用减速器放大内置的小型电动机的旋转力，通过与减速器的输出轴直接连接的螺母的旋转，使螺旋轴直线运动，内置的弹簧上会产生弹簧力。此时切断离合器，由于释放弹簧力获得闸片的推压力，从而可以施加制动力。

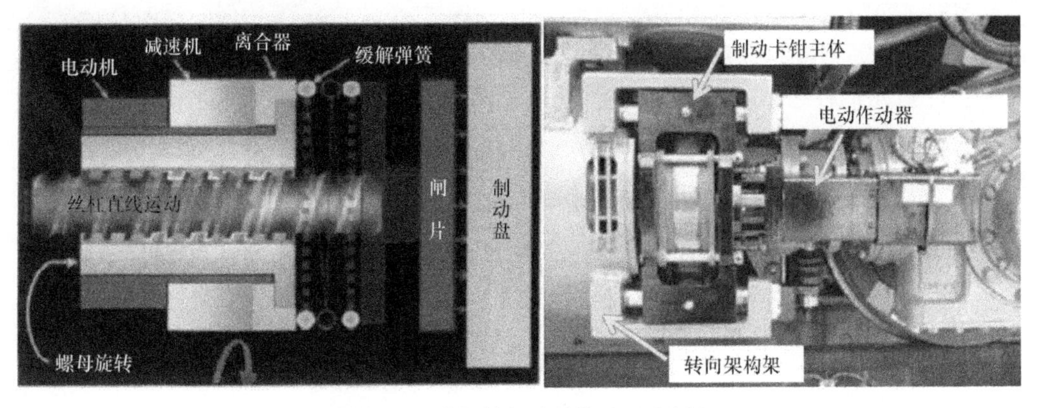

图 9.11　电机械制动结构（见彩插）

9.2.2 日本 EMB 性能

将试制的电动制动装置安装在日本轻轨车辆（LRV）上，从制动初速度 10~40km/h 实施制动试验。试制的电动制动装置具有与现行制动装置的互换性，可以顺利地装车使用。在相关试验中，在 1 台转向架两侧的 2 处部位安装了电动制动装置，车内在制动控制装置的后端，增加了简易的控制装置，能与驾驶室的司控器操作联动，可以对电动制动装置设定必要的制动力。由图 9.12 可知，在制动初速度 40km/h 下，空走时间为 1s，得到了与现行制动装置的空走时间基本一致的结果。从制动初速度 40km/h 开始制动的平均制动距离为 85.8m。这时的平均减速度为 0.7417m/s²。除去空转时间 1.0s，实际平均减速度为 0.8528m/s²，达到了减速度 0.6667m/s² 的试验目标值。

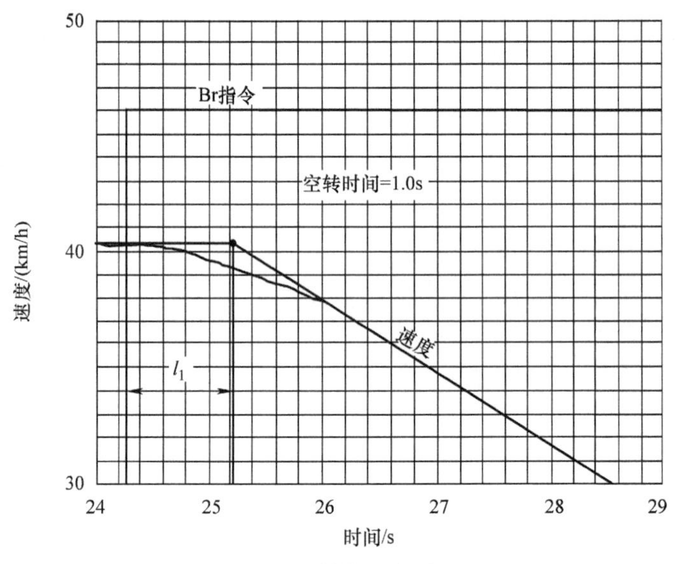

图 9.12 装置空走时间

9.3 韩国铁道研究院 EMB 系统

韩国铁道研究院正在实验室中进行轨道车辆电机械制动系统的研究。他们制作了如图 9.13 所示的杠杆式电机械制动机。采用空气制动机与电机械制动机做了响应时间的对比测试，如图 9.14 所示。试验结果表明，比起空气制动，电机械制动在制动过程的响应时间快了 0.1s，缓解过程中响应时间快了 0.46s。

图 9.13 韩国铁道研究院电机械制动机

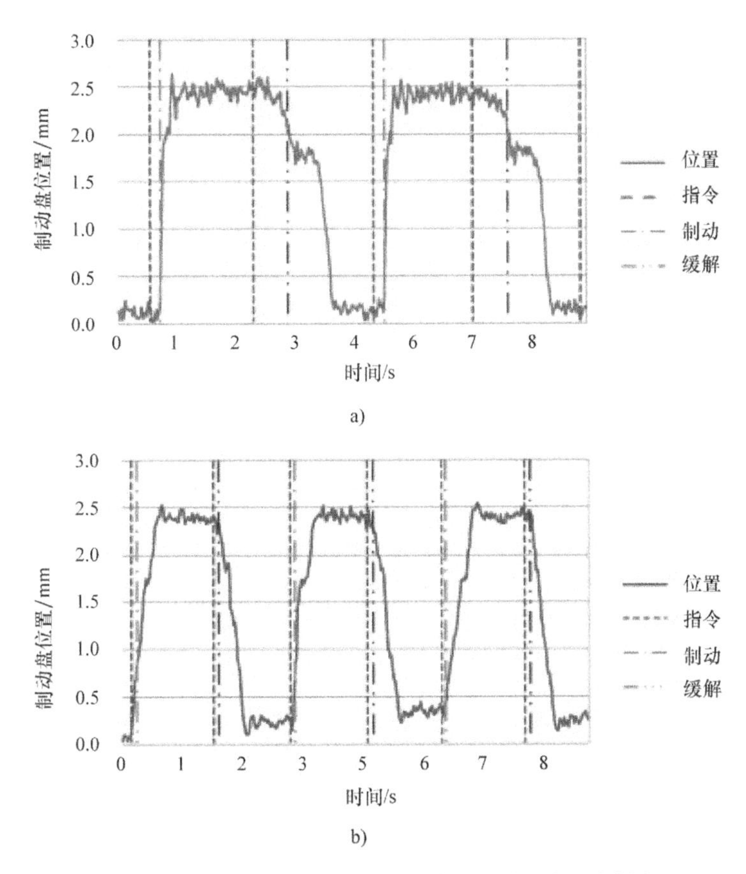

图 9.14　电机械与空气制动测试结果对比（见彩插）

a）活塞运动距离　b）电机械活塞运动距离

参考文献

[1] 袁元豪，俞展猷 . 日本试验新型电动摩擦制动装置 [J]. 现代城市轨道交通，2009（6）：100-100.

[2] 南京政信，彭惠民，王其伟 . 日本制动装置的最新研发动向 [J]. 国外铁道车辆，2012，49（5）：14-17.

[3] 刘绍勇 . 鹿儿岛市交通局 1000 型超低地板路面电车 [J]. 世界轨道交通，2004（10）：45-47.

[4] KIM M S ，OH S C ，KWON S J . Characteristic test of the electro mechanical brake actuator for urban railway vehicles[J]. Journal of the Korean Society for Precision Engineering，2016，33（7）：535-540.

第 10 章 汽车实例

线控制动（Brake by wire，BBW）系统是汽车线控技术的一种典型应用，它是将驾驶者的操纵信号，经过变换器转化为电信号，通过电缆直接传输到控制执行器的一种系统。汽车线控制动系统实现了制动踏板与制动主缸间的物理解耦，通过制动力分配策略实现了再生制动与摩擦制动的集成控制，提高了电制动的参与比例，改善了整车经济性，优化了制动性能，是目前汽车行业，特别是电动汽车的一大发展方向。

线控制动系统可以分为电液制动系统（Electro-Hydraulic Braking，EHB）和电子机械制动系统（Electro-Mechanical Braking，EMB）两种形式。在电液制动系统中，通过高压蓄能器与泵或者高性能电动机与减速机构产生压力源，电子控制单元（Electronic Control Unit，ECU）再根据车辆状况把合适的液压制动力分配到四个车轮。而电子机械制动系统完全取消了传统制动系统中的液压管路，将电动机的转动平稳地转化为制动蹄块的平动，直接控制每个车轮的制动力矩。

本章分别介绍了电子液压制动系统中具有代表性的产品：TRW 公司的集成化制动控制系统和本田雅阁插电混动版采用的伺服电液制动系统。本章还介绍了电子机械制动系统的典型应用：奥迪 e-tron 采用的干湿组合制动系统。

10.1 TRW 集成化制动控制系统

10.1.1 IBC 系统概述

TRW 公司的集成化制动控制（Integrated Brake Control，IBC）系统基于 IPGATE AG 公司于 2011 年推出的一体化制动系统 IBS，其液压驱动控制模块采用超高速无刷电动机，驱动滚珠丝杠来推动制动主缸建压，通过控制电动机和 4 个电磁阀实现了 ABS/ESP 功能。IBS 整体质量只有 3.8kg，与传统制动系统（装备 ESP）相比，其体积减小了 70%，长度减小 70mm，系统复杂程度较低，舒适性、ABS/ESP 稳定性增强，辅助驾驶更顺畅，降低了由安全故障引起的系统风险。在样机试制开发阶段，这套系统完成了各类路况下的车辆制动性能试验和成本优化。此后，该系统转让给了天合汽车集团（TRW），2012 年 TRW 以 IBS 系统为基础推出了集成化制动控制系统 IBC，按计划于 2018 年投产。

IBC 提供了更优越的性能，例如，在与驾驶辅助系统（如雷达和摄像机）结合使用时，可以启动包括自动紧急制动 AEB 在内的多种功能。IBC 以一个集成单元取代了低真空或无真空系统所需的大量独立部件，包括电子稳定控制系统 ESC、真空助力器和相关的电缆、传感器、开关、电子控制器、真空泵等。

IBC 集成化制动系统如图 10.1 所示。该系统的核心是一个由超高速无刷电动机驱动的执行器，受旋转编码器监测，编码器向中央电子控制单元 ECU 提供电动机的转数、转速和位置数据。同时集成其中的还有一个独立的液压回路，它向系统传达驾驶者的制动意图。无刷电动机为系统提供了高效的制动和电子稳定性功能，它能以超高的压力上升速率，在不到 150ms 内转化为 1g 的车辆减速度。与现有 ESC 系统相比，IBC 也更小、更轻。传统组件重达 7kg，而 IBC 仅 4kg。

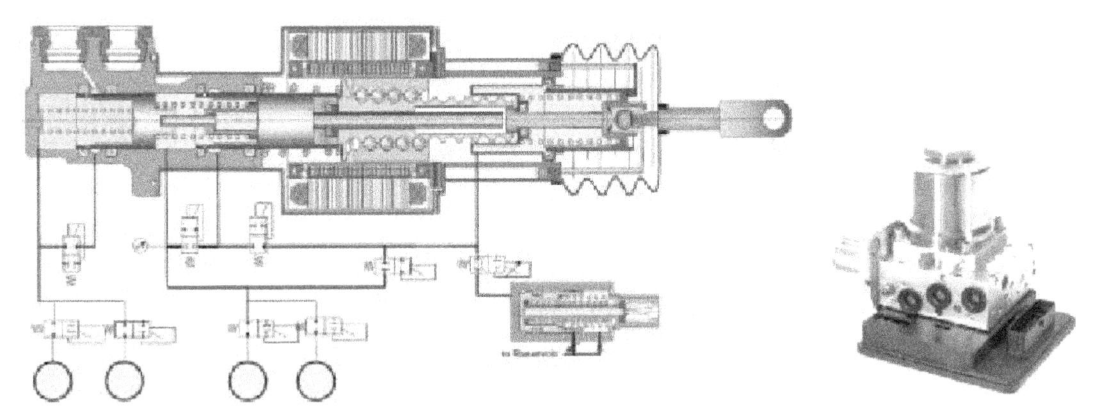

图 10.1　TRW 公司的 IBC 集成化制动系统

10.1.2　IBC 系统结构与工作原理

IBC 集成化制动控制系统采用了带有滚珠丝杠的空心集中电动机驱动主缸助力的方案，原理如图 10.2 所示。为了防止电动机响应较慢，加装高压蓄能器作为辅助的压力源，由高压蓄能

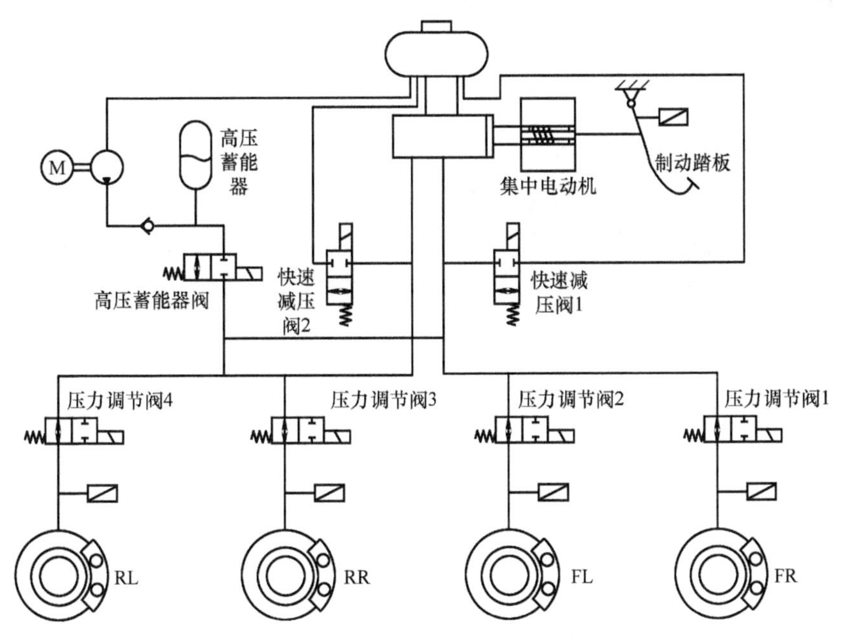

图 10.2　集成电控制动系统原理图

器和电动机驱动制动主缸共同进行压力的精确调节。每个轮缸配有一个电磁阀用于调节轮缸的压力，采用分时控制各电磁阀实现增 / 保 / 减压的操作。集成电控制动系统由制动踏板、带有滚珠丝杠的集中电动机、储油杯、制动主缸、电动机 - 液压泵 - 高压蓄能器结构、高压蓄能器阀、两个减压阀、四个压力调节常开电磁阀以及四个制动轮缸组成。系统的工作模式分为常规制动模式、ESC 模式和失效制动模式。

1. 常规制动模式

常规制动模式下，当驾驶员踩下制动踏板时，踏板位移传感器检测到踏板位移信号。电控单元通过传感器的信号确认驾驶员的制动意图后，发送控制信号控制高压蓄能器阀通电开启，高压蓄能器中的高压制动液流入各轮缸，对各个车轮进行制动。同时，电控单元发送信号给控制电动机，控制电动机正向运动。通过滚珠丝杠机构将电动机的旋转运动转化为直线运动，推动主缸活塞推杆前进，产生的高压制动液同样为液压单元提供制动液压力。当驾驶员松开制动踏板时，踏板位移传感器同样会检测到位移信号。电控单元通过传感器的信号确认此时驾驶员想要解除车辆的制动，发送信号控制高压蓄能器阀关闭，切断高压蓄能器与制动轮缸的连接，同时发送信号控制电动机反向旋转，主缸活塞在回位弹簧作用下回退，轮缸内的高压制动液流回制动主缸和储油杯。

2. ESC 模式

ESC 模式下，当系统通过轮速传感器、角速度传感器和加速度传感器，检测到车辆出现车轮抱死或者侧滑的趋势时，电控单元控制电机带动滚珠丝杠机构推动主缸活塞推杆前进，同时控制各个电磁阀的开闭，以调节各个轮缸内的压力，从而保证车辆的稳定性。由于每一个轮缸仅有一个电磁阀用于调节压力，需要对电磁阀采用分时控制。当某一轮缸需要增压时，其余轮缸的压力调节阀关闭，其余轮缸处于保压状态。某一轮缸需要减压时亦然。

以左前轮为例，集成电控制动系统的增压状态如图 10.3 所示，其中红线部分为高压制动液。增压时，压力调节阀保持断电常开状态，高压蓄能器阀开启，高压制动液分别从高压蓄能器和制动主缸进入制动轮缸。

系统保压状态如图 10.4 所示。保压时，压力调节阀通电关闭，切断该轮缸与高压蓄能器和制动主缸的连接，该轮缸内的压力保持不变。

系统常规减压过程中，快速减压阀保持关闭状态，仅通过控制电动机后退调节制动轮缸中的压力。而在 ESC 模式的某些特定工况下，要求轮缸压力快速下降，因而需要系统进行快速减压。

系统快速减压状态如图 10.5 所示，其中蓝线部分为低压制动液。快速减压时，高压蓄能器阀断电关闭，快速减压阀通电开启，电动机反向旋转，轮缸内的高压制动液经由快速减压阀和制动主缸流回到储油杯。

3. 失效制动模式

当电动机故障或者系统失电的情况下，制动系统进入失效模式。当电动机出现故障无法正常工作时，电控单元控制高压蓄能器阀通电开启，仍旧可以通过高压蓄能器为液压单元提供制动所需的液压力。当系统失电时，电动机无法运转，所有电磁阀处于断电状态，高压蓄能器阀和减压阀关闭，四个压力调节阀开启，系统的状态如图 10.6 所示。驾驶员可通过猛踩制动踏板，推动制动主缸推杆产生一定的制动液压力，保证系统在失电的情况下仍能进行一定的制动。

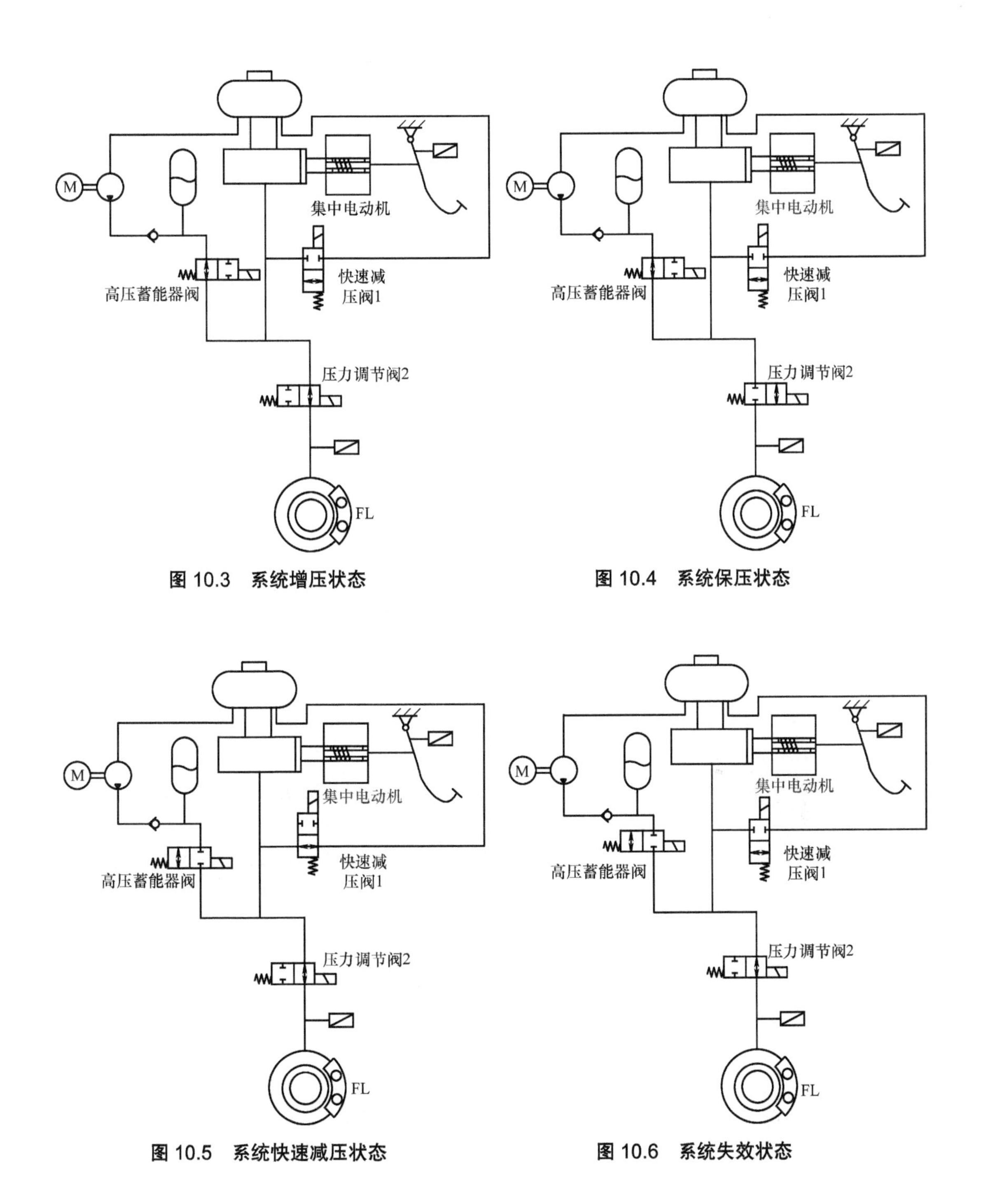

图 10.3　系统增压状态

图 10.4　系统保压状态

图 10.5　系统快速减压状态

图 10.6　系统失效状态

10.1.3　IBC 控制系统

控制系统包括电控单元（Electric Control Unit，ECU）、液压力控制单元（Hydraulic Control Unit，HCU）、液压力传感器、踏板力传感器以及踏板位移传感器等。HCU 用以精确调节制动轮缸液压力。液压力传感器作为反馈单元将液压力实时反馈到整车控制器里，用作控制算法的输入量。踏板力传感器和踏板位移传感器用来检测驾驶员的踏板信号，从而获得驾驶员意图。

1. 液压力控制架构

液压力控制是电子液压制动系统的基本功能，也是车辆稳定性控制系统和再生制动系统等的关键技术。因此，液压力控制的性能优劣是整车性能的重要一环。通常来说，液压力控制层是整车控制系统的最底层，所以整车控制效果的优劣与液压力控制密切相关。如果没有液压力控制模块或者液压力控制模块不能有效对液压力施加控制，那么整车控制系统的控制性能会受到很大影响。

液压力控制架构如图 10.7 所示，分为主缸液压力控制和轮缸液压力控制。轮缸液压力控制层面又分为轮缸液压力上层控制和电磁阀底层控制。前者用于计算出电磁阀的控制指令；后者用于确定电磁阀的控制方法。

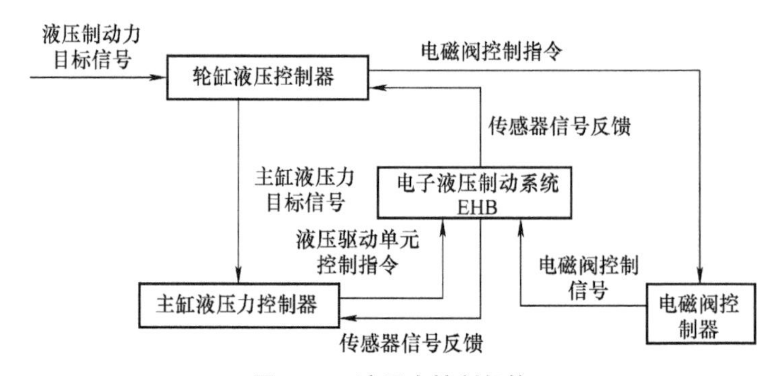

图 10.7　液压力控制架构

2. 主缸液压力控制

IBC 采用“无刷直流电动机 + 减速机构”形式的主缸液压力控制，其电动机的三环控制器结构如图 10.8 所示，最内环为电流环，次内环为转速环，最外环为位置环。控制系统的设计原则是首先进行内环的设计，再向外逐环设计。因此设计的顺序为首先设计电流环，然后进行速度环设计，最后设计位置环。

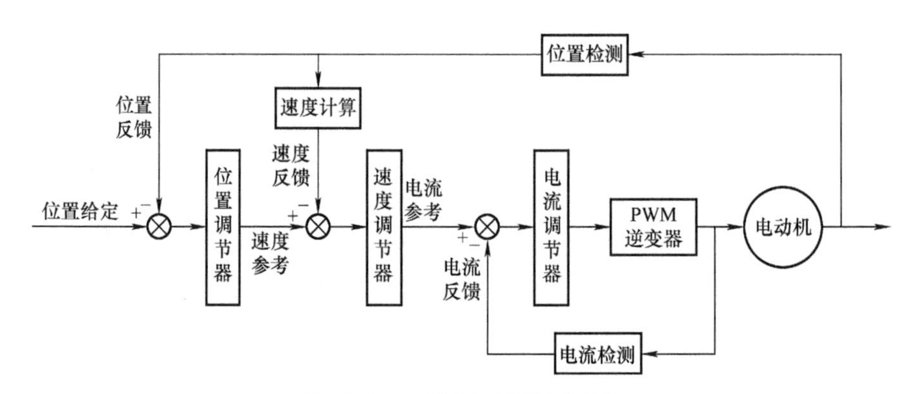

图 10.8　电动机三环控制系统

电流环的输入为电流目标值和电流反馈值，输出为 PWM 占空比信号。转速环的输入为转速目标值和根据位置检测信号计算得到的实际转速值，输出为电流的目标值。位置环的输入电机转子位置的目标值和电动机转子位置的反馈值，输出为转子速度的目标值。

采用三环控制器能够有效控制电动机的电流，并且能够限定转子的位置，使其跟随给定的位置信号变化，从而对转子位置进行控制。

3. 轮缸液压力控制

制动主缸与每个制动轮缸之间连接有一个常开的电磁阀。为使制动轮缸的压力能够良好地跟随制动主缸出口处的压力，需要对电磁阀的开度进行控制，以控制流经电磁阀的制动液的流量，从而达到控制制动轮缸压力的目的。

如图 10.9 所示，轮缸液压力控制的工作原理是接收由上层算法（制动防抱死控制算法、车辆稳定性控制算法、电液复合制动分配算法等）计算得到的轮缸目标压力，根据当前车轮所处的实际工作位置，结合电磁阀的工作特性以及包含制动管路和制动轮缸在内的系统压力特性，得到电磁阀的实际控制指令。同时不断监测当前轮缸实际压力和目标压力，以便及时调整电磁阀的控制指令和工作状态，使轮缸实际压力尽快地达到目标压力。

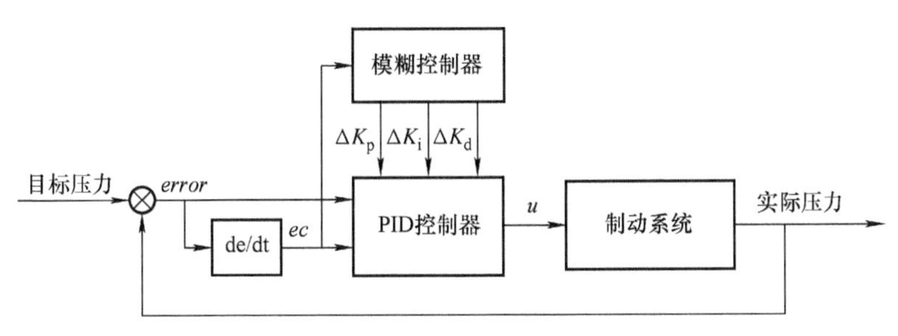

图 10.9 模糊 PID 控制器结构图

10.2 本田雅阁电液复合制动系统

10.2.1 ESB 系统概述

本田雅阁电液复合制动（Electric Servo Brake，ESB）系统是一种以伺服电动机产生压力源，通过电动机旋转实现制动主缸增减压控制的全解耦电液制动系统，用于本田雅阁插电混动版等多款本田混合动力车型。系统主要由带踏板行程传感器的制动踏板、踏板感觉模拟器（Pedal Feel Simulator，PFS）、伺服电动机从动液压缸（Tandem Motor Cylinder，TMOC）、电子控制单元（ECU）以及制动执行机构等组成。ESB 系统在车上的布置如图 10.10 所示。

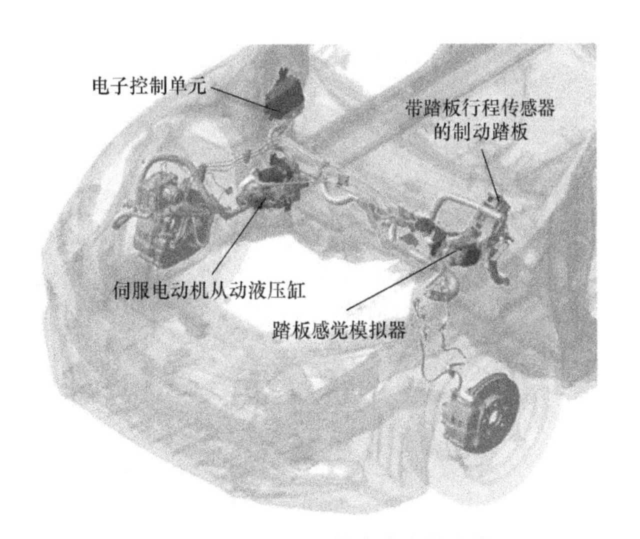

图 10.10 ESB 系统在车上的布置

10.2.2 ESB 各部件结构与功能

ESB 系统的结构组成如图 10.11 所示。制动踏板后的制动主缸与伺服电动机从动液压缸、踏板感觉模拟器间有电磁阀隔开。制动踏板后的制动主缸、踏板感觉模拟器，上述电磁阀以及必要的压力传感器构成了 ESB 系统的制动力操作系统（BOS）。在伺服电动机从动液压缸和制动执行机构之间还有车辆稳定性控制系统（VSA），以提高车辆的稳定性和行驶安全性。

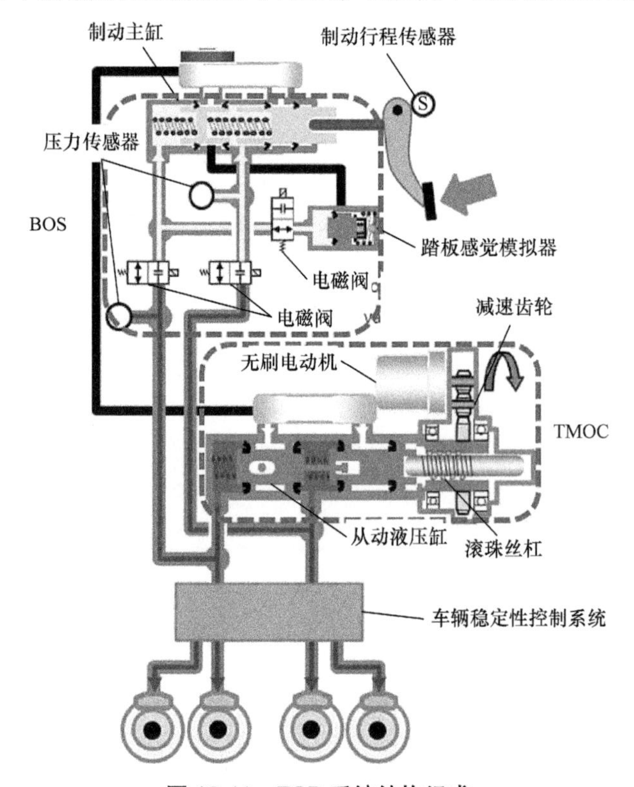

图 10.11 ESB 系统结构组成

1. 制动力操作系统 BOS

制动力操作系统 BOS（Brake Operating System）根据具体指令，给制动踏板提供反力（提供类似负压助力的作用，助力的大小取决于制动踏板上传感器的反馈信号，图 10.12）。其实制动操作力系统也称制动操作力回馈模拟器，就是为了在制动过程中保证制动踏板可以给驾驶员提供一个“真实”的力的反馈。它与制动踏板机构相连，负责在制动过程中向驾驶员提供反馈力，这样，这套制动系统在驾驶员看来就与熟悉的传统车型相同了，使驾驶员无论是缓制动还是急制动，踏板给脚的感觉都是线性合理的，不会出现一脚踩空或硬到踩不动。

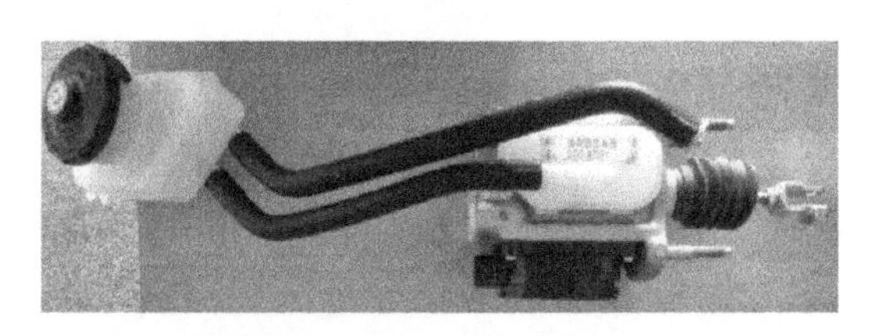

图 10.12 制动力操作系统结构

2. 伺服电动机从动液压缸 TMOC

TMOC（Tandem Motor Cylinder）伺服电动机从动液压缸根据 ECU 发出的指令动作，由电动机推动活塞为制动管路建立液压（制动压力依据踏板位置信号计算得出）。该部分负责提供助力、建立液压和协调再生制动力分配，其角色就好比传统制动系统中的真空助力器和制动主缸。

伺服电动机从动液压缸是整个电液复合制动系统的核心部件，其结构如图 10.13 所示，由直流无刷电动机、减速齿轮、滚珠丝杠和从动液压缸组成。制动踏板根部装有踏板行程传感器，驾驶员踩下踏板，制动控制器根据传感器信号计算出制动需求，对直流无刷电动机下达指令，电动机旋转经减速齿轮减速增矩，带动滚珠丝杠运动，滚珠丝杠将旋转运动转化为直线运动，推动从动液压缸内的两个活塞，产生液压制动力。

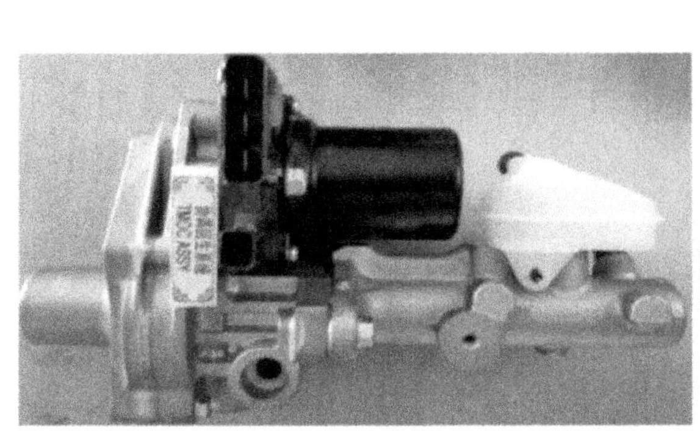

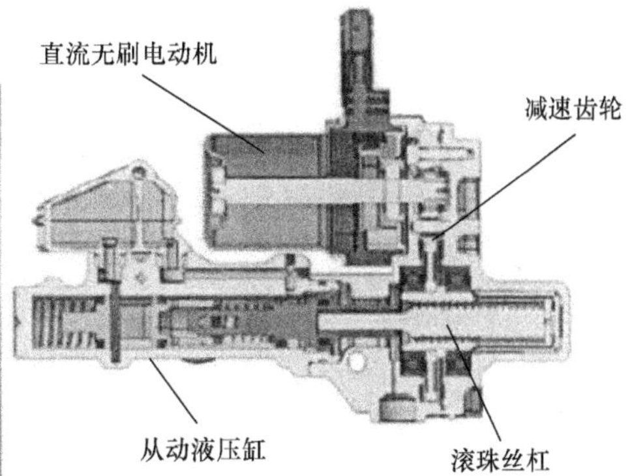

图 10.13　伺服电动机从动液压缸结构

3. 车辆稳定性控制系统 VSA

车辆稳定性控制系统 VSA（Vehicle Stability Assist），是用于提高车辆稳定性和行驶安全性的控制系统。VSA 系统具有制动防抱死（ABS）、牵引力控制（TCS）和防侧滑控制（Skid Control）功能。如图 10.14 所示，VSA 系统由液压泵、泵电动机、单向阀、常开型电磁阀、常闭型电磁阀、调节阀及低压蓄能器组成。当 ABS 触发时，可以实现制动轮缸的增压、保压和减压功能。

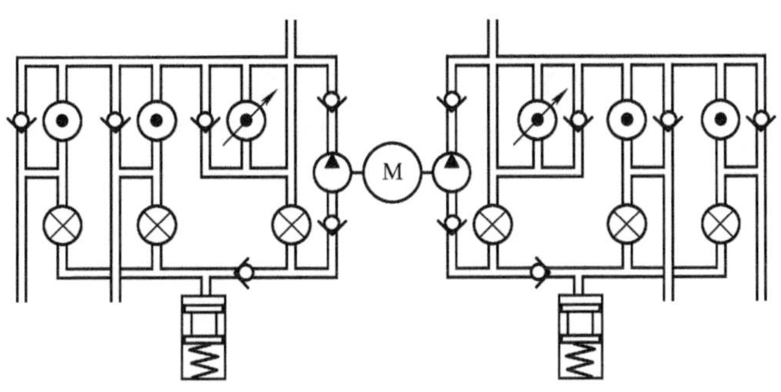

图 10.14　VSA 装置示意图

10.2.3　ESB 系统工作原理

本田汽车电液复合制动系统的主要工作状态包括非制动状态、常规制动状态和失效制动状态。

1. 非制动状态

在非制动状态下，也就是驾驶员没有给制动踏板施加踏板力时，如图 10.15 所示，MCV 阀是开通的，使得上部制动液管路和下部制动液管路是相通的。PFSV 阀是闭合的，故 PFS 没反馈液压给 BOS。另外，由于 ECU 没有给 TMOC 的电动机发出指令，电动机不工作。所以整个制动液管路是没建立液压的，系统处于自由状态。

2. 常规制动状态

在驾驶员进行正常的制动操作时，如图 10.16 所示，先是对制动踏板施加踏板力，踏板发生位移，通过连杆推动 BOS 的液压缸，PFSV 阀开通，制动液填充到 PFS 且通过 PFS 建立制动。另一方面，通过 ECU 的指令，将 PFS 的液压分配反馈到 BOS 缸体，反馈力最终体现到踏板上，形成与驾驶员制动意图和踏板力相对应的踏板反力（反力的模拟量通过踏板上的位移传感器给 ECU 信号来判断），从而不会给驾驶员有一脚踩空或踏板很重的感觉，简单来说就是形成类似真空助力器的模拟量感觉。与此同时，MCV 阀关闭，从而切断上下流的制动液管路。并且 ECU 给 TMOC 的电动机发出正向转动指令（正常制动时电动机是正转的，加速度和转动时间基于是紧急制动还是缓制动的踏板输入量而定），电动机带动齿轮机构推动制动从缸的活塞动作，从而使制动液从制动从动液压缸到制动管道再到轮缸建立液压，最后推动轮缸活塞，完成对制动盘的夹紧，达到整车制动效果。制动力的大小取决于液压的大小，液压的大小取决于电动机运转的角度，电动机运转的角度决定于踏板行程 / 踏板力传感器的信号。制动控制与电动机控制协同工作，ECU 确定电动汽车上的再生制动力和前后轮上的液压制动力。

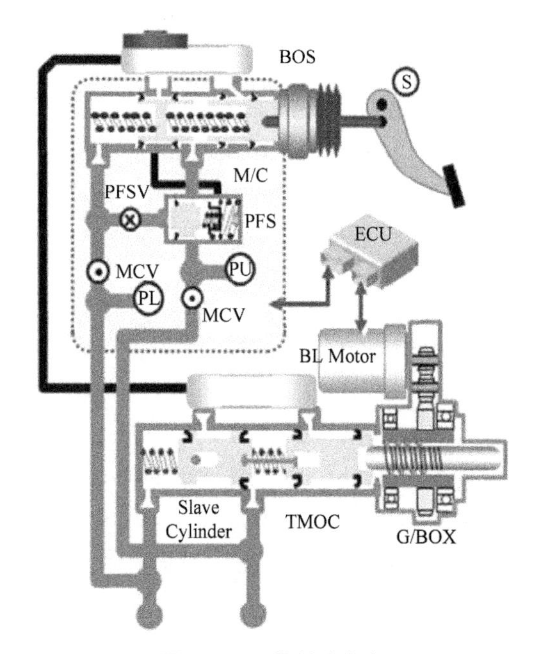

图 10.15　非制动状态

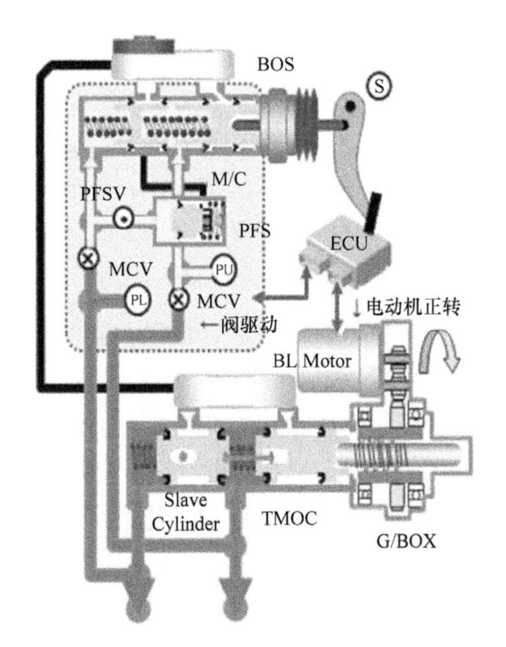

图 10.16　常规制动状态

3. 失效制动状态

如图 10.17 所示，当 TMOC 的电动机失效，电动机停止工作时，制动从动液压缸和整个制动管路的液压就不能靠电动机的动作来建立了。这个时候MCV阀就会开通，使得上下两部分的液压管路相通，驾驶员通过踩下制动踏板推动BOS的活塞，再把制动液压输入TMOC来建立制动管路的液压。简单来说就是用纯人力的方式来踩出制动效果。不难发现，这时PFSV阀是闭合的，PFS与BOS是不相通的，所以这种模式下是没有踏板模拟反力的，故驾驶员在这种情况下会觉得踏板力比正常时要稍大，但设计者通过加大踏板臂的方式来减小这种影响，并且通过以上操作，实现在无伺服助力的状态下不影响的整车的制动效果。

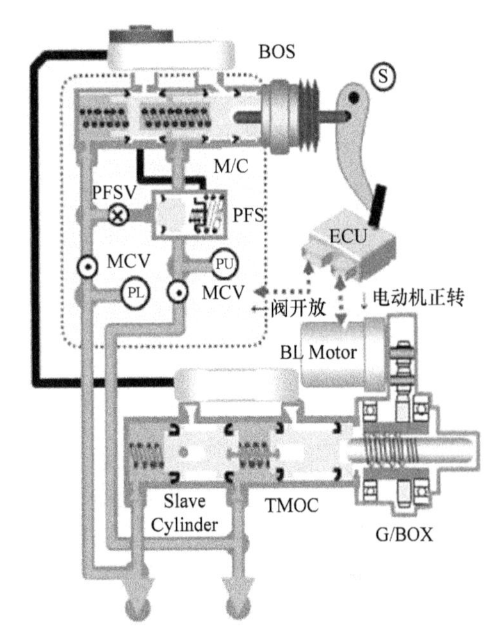

图 10.17　失效制动状态

10.2.4　ESB系统控制原理

1. 摩擦制动与再生制动分配

如前文所述，电液复合制动系统的工作原理是：制动踏板位移传感器和轮速传感器信号输入到制动控制器，当检测到制动动作时，制动控制器计算出驾驶员的制动需求，同时向整车控制器请求电动机、车速等信号，计算出当前条件下的再生制动力矩，然后用总制动力矩减去再生制动力矩，得到液压制动力矩的目标值，控制电动伺服制动系统中各个部件动作，产生所需的液压制动力。

该ESB系统采用新的压力控制逻辑，实现了高踏板输入时的精确踏板感觉。它基于主缸压力信号计算目标压力需求（图10.18）。再生协调功能执行再生制动力和摩擦制动力的协调分配，以产生驾驶员所需的制动力。再生制动力的上限根据动力传动系的运行方式和蓄电池的荷电状态等因素而不断变化。它还受到系统响应、通信延迟等因素的影响。因此，为了获得良好的制动效果，在进行协调分配时除了考虑稳态特性外，还考虑了瞬态特性。因此，摩擦制动力的控制需要高度精确、高度响应的液压制动力控制，这足以补偿再生制动力的瞬时过量或不足。

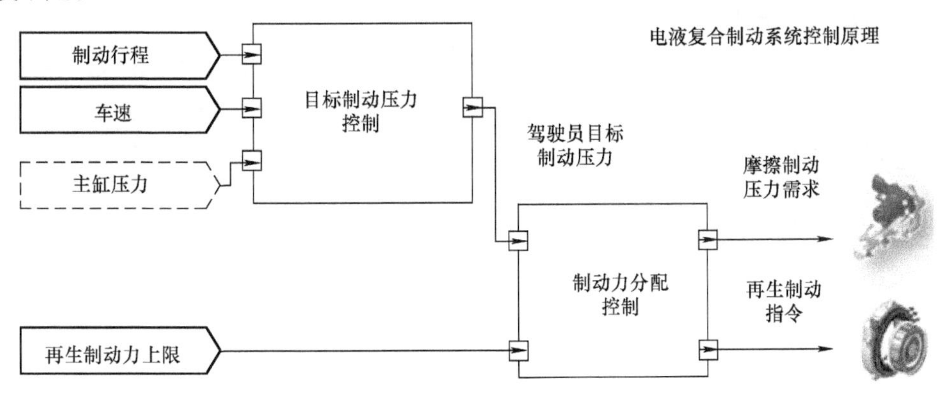

图 10.18　制动力控制框图

摩擦制动力和再生制动力的不同分配策略影响到整车的制动性能和能量回收率。一个典型的制动力分配策略如图 10.19 所示，主要包括目标电动机再生制动力计算模块和目标前后轴轮缸压力计算模块两部分。由于电动伺服液压系统为全解耦式制动系统，可以实现四轮轮缸独立于制动主缸的液压单独调节，采用串行控制策略，优先使用电动机再生制动力，当电动机再生制动力不能满足驾驶员制动需求时，使用液压制动力进行补偿，实现制动能量回收率的最大化。

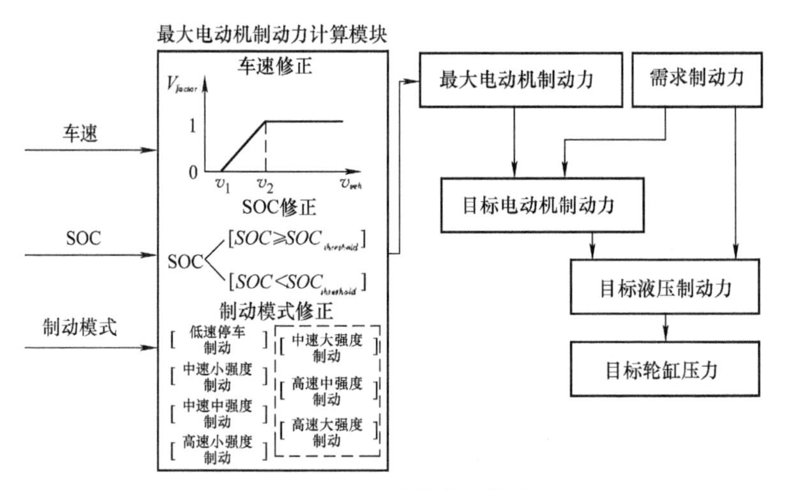

图 10.19　制动力分配策略

考虑到车辆低速制动时，可回收的制动能量较少，电动机工作点效率低以及电动机低速控制难度大等因素，引入车速修正因子，对电动机制动力矩进行修正；同时考虑到电池充电功率限制会对电动机回收功率产生影响，从而影响电动机最大制动力矩，使用电池 SOC 对电动机制动力矩进行修正，当 SOC 过高时，对电动机制动力矩进行限制，避免充电功率过高导致电池过充电问题。此外，还引入了制动模式对电动机最大制动力矩的修正。当制动模式为低速停车制动、高速小强度制动、中速小强度制动或者中速中强度制动时，车辆潜在的安全性与稳定性较好，电动机最大制动力矩为电动机制动外特性力矩；当制动模式为高速中强度制动、高速大强度制动或者中速大强度制动时，车辆潜在的安全性与稳定性较差，为了保证系统电失效时液压制动能及时补充以满足制动需求，需要对电动机最大制动力矩进行限制。

2. 伺服电动机从动液压缸控制

伺服电动机从动液压缸是以移动部件的位置和速度作为控制量的控制系统，其结构如图 10.20 所示。电动伺服系统是一个双闭环系统，外环是位置环，内环是速度环。位置环由速度控制单元、位置控制模块、位置测量与反馈等部分组成。驾驶员的制动踏板动作作为伺服系统的指令输入，伺服系统接收到指令后快速响应跟踪指令信号，直流无刷电动机响应工作，带动齿轮、滚珠丝杠等执行部件，滚珠丝杠上安装的位移检测装置将实际的位移值检测出来，反馈给位置控制模块中的位置比较器，指令与实际位置值进行比较，有差值就发出速度信号。速度控制单元接收到的速度信号，经过变换和放大后转换为直流无刷电动机的运动。电动机可以通过速度反馈环，将实际转速与指令转速进行比较，调节电动机转速。通过不断比较指令值和反馈实际测量值，系统不断发出差值信号，直到差值信号为零，最终完成伺服控制作用，以实现电液复合制动系统的精确建压。

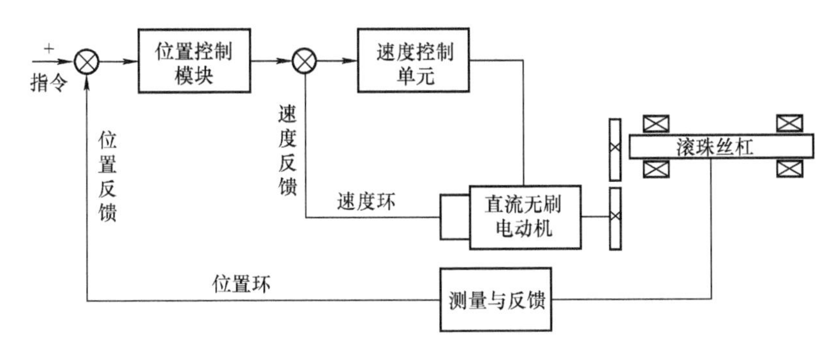

图 10.20 电动伺服制动系统控制结构

10.3 奥迪 e-tron 干湿组合制动系统

10.3.1 EHCB 系统概述

电液制动系统由于仍然存在液压管路，被称为“湿式”制动系统，而电子机械制动系统取消了所有液压部件，因而被称为“干式”制动系统。奥迪 e-tron 系列车型采用了前轴电液制动、后轴电子机械制动的独特布局，称为电动液压组合制动（Electro-Hydraulic-Combi-Brake，EHCB），即干湿组合制动系统，是先进车辆制动的高端解决方案。

EHCB 系统在奥迪 A1、Q5、R8 e-tron 等多款车型上都有应用，车辆后轴的两个制动钳采用了线控技术，传统的液压管路只出现在了前轮（图 10.21）。当踩下制动踏板时，制动主缸直接作用于前轮，而电控信号会被发出控制后轮的制动，无需像前轮一样经过液压油来传递来自制动踏板的制动力，后轮的电子机械制动钳可以迅速做出反应，更加有优势。由于后轴制动器采用干式制动系统，能够提供高安全性和出色的制动力控制，实现了高度灵活性和高舒适性的结合。同时，它允许最佳地利用传动系回收的制动能量。

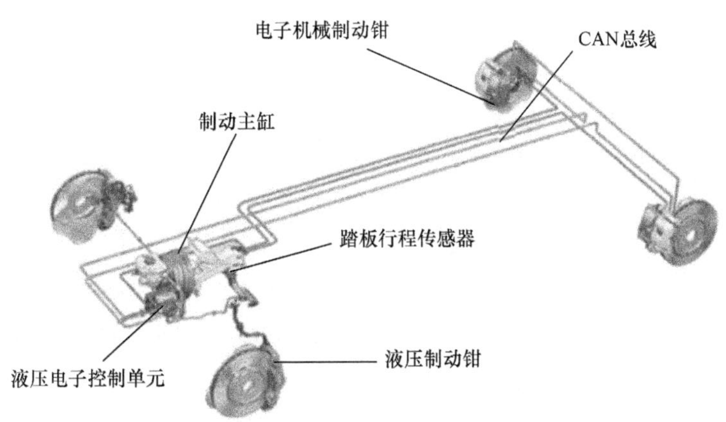

图 10.21 EHCB 系统布局

R8 e-tron 配备了由碳纤维增强陶瓷制成的制动盘，抗热衰减性能更为优异。与传统的铸铁制动盘相比，它具有更轻的重量和性能优势。前轴制动器的尺寸可以根据车辆的最大速度来调整，因此具备进一步提升制动能力的潜力。

10.3.2 EHCB 系统架构和组件

1. 总体布置

奥迪 e-tron 系列采用的 EHCB 干湿组合制动系统由电子真空泵、ESP 电子稳定系统单元、制动踏板、前轴液压制动钳、电子驻车制动开关、传感器阵列、CAN 通信总线和电子机械制动钳组成，如图 10.22 所示。前轴仍然采用传统的液压制动钳，而后轴采用了电子机械制动钳，它将直流无刷电动机的输出的旋转力矩通过齿轮箱转化成线性运动力矩。

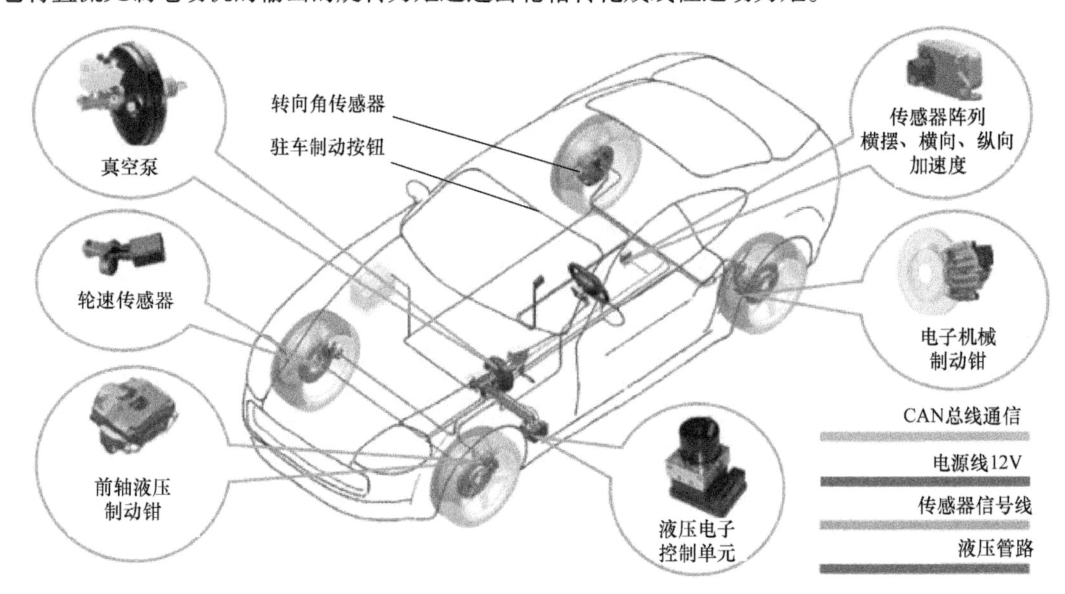

图 10.22 EHCB 系统组成

在前轮传统的液压制动系统中，应用了带有两个电动真空泵的铝质轻型制动助力器，为真空系统提供动力，确保了真空供应的冗余。并且在具有高容量要求的极端情况下，可获得足够的动力储备。而驻车制动器（EPB）则完全集成在后轮的电机械制动执行器中。

2. 前轴液压制动系统

在前轮上，EHCB 系统包括作用于传统液压制动钳的液压单回路或双回路驱动系统。液压系统适用于单轴制动。驾驶员的愿望通过踏板和中央 HECU（液压电子控制单元）的传感器来识别。防滑控制功能继续由液压稳定控制 HECU 内的电子控制单元（ECU）处理。常规常用制动功能的管理也由 HECU 负责。来自驾驶员辅助系统的任何制动请求，例如自适应巡航控制命令，都同样由该单元处理。HECU 还负责识别驾驶员的意愿，并通过总线连接（如 CAN）请求后轮制动器的最佳制动力，同时考虑驾驶和负载条件。为了确保必要的高水平的系统功能和常规常用制动的可用性，系统中内置了各种冗余。例如，用于向后轮执行器进行完全可控的信号传输的环形结构。

可以看出，前轴的液压制动系统不需要对车辆设备进行任何显著的更改，其基本构架保持不变。由于只有前制动器是液压驱动的，因此可以减小真空制动助力器的尺寸，从而显著优化踏板感觉特性。由于机电式后轮制动器独立于液压式前轮制动器单独驱动，因此有可能实现更好、适应性更强的整体制动响应特性，为汽车制造商提供了一系列优势。

3. 后轴电机械制动系统

EHCB 系统中的后轮制动器由无制动液的电子机械制动钳（EMB）构成，如图 10.23 和图 10.24 所示。在电子机械制动钳中，制动活塞通过滚珠丝杠移动，滚珠丝杠由通过圆柱齿轮电动机连接驱动。因此，后轴的制动器属于线控制动的技术范畴，并且与前轴的制动踏板的液压制动系统分离。由于消除了制动踏板与制动器的机械连接，奥迪 e-tron 的电动机能够将所有制动能量转化为电能并进行回收。

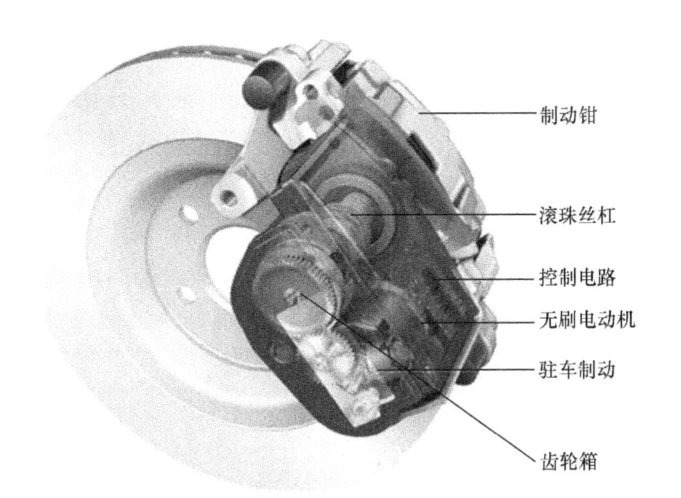

图 10.23 后轴的电子机械制动装置 EMB

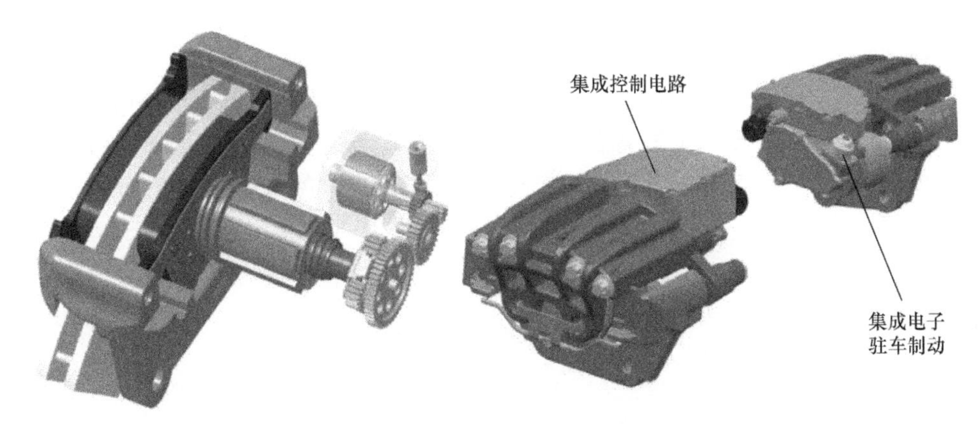

图 10.24 EHCB 系统的 EMB 执行机构

EMB 通过 EHCB 控制单元的两个专用 CAN 总线进行控制，EMB 之间的另一个专用 CAN 总线允许相互监控。左右车轮的制动力可按照电子系统的要求独立调整，相比传统的液压制动系统而言调整范围更广更灵活。由于不需要液压油传递来自制动踏板的制动力，后轮的电子机械制动钳可以迅速做出反应，并且可以非常精确地设定紧力，这对 ESP 车身动态稳定系统的控制也会更有优势。

EMB 可以通过磁力致动棘爪永久地保持制动力而不消耗能量，因此也可以代替驻车制动器（EPB）。除了后制动器与制动踏板的分离之外，EMB 还具有许多优于液压车轮制动器的优点。

电子机械制动装置结构简单，省去了大量管路及部件，系统制造、装配、测试简单快捷，采用模块化结构，维护简单。该系统目前设计用于 12V/14V 的车辆电气系统。

10.3.3 EHCB 系统控制功能

当踩下 EHCB 系统中的制动踏板时，踏板行程开始时不会产生液压制动压力。驾驶员的制动请求由 EHCB 控制单元通过踏板行程传感器记录。EHCB 控制单元中的制动能量回收控制器调节和监控制动能量的回收。因此，驾驶员可以在所谓的踏板的空行程内回收车辆的动能。现有的制动控制功能被完全保留，但是 EHCB 系统还具有如下的新功能：

考虑到不同的负载和行驶条件，常规行车制动系统增加了自适应制动力分配，以实现最佳的制动比例。当制动到静止状态时，带有软性、舒适性偏差悬架的车辆容易出现令人不快的前后俯仰。通过短时间减少一个轴上的制动力（软停止 / 防跳功能），几乎可以消除这种影响。使用 EHCB 时，可以通过增加后轮的制动力优化防滑控制功能。同时，将液压制动系统减少到前轴，只会使踏板感觉更舒适。集成式驻车制动器允许充分利用行车制动器和驻车制动器的功能，两者之间具有高度动态、平稳的过渡。该系统还满足了对驾驶员辅助系统的日益增长的要求，尤其是在较低的减速度工况（约 0.3g）下。在这个范围内，仅使用后轮制动器就可以实现最佳的制动控制效果。

对于后轮驱动的电动或部分电动车辆（全电动和混合动力车辆），EHCB 系统提供了最佳的机会来回收制动能量，并使用混合制动（其中一些摩擦制动被再生制动取代）将其反馈回蓄电池。只有当汽车需要更大的减速度时，电子机械制动器才会被激活。而驾驶者踩动制动踏板的感觉与使用液压制动系统感觉几乎一致，不会发觉任何异常。此外，该系统还消除了制动器的制动拉磨现象。

电子机械制动系统（EMB）在后轮应用中比在前轮应用中消耗更少的电力，这是因为后轮只需要较低水平的夹紧力和动态响应。传统的 12V/14V 电气系统可以满足这种功耗水平。通过使用仅后轴实现了线控制动的干湿组合制动系统 EHCB，也可以实现完全线控制动系统的许多优点。例如，集成式驻车制动器，前后轮之间的可变制动力分配以及基于软件的制动力控制。当涉及实现与驾驶员无关的制动请求时，例如来自驾驶员辅助系统，EHCB 系统还提供比传统系统更好的性能和舒适性。在使用后桥上的电动机 / 发电机进行制动能量回收的电动车辆上，该系统可以配置在后轮处进行制动混合。

参考文献

[1] 李瑞明 . 新能源汽车技术 [M]. 北京：电子工业出版社，2014：224-229.

[2] LEIBER H，Valentin Unterfrauner. Brake System Comprising at Least One Conveying Unit For Redelivering Brake Fluid to the Working Chambers of a Brake Booster[P]. US2010006596A1. 2011-01-13.

[3] ZF. Slip control systems：Integrated Brake Control（IBC）[EB/OL]. [2019-01-01]. https：//www.zf.com/products/en/cars/products_31680.html.

[4] GANZEL B J. Hydraulic brake system with controlled boost[P]. U.S. Patent. US8544962.2013-10-1.

[5] GANZEL B. Slip control boost braking system[P]. U.S. Patent. US9221443. 2015-12-29.

[6] 熊璐，钱超，余卓平 . 电动汽车复合制动系统研究现状综述 [J]. 汽车技术，2015（1）：1-8.

[7] 刘海贞 . 新型电子液压制动系统及其控制方法研究 [D]. 长春：吉林大学，2018：09-11.

[8] TRW 汽车集团 . 掀起设计革命的制动系统 [J]. 汽车与配件，2013，40：44-45.

[9] 张雪碧 . 某轿车集成电控制动系统设计及试验研究 [D]. 长春：吉林大学，2017：15-30.

[10] 余卓平，韩伟，徐松云 . 电子液压制动系统液压力控制发展现状综述 [J]. 机械工程学报 ,2017,14(53)：1-15.

[11] SCHONLAU J，RÜFFER M，MERKEL D，et al. Method and device for controlling a motor vehicle comprising an electronically controlled brake system with driving dynamics control[P]. U.S. Patent. US8392085. 2013-3-5.

[12] GOTOH M，HATANO K. VEHICLE BRAKE APPARATUS[P]. U.S. Patent. US20120326491A1. 2012-12-27.

[13] OHKUBO N，MATSUSHITA S，UENO M，et al. Application of Electric Servo Brake System to Plug-In HybridVehicle[J]. SAE International Journal of Passenger Cars，2013，06：255-260.

[14] 黎同辉 . 新能源汽车再生制动技术浅析 [J]. 汽车实用技术，2016，12：21-26.

[15] 张赫 . 新能源汽车电动伺服制动系统参数设计与仿真研究 [D]. 长春：吉林大学，2016：11-19.

[16] DYAR L，AKITA Y，Paul S，et al. Development of Advanced Braking System for Hybrid Sports Cars[J]. SAE International Journal of Passenger Cars，2016，09：1151-1156.

[17] 王猛，孙泽昌，卓桂荣，等 . 电动汽车制动能量回收系统研究 [J]. 农业机械学报，2012，02（43）：6-10.

[18] 高会恩，初亮，郭建华，等 . 基于电动伺服系统的制动能量回收控制策略研究 [J]. 农业机械学报，2017，07（48）：346-352.

[19] 张磊，苏为洲 . 伺服系统的反馈控制设计研究综述 [J]. 控制理论与应用，2014，05：545-559.

[20] 张亮 . 奥迪纯电动技术标志：e-tron[J]. 汽车维修，2011,01：4-6.

[21] MEITINGER K，GLASER H. The chassis of the AUDI R8 e-tron[J]. 7th International Munich Chassis Symposium，2016：89-102.

[22] BAYER B，BÜSE A，LINHOFF P，et al. Electro-Mechanical Brake Systems[J]. Handbook of Driver Assistance Systems，2016：731-744.

第 11 章 飞机实例

从 1982 年美国在 A10 攻击机上首次进行了第一台电制动样机测试，如今在波音 787 上实现了实际应用，全电制动系统率先在航空领域取得实质性突破。本章主要介绍全电防滑制动系统在波音 787 上的应用情况。

“梦想飞机”是美国波音公司为波音 787 型飞机所起的一个寓意深长的名字，它既可以理解为是一个满足乘客追求未来更安静、更舒适的航空旅行环境的梦想，也可以理解为航空公司为客户创造低成本、高性能产品的梦想，还可以认为是波音公司努力保持其在民用航空技术领域领先地位的梦想。波音公司对波音 787 提出了全新的要求，包括高可靠度、高效益、低燃料消耗、低污染排放、多电结构、全新的飞控系统等，公司第一次明确地将提高飞机效率指标与系统挂钩，即确定了系统要负责提升整个飞机效率 3% 的目标。美国 GOODRICH 公司和法国 Messier-Bugatti 公司均获得了这架“梦想飞机”供应全电防滑制动产品的资格。

11.1 波音 787 全电制动系统组成和工作原理

图 11.1 所示为波音 787 的全电防滑制动系统结构。系统由驾驶员制动控制装置（包含自动制动切换开关）、制动系统控制单元 BCU、机电作动器控制器、机电作动器、电源驱动模块、数据传输总线组成。该全电防滑制动系统具有自动制动、人工制动、停留制动等功能。

1）自动制动。飞机在着陆之前，使用自动制动选择开关选择制动减速率，接着自动制动系统进行自检，如果通过自检，则自动制动系统处于准备状态，一旦满足自动制动条件，则飞机着陆后发送制动指令至制动系统控制单元 BCU，BCU 控制相应起落架上的制动装置进行制动。

2）人工制动。若自动制动系统未通过自检或有故障，则“自动制动解除”灯亮，需要由飞行员进行人工制动。飞行员踩下左、右制动脚蹬，飞机电传操纵系统将制动脚蹬信号分别发送给左、右制动系统控制单元 BCU，BCU 控制相应起落架上的制动装置进行制动。

3）停留制动。停留制动使用机电作动器内部摩擦制动器机械地将作动筒锁定，没有时间限制。

该全电防滑制动系统具有如下特点：

1）具有数据总线网络架构。每一个起落架均有各自的网络集线器，并连接到相应的远程数据中心，远程数据中心负责机轮速度监测、提供防滑指令、制动装置温度监测、制动压力监测等其他监测功能；

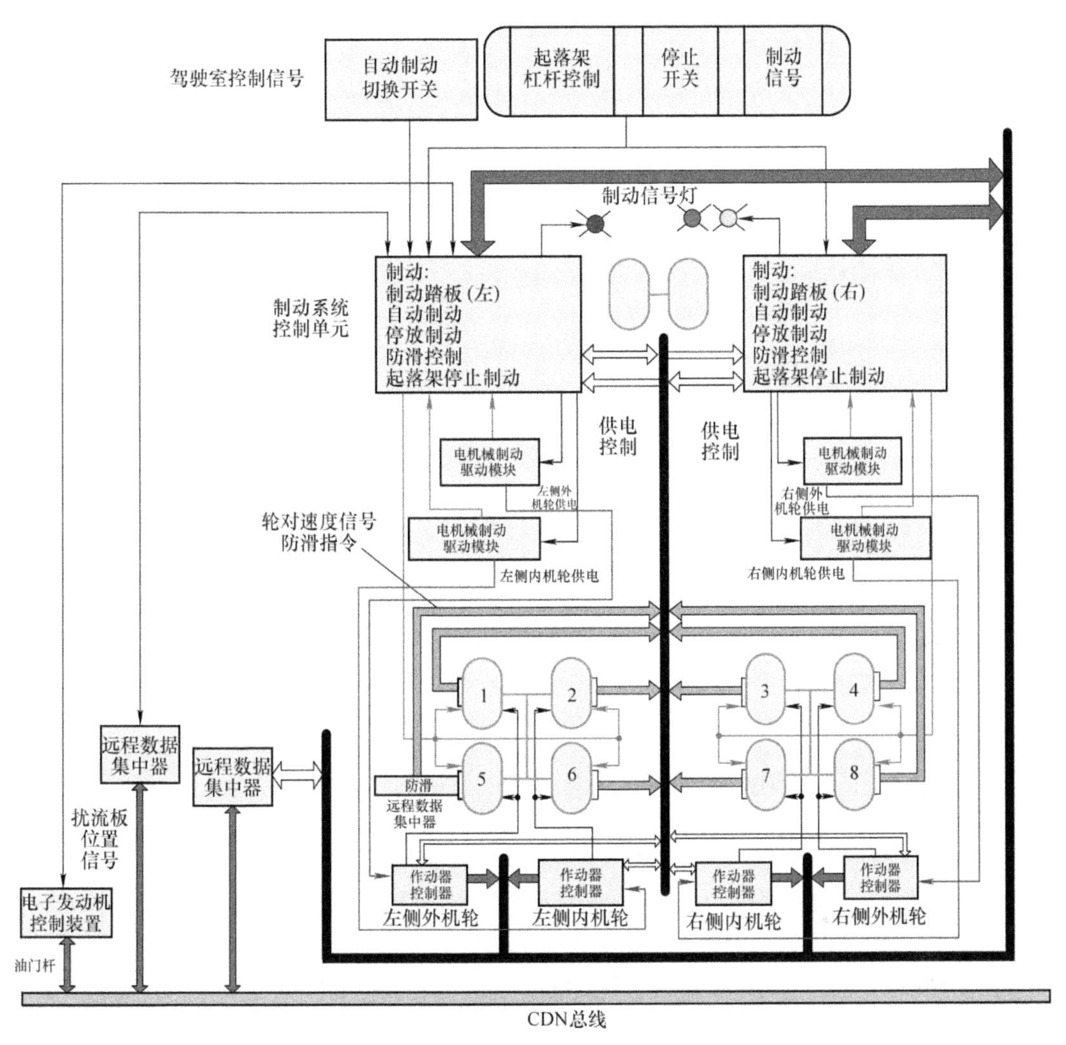

图 11.1　波音 787 全电防滑制动系统结构（见彩插）

2）冗余架构。波音 787 的主起落架为小车式起落架，每个起落架有 4 个机轮，左、右两个起落架分别配备左、右制动控制器，通常情况下，左、右制动控制器完成相应起落架的机轮制动控制任务并通过 CDN 总线交换数据，每一个控制器又分为内外两通道，内通道控制内侧两个机轮，外通道控制外侧两个机轮，并且内外两通道通过总线交换数据；

3）先进的系统配置：系统配置了自动制动系统、温度控制模块、轮胎压力监测模块、故障检测和警报模块，以及一些其他保障安全的措施。

由 GOODRICH 公司研制的波音 787 的全电制动机轮实物如图 11.2 所示，在该公司所申请的专利中披露了这种机电作动器的结构（专利号 US 7717240）。该制动机轮采用模块化设计，每个机轮上配有 4 套“电动机 + 滚珠丝杠”机电作动器，模块化机轮可以整体安装在飞机起落架的机轮上，

图 11.2　GOODRICH 公司研制的波音 787 全电制动机轮

并且具有集成化的电缆接口，具体设计如图 11.3 所示。

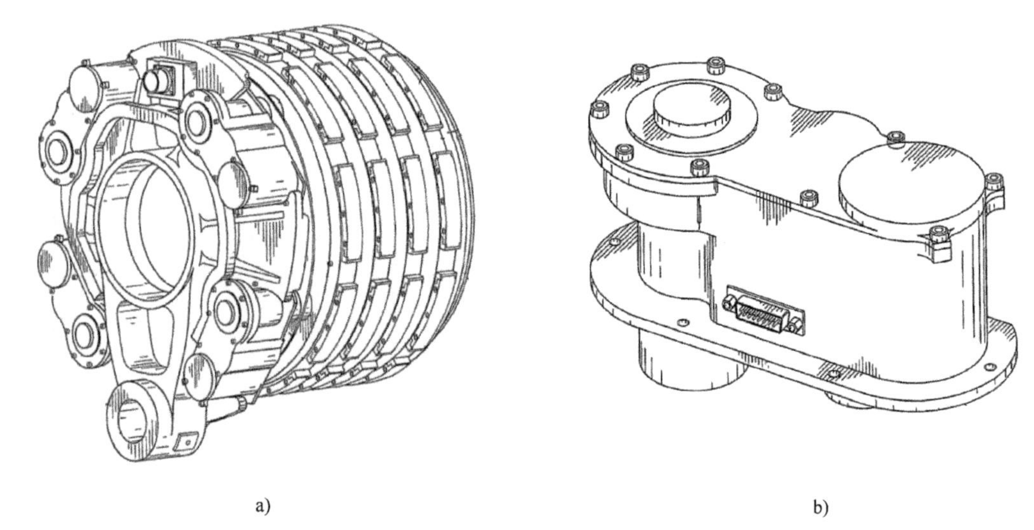

图 11.3　US7717240 模块化制动机轮方案

a）模块化制动机架　b）“电动机 + 滚珠丝杠”机电作动器

11.2　波音 787 全电制动系统性能评价

与传统液压防滑制动系统相比，波音 787 的全电防滑制动系统具有如下优点：

1）去除了液压管路，使得制动系统得到大大简化，降低了维修成本，缩短了更换制动的时间；

2）使用机电作动器内部的摩擦制动器机械地将作动筒锁定，因此停留制动没有时间限制；

3）采用冗余结构，配置了多种故障监测模块，具有更先进、更全面的故障检测功能，系统可靠性、安全性高。

参考文献

[1]　张奇岩 . 梦想飞机——波音 787[J]. 国外科技动态，2005（8）: 34-38.

[2]　张义 . 波音 787 系统上的跨越 [J]. 国际航空，2008（1）: 24-25.

[3]　钟发区，李小龙，周广宇 . 梦想和挑战并存——B787 飞机特点与维护 [J]. 中国民用航空，2014（7）: 60-64.

[4]　宋静波 . 飞机构造基础 . [M]. 2 版 . 北京：航空工业出版社，2011.

第12章 EMB技术特点分析和展望

铁路、公路和航空是现代交通运输方式的主要组成部分。交通运输装备是交通运输发展的基石。交通运输装备的现代化程度是交通运输现代化程度最重要的体现。交通运输装备的发展和技术进步在国际竞争中尤其受到重视。交通运输装备制造业的发展水平是国家技术实力和创新能力的体现。

绿色、智能、安全、高效是交通运输装备永恒的追求。先进的制动技术是交通运输工具安全性和运输效率的基础。当今世界，轨道交通车辆朝着高速、重载的方向稳步迈进，需要制动技术的保驾护航；新能源汽车全面铺开，无人驾驶场景日渐成熟，对传统制动系统提出了挑战；多电飞机和全电飞机的发展为飞机制动技术升级铺平了道路。在这一大背景下，目前轨道交通车辆、汽车和飞机的现有制动系统的后劲不足越发凸显。百多年前开始运用，并一代一代发展至今的气动制动技术和液压制动技术已经面临瓶颈，其电气化和智能化程度已经开发到接近极限，电机械制动技术正是下一代制动技术的最好选择。

经过近40年的研究和发展，电机械制动技术从初步概念到实际产品逐步投入运用，其主要优点如下。

1. 电气化

电机械制动技术以电能取代压缩空气和液压油作为制动系统的动力源，以电信号作为控制指令的传输方式，实现了制动系统的全电气化，大大提升了交通运输工具的电气化程度。

2. 智能化

电机械制动技术可以实现从控制指令到执行机构的全程控制和监测，响应精准快速，同时可实现对系统动态信息的实时感知、智能诊断和智能决策，对故障及隐患能够及时干预或提前预警，智能化程度大大提高。

3. 轻量化

电机械制动技术大大简化了制动系统结构，减少了零部件数量，使交通运输工具的重量进一步减轻，提高了运营经济性。

4. 高安全性

电机械制动技术取消了传统制动系统每个执行机构间的耦合关系，各执行单元相互独立，冗余度极高；气、液中间介质取消，制动力衰减风险降低。

5. 效率提升

电机械制动技术不需要空气压缩机和液压泵对电能的转换，避免了转换过程中的效率损失和介质泄漏，提高了电能利用效率。

6. 清洁、低噪声

电机械制动技术无需气、液传动介质，提高了其生产、运输、安装调试、运用维护全过程的清洁度，并使空气制动系统压缩空气带来的噪声显著降低。

7. 运用方便

电机械制动系统具备“即插即用”的特点，系统的初始安装、初期调试和长期运用维护难度大幅降低。

电机械制动技术在航空和汽车领域已经有过装车试验甚至运用经历，其在轨道交通车辆上的运用，面临运营环境适应性和可靠性考验，需要装车运用检验。